注册消防工程师资格考试辅导用书

2020 年版

消防安全技术综合能力 考前冲刺

主　　编　刘双跃

副 主 编　韩中华

参编人员　史　昕　田晴晴　刘小芬　刘天琪

　　　　　刘俊林　张　杰　胡　欢　赵国程

中国劳动社会保障出版社

图书在版编目（CIP）数据

消防安全技术综合能力考前冲刺：2020年版/刘双跃主编 . -- 北京：中国劳动社会保障出版社，2020

注册消防工程师资格考试辅导用书

ISBN 978-7-5167-4473-4

Ⅰ. ①消…　Ⅱ. ①刘…　Ⅲ. ①消防－安全技术－资格考试－习题集　Ⅳ. ①TU998.1-44

中国版本图书馆 CIP 数据核字（2020）第 056475 号

中国劳动社会保障出版社出版发行

（北京市惠新东街 1 号　邮政编码：100029）

*

保定市中画美凯印刷有限公司印刷装订　　　新华书店经销

787 毫米 ×1092 毫米　16 开本　18 印张　436 千字

2020 年 6 月第 1 版　　2020 年 6 月第 1 次印刷

定价：50.00 元

售后咨询电话：4008888544

营销中心电话：（010）64962347

中国人事考试图书网网址：http://rsks.class.com.cn

前　言

　　为满足应试人员全方位备考需求，准确理解注册消防工程师资格考试大纲和教材，更好地开展复习备考，我们特邀长期从事消防实践工作和教学研究的专家，对考试大纲和教材进行深入分析，对历年考试情况进行认真研判，结合注册消防工程师资格考试规律，组织编写了"注册消防工程师资格考试辅导用书"。

　　本套辅导用书围绕消防安全技术实务、消防安全技术综合能力和消防安全案例分析三个考试科目，分别开发了一本通、考前冲刺、同步习题集、全真模拟试卷、考前冲刺试卷、知识点速记和微课讲义共七个系列、二十一种图书。本套辅导用书坚持以考试大纲为指导，以知识点为主线，以国家消防技术标准规范为依据，以考试教材为基础，以满足不同层次读者在不同学习阶段的不同学习需求为出发点进行编写。

　　一本通和考前冲刺两个系列，以知识点为基本元素组织内容。一本通是紧扣教材、系统学习的重要辅导用书，在对历年知识点分值进行梳理的基础上，基于知识点重要程度进行系统讲解，对学习的重点、难点和易错点进行总结分析，并为应试人员归纳提炼了诸多记忆口诀；考前冲刺对历年考试的考点进行分解，根据各章主要考点的考试频度，对考点内容进行串讲，以便应试人员有的放矢，在有限时间内有效提高备考能力，同时，书后还附有一套模拟测试题，帮助应试人员进行考前冲刺。

　　同步习题集、全真模拟试卷、考前冲刺试卷三个系列，以试题为基本元素组织内容。同步习题集围绕知识点组织试题，满足应试人员边学边测、巩固学习成果的需求；全真模拟试卷在系统收录历年试题的基础上，结合消防技术标准规范更新情况，补充少量自编题，真实体现历年考试难度；考前冲刺试卷的推出，集中满足应试人员模拟考试环境、进行考试练兵的需求，通过专家组织编写的高质量仿真试题，以套卷形式，进行实战模拟，尤其适合考前一个月突击检查。上述三个系列图书，均提供了试题的参考答案及解析。

知识点速记和微课讲义两个系列，本着将考试用书变薄、变精，将知识点变形象的原则设计。知识点速记作为便携式口袋书，只讲重点，并对知识点进行了高度概括，适合应试人员随时随地携带学习；微课讲义力求以通俗、形象的语言，向应试人员讲授知识，破解知识点晦涩难懂的难题。为适应移动阅读需求，帮助应试人员用足用好碎片时间，上述两个系列图书，均同步开发了电子书，欢迎应试人员登录"火焰蓝消防课堂"微信小程序或下载"火焰蓝消防课堂"App，在线阅读。

需要特别说明的是，本套辅导用书的内容如有与现行国家消防技术标准规范不一致之处，应以现行国家消防技术标准规范为准。

由于编者水平所限，加之时间仓促，书中难免存在不足，恳请读者批评指正。

有关本套辅导用书的意见和建议，欢迎各位读者及时向微信公众号"火焰蓝消防课堂"和 QQ 群号"812367680"反映。我们也会将相关内容勘误，及时在上述微信公众号和 QQ 群中公布。

目 录

第一篇
消防法及相关法律法规与消防职业道德

第一章　消防法及相关法律法规

【考点一】单位的消防安全责任【★★】

（一）单位和个人的义务

《中华人民共和国消防法》（以下简称《消防法》）第五条规定，任何单位和个人都有维护消防安全、保护消防设施、预防火灾、报告火警的义务。任何单位和成年人都有参加有组织的灭火工作的义务。第六条规定，机关、团体、企业、事业等单位，应当加强对本单位人员的消防宣传教育。

（二）消防安全职责

《消防法》第十六条规定，机关、团体、企业、事业等单位应当履行下列消防安全职责：

（1）落实消防安全责任制，制定本单位的消防安全制度、消防安全操作规程，制定灭火和应急疏散预案。

（2）按照国家标准、行业标准配置消防设施、器材，设置消防安全标志，并定期组织检验、维修，确保完好有效。

（3）对建筑消防设施每年至少进行一次全面检测，确保完好有效，检测记录应当完整准确，存档备查。

（4）保障疏散通道、安全出口、消防车道畅通，保证防火防烟分区、防火间距符合消防技术标准。

（5）组织防火检查，及时消除火灾隐患。

（6）组织进行有针对性的消防演练。

（7）法律、法规规定的其他消防安全职责。

单位的主要负责人是本单位的消防安全责任人。

（三）消防安全重点单位的安全职责

《消防法》第十七条规定，消防安全重点单位除应当履行一般单位的消防安全职责外，还应当履行下列消防安全职责：

（1）确定消防安全管理人，组织实施本单位的消防安全管理工作。

（2）建立消防档案，确定消防安全重点部位，设置防火标志，实行严格管理。

（3）实行每日防火巡查，并建立巡查记录。

（4）对职工进行岗前消防安全培训，定期组织消防安全培训和消防演练。

【考点二】建设工程消防设计审查验收制度【★★★★】

《消防法》第十条规定，对按照国家工程建设消防技术标准需要进行消防设计的建设工程，实行建设工程消防设计审查验收制度。

《消防法》第十一条规定，国务院住房和城乡建设主管部门规定的特殊建设工程，建设单位应当将消防设计文件报送住房和城乡建设主管部门审查，住房和城乡建设主管部门依法对审查的结果负责。特殊建设工程以外的其他建设工程，建设单位申请领取施工许可证或者申请批准开工报告时应当提供满足施工需要的消防设计图样及技术资料。

《消防法》第十二条规定，特殊建设工程未经消防设计审查或者审查不合格的，建设单位、施工单位不得施工；其他建设工程，建设单位未提供满足施工需要的消防设计图样及技术资料的，有关部门不得发放施工许可证或者批准开工报告。

《消防法》第十三条规定，国务院住房和城乡建设主管部门规定应当申请消防验收的建设工程竣工，建设单位应当向住房和城乡建设主管部门申请消防验收。前款规定以外的其他建设工程，建设单位在验收后应当报住房和城乡建设主管部门备案，住房和城乡建设主管部门应当进行抽查。

依法应当进行消防验收的建设工程，未经消防验收或者消防验收不合格的，禁止投入使用；其他建设工程经依法抽查不合格的，应当停止使用。

【考点三】举办大型群众性活动的消防安全要求【★★★】

《消防法》第二十条规定，举办大型群众性活动，承办人应当依法向公安机关申请安全许可，制定灭火和应急疏散预案并组织演练，明确消防安全责任分工，确定消防安全管理人员，保持消防设施和消防器材配置齐全、完好有效，保证疏散通道、安全出口、疏散指示标志、应急照明和消防车道符合消防技术标准和管理规定。

【考点四】消防技术服务机构和执业人员的规定【★★★】

《消防法》第三十四条规定，消防产品质量认证、消防设施检测、消防安全监测等消防技术服务机构和执业人员，应当依照法律、行政法规、国家标准、行业标准和执业准则，接受委托提供消防技术服务，并对服务质量负责。

【考点五】《中华人民共和国消防法》相关规定【10 ★】

《消防法》第二十四条规定，消防产品必须符合国家标准；没有国家标准的，必须符合行业标准。禁止生产、销售或者使用不合格的消防产品以及国家明令淘汰的消防产品。

依法实行强制性产品认证的消防产品，由具有法定资质的认证机构按照国家标准、行业标准的强制性要求认证合格后，方可生产、销售、使用。实行强制性产品认证的消防产品目录，由国务院产品质量监督部门会同国务院应急管理部门制定并公布。

新研制的尚未制定国家标准、行业标准的消防产品，应当按照国务院产品质量监督部门会同国务院应急管理部门规定的办法，经技术鉴定符合消防安全要求的，方可生产、销售、使用。

《消防法》共设有警告、罚款、拘留、责令停止施工（停止使用或者停产停业）、没收违法所得、责令停止执业（吊销相应资质^①、资格）6 类行政处罚。

《消防法》第五十八条规定，违反该法规定，有下列行为之一的，责令停止施工、停止使用或者停产停业，并处 3 万元以上 30 万元以下罚款：

（1）依法应当进行消防设计审查的建设工程，未经依法审查或者审查不合格，擅自施工的。

（2）依法应当进行消防验收的建设工程，未经消防验收或者消防验收不合格，擅自投入使用的。

（3）应当申请消防验收的建设工程以外的其他建设工程验收后经依法抽查不合格，不停止使用的。

（4）公众聚集场所未经消防安全检查或者经检查不符合消防安全要求，擅自投入使用、营业的。

建设单位未依法在验收后报住房和城乡建设主管部门备案的，由住房和城乡建设主管部门责令改正，处 5 千元以下罚款。

《消防法》第五十九条规定，违反该法规定，有下列行为之一的，由住房和城乡建设主管部门责令改正或者停止施工，并处 1 万元以上 10 万元以下罚款：

（1）建设单位要求建筑设计单位或者建筑施工企业降低消防技术标准设计、施工的。

（2）建筑设计单位不按照消防技术标准强制性要求进行消防设计的。

（3）建筑施工企业不按照消防设计文件和消防技术标准施工，降低消防施工质量的。

（4）工程监理单位与建设单位或者建筑施工企业串通，弄虚作假，降低消防施工质量的。

《消防法》第六十条规定，单位违反该法规定，有下列行为之一的，责令改正，处 5 千元以上 5 万元以下罚款：

（1）消防设施、器材或者消防安全标志的配置、设置不符合国家标准、行业标准，或者未保持完好有效的。

（2）损坏、挪用或者擅自拆除、停用消防设施、器材的。

（3）占用、堵塞、封闭疏散通道、安全出口或者有其他妨碍安全疏散行为的。

（4）埋压、圈占、遮挡消火栓或者占用防火间距的。

（5）占用、堵塞、封闭消防车道，妨碍消防车通行的。

（6）人员密集场所在门窗上设置影响逃生和灭火救援的障碍物的。

（7）对火灾隐患经消防救援机构通知后不及时采取措施消除的。

个人有前款第二项、第三项、第四项、第五项行为之一的，处警告或者 500 元以下罚款。

《消防法》第六十一条规定，生产、储存、经营易燃易爆危险品的场所与居住场所设置在同一建筑物内，或者未与居住场所保持安全距离的，责令停产停业，并处 5 千元以上 5 万元以下罚款。

生产、储存、经营其他物品的场所与居住场所设置在同一建筑物内，不符合消防技术标准的，依照前款规定处罚。

《消防法》第六十四条规定，违反该法规定，有下列行为之一，尚不构成犯罪的，处 10 日以上 15 日以下拘留，可以并处 500 元以下罚款；情节较轻的，处警告或者 500 元以下罚款：

---

① 根据《中共中央办公厅、国务院办公厅关于深化消防执法改革的意见》规定，对消防技术服务机构，已取消资质许可。

（1）指使或者强令他人违反消防安全规定，冒险作业的。

（2）过失引起火灾的。

（3）在火灾发生后阻拦报警，或者负有报告职责的人员不及时报警的。

（4）扰乱火灾现场秩序，或者拒不执行火灾现场指挥员指挥，影响灭火救援的。

（5）故意破坏或者伪造火灾现场的。

（6）擅自拆封或者使用被消防救援机构查封的场所、部位的。

《消防法》第六十八条规定，人员密集场所发生火灾，该场所的现场工作人员不履行组织、引导在场人员疏散的义务，情节严重，尚不构成犯罪的，处 5 日以上 10 日以下拘留。

《消防法》第六十九条规定，消防产品质量认证、消防设施检测等消防技术服务机构出具虚假文件的，责令改正，处 5 万元以上 10 万元以下罚款，并对直接负责的主管人员和其他直接责任人员处 1 万元以上 5 万元以下罚款；有违法所得的，并处没收违法所得；给他人造成损失的，依法承担赔偿责任；情节严重的，由原许可机关依法责令停止执业或者吊销相应资质、资格。

前款规定的机构出具失实文件，给他人造成损失的，依法承担赔偿责任；造成重大损失的，由原许可机关依法责令停止执业或者吊销相应资质、资格。

【考点六】《中华人民共和国安全生产法》相关规定【★★】

《中华人民共和国安全生产法》第三条规定，安全生产工作应当以人为本，坚持安全发展，坚持安全第一、预防为主、综合治理的方针，强化和落实生产经营单位的主体责任，建立生产经营单位负责、职工参与、政府监管、行业自律和社会监督的机制。

【考点七】《中华人民共和国行政处罚法》相关规定【★★★★】

（一）行政处罚的原则

1. 处罚法定原则

行政处罚的设定、主体、程序都要合法，无明文规定的不处罚。任何机关或组织不得在没有法律依据的情况下，对公民、法人或其他组织予以处罚。

2. 处罚公正、公开原则

处罚公正原则要求设定和实施行政处罚必须以事实为依据，与违法行为的事实、性质、情节以及社会危害程度相当。处罚公开原则要求有关行政处罚的法律规范要公开，行政机关的处罚行为要公开，违法责任要公开。

3. 处罚与教育相结合原则

行政处罚的目的不仅仅在于制裁违法者，更为重要的是纠正违法行为，教育违法者及广大人民群众，提高人们的法治观念，从而自觉遵守法律规范。

4. 权利保障原则

在行政处罚的实施中必须对行政相对人的权利予以保障，行政相对人享有陈述权、申辩权、申请复议权、行政诉讼权、要求行政赔偿的权利以及要求举行听证的权利。

5. 一事不再罚原则

一事不再罚原则即对行为人的同一个违法行为，不得给予两次及以上的处罚。

（二）行政处罚的程序

行政处罚的程序分为一般程序、简易程序两大类，分别适用于不同条件的行政处罚行为。

一般程序由受案、调查取证、告知、听取申辩和质证、决定等阶段构成。简易程序适用于违法事实确凿并有法定依据，可以当场做出的对公民处以较少罚款、对法人或者其他组织处以较少罚款或警告的行政处罚。听证程序作为一般程序中可能经历的一个阶段，因其程序要求的特殊性，《中华人民共和国行政处罚法》（以下简称《行政处罚法》）单节做出了具体规定，这种程序只适用于行政机关做出责令停产停业、吊销许可证或者执照、较大数额罚款等行政处罚。

（三）行政处罚的种类

《行政处罚法》规定的行政处罚种类有：警告；罚款；没收违法所得，没收非法财物；责令停产停业；暂扣或吊销许可证，暂扣或吊销执照；行政拘留；法律、行政法规规定的其他行政处罚。

《行政处罚法》第五十一条规定，当事人逾期不履行行政处罚决定的，作出行政处罚决定的行政机关可以采取下列措施：

（1）到期不缴纳罚款的，每日按罚款数额的3%加处罚款。

（2）根据法律规定，将查封、扣押的财物拍卖或将冻结的存款划拨抵缴罚款。

（3）申请人民法院强制执行。

【考点八】《中华人民共和国刑法》相关规定【6★】

（一）失火罪

失火罪是指由于行为人的过失引起火灾，造成严重后果，危害公共安全的行为。

（1）立案标准。根据《最高人民检察院、公安部关于公安机关管辖的刑事案件立案追诉标准的规定（一）》第一条规定，过失引起火灾，涉嫌下列情形之一的，应予立案追诉：①导致死亡1人以上，或者重伤3人以上的。②造成公共财产或者他人财产直接经济损失50万元以上的。③造成10户以上家庭的房屋以及其他基本生活资料烧毁的。④造成森林火灾，过火有林地面积2公顷以上，或者过火疏林地、灌木林地、未成林地、苗圃地面积4公顷以上的。⑤其他造成严重后果的情形。

（2）刑罚。《中华人民共和国刑法》（以下简称《刑法》）第一百一十五条第二款规定，犯失火罪的，处3年以上7年以下有期徒刑；情节较轻的，处3年以下有期徒刑或者拘役。

（二）消防责任事故罪

消防责任事故罪是指违反消防管理法规，经消防监督机构通知采取改正措施而拒绝执行，造成严重后果，危害公共安全的行为。

（1）立案标准。根据《最高人民法院、最高人民检察院关于办理危害生产安全刑事案件适用法律若干问题的解释》第六条规定，违反消防管理法规，经消防监督机构通知采取改正措施而拒绝执行，涉嫌下列情形之一的，应予立案追诉：①导致死亡1人以上，或者重伤3人以上的。②造成直接经济损失100万元以上的。③其他造成严重后果或者重大安全事故的情形。

（2）刑罚。《刑法》第一百三十九条规定，犯消防责任事故罪的，处3年以下有期徒刑或者拘役；后果特别严重的，处3年以上7年以下有期徒刑。

（三）重大责任事故罪

重大责任事故罪是指在生产、作业中违反有关安全管理的规定，因而发生重大伤亡事故或者造成其他严重后果的行为。

（1）立案标准。根据《最高人民法院、最高人民检察院关于办理危害生产安全刑事案件适用法律若干问题的解释》第六条规定，在生产、作业中违反有关安全管理的规定，涉嫌下列情形之一的，应予立案追诉：①造成死亡1人以上，或者重伤3人以上的。②造成直接经济损失100万元以上的。③其他造成严重后果或者重大安全事故的情形。

（2）刑罚。《刑法》第一百三十四条第一款规定，在生产、作业中违反有关安全管理的规定，因而发生重大伤亡事故或者造成其他严重后果的，处3年以下有期徒刑或者拘役；情节特别恶劣的，处3年以上7年以下有期徒刑。

（四）强令违章冒险作业罪

强令违章冒险作业罪是指强令他人违章冒险作业，因而发生重大伤亡事故或者造成其他严重后果的行为。

（1）立案标准。根据《最高人民法院、最高人民检察院关于办理危害生产安全刑事案件适用法律若干问题的解释》第六条规定，强令他人违章冒险作业，涉嫌下列情形之一的，应予立案追诉：①造成死亡1人以上，或者重伤3人以上的。②造成直接经济损失100万元以上的。③其他造成严重后果或者重大安全事故的情形。

（2）刑罚。《刑法》第一百三十四条第二款规定，强令他人违章冒险作业，因而发生重大伤亡事故或者造成其他严重后果的，处5年以下有期徒刑或者拘役；情节特别恶劣的，处5年以上有期徒刑。

（五）重大劳动安全事故罪

重大劳动安全事故罪是指安全生产设施或者安全生产条件不符合国家规定，因而发生重大伤亡事故或者造成其他严重后果的行为。

（1）立案标准。根据《最高人民法院、最高人民检察院关于办理危害生产安全刑事案件适用法律若干问题的解释》第六条规定，安全生产设施或者安全生产条件不符合国家规定，涉嫌下列情形之一的，应予立案追诉：①造成死亡1人以上，或者重伤3人以上的。②造成直接经济损失100万元以上的。③其他造成严重后果或者重大安全事故的情形。

（2）刑罚。《刑法》第一百三十五条规定，安全生产设施或者安全生产条件不符合国家规定，因而发生重大伤亡事故或者造成其他严重后果的，对直接负责的主管人员和其他直接责任人员，处3年以下有期徒刑或者拘役；情节特别恶劣的，处3年以上7年以下有期徒刑。

（六）大型群众性活动重大安全事故罪

大型群众性活动重大安全事故罪是指举办大型群众性活动违反安全管理规定，因而发生重大伤亡事故或者造成其他严重后果的行为。

（1）立案标准。根据《最高人民法院、最高人民检察院关于办理危害生产安全刑事案件适用法律若干问题的解释》第六条规定，举办大型群众性活动违反安全管理规定，涉嫌下列情形之一的，应予立案追诉：①造成死亡1人以上，或者重伤3人以上的。②造成直接经济损失100万元以上的。③其他造成严重后果或者重大安全事故的情形。

（2）刑罚。《刑法》第一百三十五条之一规定，举办大型群众性活动违反安全管理规定，因而发生重大伤亡事故或者造成其他严重后果的，对直接负责的主管人员和其他直接责任人员，处3年以下有期徒刑或者拘役；情节特别恶劣的，处3年以上7年以下有期徒刑。

（七）工程重大安全事故罪

工程重大安全事故罪是指建设单位、设计单位、施工单位、工程监理单位违反国家规定，降低工程质量标准，造成重大安全事故的行为。

（1）立案标准。根据《最高人民法院、最高人民检察院关于办理危害生产安全刑事案件适用法律若干问题的解释》第六条规定，建设单位、设计单位、施工单位、工程监理单位违反国家规定，降低工程质量标准，涉嫌下列情形之一的，应予立案追诉：①造成死亡1人以上，或者重伤3人以上的。②造成直接经济损失100万元以上的。③其他造成严重后果或者重大安全事故的情形。

（2）刑罚。《刑法》第一百三十七条规定，建设单位、设计单位、施工单位、工程监理单位违反国家规定，降低工程质量标准，造成重大安全事故的，对直接责任人员，处5年以下有期徒刑或者拘役，并处罚金；后果特别严重的，处5年以上10年以下有期徒刑，并处罚金。

【考点九】《机关、团体、企业、事业单位消防安全管理规定》相关规定【10 ★】

（一）消防安全责任人的消防安全职责

《机关、团体、企业、事业单位消防安全管理规定》第六条规定，单位的消防安全责任人应当履行下列消防安全职责：

（1）贯彻执行消防法规，保证单位消防安全符合规定，掌握本单位的消防安全情况。

（2）将消防工作与本单位的生产、科研、经营、管理等活动统筹安排，批准实施年度消防工作计划。

（3）为本单位的消防安全提供必要的经费和组织保障。

（4）确定逐级消防安全责任，批准实施消防安全制度和保障消防安全的操作规程。

（5）组织防火检查，督促落实火灾隐患整改，及时处理涉及消防安全的重大问题。

（6）根据消防法规的规定建立专职消防队、志愿消防队。

（7）组织制定符合本单位实际的灭火和应急疏散预案，并实施演练。

（二）消防安全管理人的消防安全职责

《机关、团体、企业、事业单位消防安全管理规定》第七条规定，单位可以根据需要确定本单位的消防安全管理人。消防安全管理人对单位的消防安全责任人负责，实施和组织落实下列消防安全管理工作：

（1）拟订年度消防工作计划，组织实施日常消防安全管理工作。

（2）组织制定消防安全制度和保障消防安全的操作规程并检查督促其落实。

（3）拟订消防安全工作的资金投入和组织保障方案。

（4）组织实施防火检查和火灾隐患整改工作。

（5）组织实施对本单位消防设施、灭火器材和消防安全标志的维护保养，确保其完好有效，确保疏散通道和安全出口畅通。

（6）组织管理专职消防队和志愿消防队。

（7）在员工中组织开展消防知识、技能的宣传教育和培训，组织灭火和应急疏散预案的实施和演练。

（8）单位消防安全责任人委托的其他消防安全管理工作。

消防安全管理人应当定期向消防安全责任人报告消防安全情况，及时报告涉及消防安全的重大问题。未确定消防安全管理人的单位，前款规定的消防安全管理工作由单位消防安全责任人负责实施。

（三）加强防火检查

《机关、团体、企业、事业单位消防安全管理规定》第二十五条规定，消防安全重点单位应当进行每日防火巡查，并确定巡查的人员、内容、部位和频次。其他单位可以根据需要组织防火巡查。巡查的内容应当包括：

（1）用火、用电有无违章情况。

（2）安全出口、疏散通道是否畅通，安全疏散指示标志、应急照明是否完好。

（3）消防设施、器材和消防安全标志是否在位、完整。

（4）常闭式防火门是否处于关闭状态，防火卷帘下是否堆放物品影响使用。

（5）消防安全重点部位的人员在岗情况。

（6）其他消防安全情况。

公众聚集场所在营业期间的防火巡查应当至少每2h一次；营业结束时应当对营业现场进行检查，消除遗留火种。医院、养老院、寄宿制的学校、托儿所、幼儿园应当加强夜间防火巡查，其他消防安全重点单位可以结合实际组织夜间防火巡查。

《机关、团体、企业、事业单位消防安全管理规定》第二十六条规定，机关、团体、事业单位应当至少每季度进行一次防火检查，其他单位应当至少每月进行一次防火检查。

《机关、团体、企业、事业单位消防安全管理规定》第二十七条规定，单位应当按照建筑消防设施检查维修保养有关规定的要求，对建筑消防设施的完好有效情况进行检查和维修保养。

（四）开展消防安全宣传教育培训和疏散演练

《机关、团体、企业、事业单位消防安全管理规定》第三十六条规定，单位应当通过多种形式开展经常性的消防安全宣传教育。消防安全重点单位对每名员工应当至少每年进行一次消防安全培训。

公众聚集场所对员工的消防安全培训应当至少每半年进行一次，培训的内容还应当包括组织、引导在场群众疏散的知识和技能。

单位应当组织新上岗和进入新岗位的员工进行上岗前的消防安全培训。

《机关、团体、企业、事业单位消防安全管理规定》第四十条规定，消防安全重点单位应当按照灭火和应急疏散预案，至少每半年进行一次演练，并结合实际，不断完善预案。其他单位应当结合本单位实际，参照制定相应的应急方案，至少每年组织一次演练。

（五）建立消防档案

《机关、团体、企业、事业单位消防安全管理规定》第四十一条规定，消防安全重点单位应当建立健全消防档案。消防档案应当包括消防安全基本情况和消防安全管理情况。消防档案应当详实，全面反映单位消防工作的基本情况，并附有必要的图表，根据情况变化及时更新。

单位应当对消防档案统一保管、备查。

【考点十】《社会消防安全教育培训规定》相关规定【6 ★】

（一）消防安全教育培训

（1）《社会消防安全教育培训规定》第十四条规定，单位应当根据本单位的特点，建立健全消防安全教育培训制度，明确机构和人员，保障教育培训工作经费，按照下列规定对职工进行消防安全教育培训：

1）定期开展形式多样的消防安全宣传教育。

2）对新上岗和进入新岗位的职工进行上岗前消防安全培训。

3）对在岗的职工每年至少进行一次消防安全培训。

4）消防安全重点单位每半年至少组织一次、其他单位每年至少组织一次灭火和应急疏散演练。

单位对职工的消防安全教育培训应当将本单位的火灾危险性、防火灭火措施、消防设施及灭火器材的操作使用方法、人员疏散逃生知识等作为培训的重点。

（2）《社会消防安全教育培训规定》第十九条规定，社区居民委员会、村民委员会应当开展下列消防安全教育工作：

1）组织制定防火安全公约。

2）在社区、村庄的公共活动场所设置消防宣传栏，利用文化活动站、学习室等场所，对居民、村民开展经常性的消防安全宣传教育。

3）组织志愿消防队、治安联防队和灾害信息员、保安人员等开展消防安全宣传教育。

4）利用社区、乡村广播、视频设备定时播放消防安全常识，在火灾多发季节、农业收获季节、重大节日和乡村民俗活动期间，有针对性地开展消防安全宣传教育。

社区居民委员会、村民委员会应当确定至少一名专（兼）职消防安全员，具体负责消防安全宣传教育工作。

（3）《社会消防安全教育培训规定》第二十四条规定，在建工程的施工单位应当开展下列消防安全教育工作：

1）建设工程施工前应当对施工人员进行消防安全教育。

2）在建设工地醒目位置、施工人员集中住宿场所设置消防安全宣传栏，悬挂消防安全挂图和消防安全警示标识。

3）对明火作业人员进行经常性的消防安全教育。

4）组织灭火和应急疏散演练。

在建工程的建设单位应当配合施工单位做好上述消防安全教育工作。

（二）消防安全培训机构

《社会消防安全教育培训规定》第二十七条规定，国家机构以外的社会组织或者个人利用非国家财政性经费，举办消防安全专业培训机构，面向社会从事消防安全专业培训的，应当经省级教育行政部门或者人力资源和社会保障部门依法批准，并到省级民政部门申请民办非企业单位登记。

《社会消防安全教育培训规定》第三十条规定，消防安全专业培训机构应当按照有关法律法规、规章和章程规定，开展消防安全专业培训，保证培训质量。

消防安全专业培训机构开展消防安全专业培训，应当将消防安全管理、建筑防火和自动消防设施施工、操作、检测、维护技能作为培训的重点，对经理论和技能操作考核合格的人员，颁发培训证书。

消防安全专业培训的收费标准，应当符合国家有关规定，并向社会公布。

【考点十一】《火灾事故调查规定》相关规定【★★】

（一）调查程序

《火灾事故调查规定》第十二条规定，同时具有下列情形的火灾，可以适用简易调查程序：

（1）没有人员伤亡的。

（2）直接财产损失轻微的。

（3）当事人对火灾事故事实没有异议的。

（4）没有放火嫌疑的。

《火灾事故调查规定》第十三条规定，适用简易调查程序的，可以由一名火灾事故调查人员调查。

（二）复核

《火灾事故调查规定》第三十五条规定，当事人对火灾事故认定有异议的，可以自火灾事故认定书送达之日起 15 日内，向上一级消防救援机构提出书面复核申请。

【考点十二】《消防产品监督管理规定》相关规定【★★★】

（一）市场准入

（1）《消防产品监督管理规定》第五条规定，依法实行强制性产品认证的消防产品，由具有法定资质的认证机构按照国家标准、行业标准的强制性要求认证合格后，方可生产、销售、使用。

（2）《消防产品监督管理规定》第九条规定，新研制的尚未制定国家标准、行业标准的消防产品，经消防产品技术鉴定机构技术鉴定符合消防安全要求的，方可生产、销售、使用。

（二）产品质量责任和义务

（1）《消防产品监督管理规定》第十七条规定，消防产品生产者应当对其生产的消防产品质量负责，建立有效的质量管理体系，保持消防产品的生产条件，保证产品质量、标志、标识符合相关法律法规和标准要求。不得生产应当获得而未获得市场准入资格的消防产品、不合格的消防产品或者国家明令淘汰的消防产品。

（2）《消防产品监督管理规定》第十八条规定，消防产品销售者应当建立并执行进货检查验收制度，验明产品合格证明和其他标识，不得销售应当获得而未获得市场准入资格的消防产品、不合格的消防产品或者国家明令淘汰的消防产品。

（3）《消防产品监督管理规定》第十九条规定，消防产品使用者应当查验产品合格证明、产品标识和有关证书，选用符合市场准入的、合格的消防产品。

机关、团体、企业、事业等单位应当按照国家标准、行业标准定期组织对消防设施、器材进行维修保养，确保完好有效。

【考点十三】《注册消防工程师管理规定》相关规定【★★★★】

（一）执业

《注册消防工程师管理规定》第二十九条规定，注册消防工程师的执业范围应当与其聘用单位业务范围和本人注册级别相符合，本人的执业范围不得超越其聘用单位的业务范围。受聘于消防技术服务机构的注册消防工程师，每个注册有效期应当至少参与完成 3 个消防技术服务项目；受聘于消防安全重点单位的注册消防工程师，一个年度内应当至少签署 1 个消防安全技术文件。

（二）权利与义务

（1）《注册消防工程师管理规定》第三十一条规定，注册消防工程师享有下列权利：①使用注册消防工程师称谓。②保管和使用注册证和执业印章。③在规定的范围内开展执业活动。④对违反相关法律、法规和国家标准、行业标准的行为提出劝告，拒绝签署违反国家标准、行业标准的消防安全技术文件。⑤参加继续教育。⑥依法维护本人的合法执业权利。

（2）《注册消防工程师管理规定》第三十二条规定，注册消防工程师应当履行下列义务：①遵守和执行法律、法规和国家标准、行业标准。②接受继续教育，不断提高消防安全技术能力。③保证执业活动质量，承担相应的法律责任。④保守知悉的国家秘密和聘用单位的商业、技术秘密。

（3）《注册消防工程师管理规定》第三十三条规定，注册消防工程师不得有下列行为：①同时在两个以上消防技术服务机构或者消防安全重点单位执业。②以个人名义承接执业业务、开展执业活动。③在聘用单位出具的虚假、失实消防安全技术文件上签名、加盖执业印章。④变造、倒卖、出租、出借，或者以其他形式转让资格证书、注册证或者执业印章。⑤超出本人执业范围或者聘用单位业务范围开展执业活动。⑥不按照国家标准、行业标准开展执业活动，减少执业活动项目内容、数量，或者降低执业活动质量。⑦违反法律、法规规定的其他行为。

【考点十四】《注册消防工程师制度暂行规定》相关规定【★★★★★】

（一）概念

（1）《注册消防工程师制度暂行规定》第四条规定，注册消防工程师，是指经考试取得相应级别注册消防工程师资格证书，并依法注册后，从事消防设施检测、消防安全监测等消防安全技术工作的专业技术人员。

（2）《注册消防工程师制度暂行规定》第五条规定，注册消防工程师分为高级注册消防工程师、一级注册消防工程师和二级注册消防工程师。

（二）一级注册消防工程师资格考试报名条件

《注册消防工程师制度暂行规定》第十二条规定，一级注册消防工程师资格考试报名条件：

（1）取得消防工程专业大学专科学历，工作满6年，其中从事消防安全技术工作满4年；或者取得消防工程相关专业大学专科学历，工作满7年，其中从事消防安全技术工作满5年。

（2）取得消防工程专业大学本科学历或者学位，工作满4年，其中从事消防安全技术工作满3年；或者取得消防工程相关专业大学本科学历，工作满5年，其中从事消防安全技术工作满4年。

（3）取得含消防工程专业在内的双学士学位或者研究生班毕业，工作满3年，其中从事消防安全技术工作满2年；或者取得消防工程相关专业在内的双学士学位或者研究生班毕业，工作满4年，其中从事消防安全技术工作满3年。

（4）取得消防工程专业硕士学历或者学位，工作满2年，其中从事消防安全技术工作满1年；或者取得消防工程相关专业硕士学历或者学位，工作满3年，其中从事消防安全技术工作满2年。

（5）取得消防工程专业博士学历或者学位，从事消防安全技术工作满1年；或者取得消防工程相关专业博士学历或者学位，从事消防安全技术工作满2年。

（6）取得其他专业相应学历或者学位的人员，其工作年限和从事消防安全技术工作年限均相应增加1年。

（三）注册执业

（1）《注册消防工程师制度暂行规定》第十七条规定，国家对注册消防工程师资格实行注册执业管理制度。取得一级、二级注册消防工程师资格证书的人员，经注册方可以相应级别注册消防工程师名义执业。

（2）《注册消防工程师制度暂行规定》第十九条规定，取得一级、二级注册消防工程师资格证书并申请注册的人员，应当受聘于一个经批准的消防技术服务机构或者消防安全重点单位，并通过聘用单位向本单位所在地（聘用单位属企业的，通过本企业向工商注册所在地）的消防救援机构提交注册申请材料。

（3）《注册消防工程师制度暂行规定》第二十九条规定，一级注册消防工程师的执业范围：

1）消防技术咨询与消防安全评估。

2）消防安全管理与技术培训。

3）消防设施检测与维护。

4）消防安全监测与检查。

5）火灾事故技术分析。

6）规定的其他消防安全技术工作。

（四）权利与义务

（1）《注册消防工程师制度暂行规定》第三十二条规定，注册消防工程师享有下列权利：

1）使用注册消防工程师称谓。

2）在规定范围内从事消防安全技术执业活动。

3）对违反相关法律、法规和技术标准的行为提出劝告，并向本级别注册审批部门或者上级主管部门报告。

4）接受继续教育。

5）获得与执业责任相应的劳动报酬。

6）对侵犯本人权利的行为进行申诉。

（2）《注册消防工程师制度暂行规定》第三十三条规定，注册消防工程师履行下列义务：

1）遵守法律、法规和有关管理规定，恪守职业道德。

2）执行消防法律、法规、规章及有关技术标准。

3）履行岗位职责，保证消防安全技术执业活动质量，并承担相应责任。

4）保守知悉的国家秘密和聘用单位的商业、技术秘密。

5）不得允许他人以本人名义执业。

6）不断更新知识，提高消防安全技术能力。

7）完成注册管理部门交办的相关工作。

第二章 注册消防工程师职业道德

【考点】注册消防工程师职业道德【6★】

（一）职业道德的特点

（1）具有执行消防法规标准的原则性。

（2）具有维护社会公共安全的责任性。

（3）具有高度的服务性。

（4）具有与社会经济联系的密切性。

（二）职业道德原则的特点及作用

1. 职业道德原则的特点

（1）本质性。本质性是注册消防工程师职业道德的社会本质最直接、最集中的反映，是注册消防工程师职业道德区别于其他不同类型职业道德最根本、最显著的标志。

（2）基准性。基准性是注册消防工程师职业行为的基本准则，对注册消防工程师的职业行为具有普遍约束力和指导意义。

（3）稳定性。稳定性是指职业道德规范相对来说比较稳定，这是由它的核心地位和本身所具有的约束力和抽象性所决定的。

（4）独特性。独特性是指具有注册消防工程师行业的职业特点，有别于其他行业的职业道德。

2. 职业道德原则的作用

（1）对于注册消防工程师职业道德规范具有指导、制约作用。

（2）是注册消防工程师处理职业关系最基本的出发点和归宿。

（三）职业道德的根本原则

（1）维护公共安全原则。

（2）诚实守信原则。

（四）职业道德基本规范组成

注册消防工程师职业道德的基本规范可以归纳为爱岗敬业、依法执业、客观公正、公平竞争、提高技能、保守秘密、奉献社会。其中，爱岗敬业是注册消防工程师职业道德的基础和核心，是其职业道德建设所倡导的首要规范。爱岗是敬业的前提，表现为热爱自己的工作岗位，安心本职工作。

（五）职业道德修养的内容

（1）理论修养。一是政治理论修养，二是思想道德理论修养。

（2）业务知识修养。加强有关专业知识的学习，是注册消防工程师职业道德修养的基本要求。

（3）人生观修养。

（4）职业道德品质修养。注册消防工程师应当具备"忠于职守、诚实守信、工作认真、吃苦耐劳、廉洁正直、热情服务"的基本职业道德品质。

（六）加强职业道德修养的途径和方法

在履行职业责任过程中加强职业道德修养，是注册消防工程师加强职业道德修养的根本途径和根本方法。具体方法主要有以下几种：

（1）自我反思。

（2）向榜样学习。

（3）坚持"慎独"。

（4）提高道德选择能力。

第二篇
建筑防火检查

第一章　建筑分类和耐火等级检查

【考点一】建筑分类【★★★】

根据《建筑设计防火规范》第 5.1.1 条的规定：民用建筑根据其建筑高度和层数可分为单、多层民用建筑和高层民用建筑。高层民用建筑根据其建筑高度、使用功能和楼层的建筑面积可分为一类高层民用建筑和二类高层民用建筑。民用建筑的分类应符合表 2-1-1 的规定。

表 2-1-1　　　　　　　　　　　　民用建筑的分类

名称	高层民用建筑		单、多层民用建筑
	一类	二类	
住宅建筑	建筑高度大于 54 m 的住宅建筑（包括设置商业服务网点的住宅建筑）	建筑高度大于 27 m，但不大于 54 m 的住宅建筑（包括设置商业服务网点的住宅建筑）	建筑高度不大于 27 m 的住宅建筑（包括设置商业服务网点的住宅建筑）
公共建筑	（1）建筑高度大于 50 m 的公共建筑 （2）建筑高度 24 m 以上部分任一楼层建筑面积大于 1 000 m^2 的商店、展览、电信、邮政、财贸金融建筑和其他多种功能组合的建筑 （3）医疗建筑、重要公共建筑、独立建造的老年人照料设施 （4）省级及以上的广播电视和防灾指挥调度建筑、网局级和省级电力调度建筑 （5）藏书超过 100 万册的图书馆、书库	除一类高层公共建筑外的其他高层公共建筑	（1）建筑高度大于 24 m 的单层公共建筑 （2）建筑高度不大于 24 m 的其他公共建筑

【考点二】建筑高度及层数检查【★★】

（一）建筑高度检查

《建筑设计防火规范》附录 A.0.1 规定，建筑高度的计算应符合下列规定：

（1）建筑屋面为坡屋面时，建筑高度应为建筑室外设计地面至其檐口与屋脊的平均高度。

（2）建筑屋面为平屋面（包括有女儿墙的平屋面）时，建筑高度应为建筑室外设计地面至其屋面面层的高度。

（3）同一座建筑有多种形式的屋面时，建筑高度应按上述方法分别计算后，取其中最大值。

（4）对于台阶式地坪，当位于不同高程地坪上的同一建筑之间有防火墙分隔，各自有符合规范规定的安全出口，且可沿建筑的两个长边设置贯通式或尽头式消防车道时，可分别计算各自的建筑高度。否则，应按其中建筑高度最大者确定该建筑的建筑高度。

（5）局部突出屋顶的瞭望塔、冷却塔、水箱间、微波天线间或设施、电梯机房、排风和排烟机房以及楼梯出口小间等辅助用房占屋面面积不大于1/4者，可不计入建筑高度。

（6）对于住宅建筑，设置在底部且室内高度不大于2.2 m的自行车库、储藏室、敞开空间，室内外高差或建筑的地下或半地下室的顶板面高出室外设计地面的高度不大于1.5 m的部分，可不计入建筑高度。

（二）建筑层数检查

《建筑设计防火规范》附录A.0.2规定，建筑层数应按建筑的自然层数计算，下列空间可不计入建筑层数：

（1）室内顶板面高出室外设计地面的高度不大于1.5 m的地下或半地下室。

（2）设置在建筑底部且室内高度不大于2.2 m的自行车库、储藏室、敞开空间。

（3）建筑屋顶上突出的局部设备用房、出屋面的楼梯间等。

【考点三】火灾危险性分类【★★★★】

（一）生产的火灾危险性分类

《建筑设计防火规范》第3.1.1条规定，生产的火灾危险性分类根据生产中使用或产生的物质性质及其数量等因素划分，分为甲、乙、丙、丁、戊五类，并应符合表2-1-2的规定。

表2-1-2　　　　　　　　　　　　　生产的火灾危险性分类

生产的火灾危险性类别	使用或产生下列物质生产的火灾危险性特征
甲	（1）闪点小于28℃的液体 （2）爆炸下限小于10%的气体 （3）常温下能自行分解或在空气中氧化能导致迅速自燃或爆炸的物质 （4）常温下受到水或空气中水蒸气的作用，能产生可燃气体并引起燃烧或爆炸的物质 （5）遇酸、受热、撞击、摩擦、催化以及遇有机物或硫黄等易燃的无机物，极易引起燃烧或爆炸的强氧化剂 （6）受撞击、摩擦或与氧化剂、有机物接触时能引起燃烧或爆炸的物质 （7）在密闭设备内操作温度不小于物质本身自燃点的生产
乙	（1）闪点不小于28℃，但小于60℃的液体 （2）爆炸下限不小于10%的气体 （3）不属于甲类的氧化剂 （4）不属于甲类的易燃固体 （5）助燃气体 （6）能与空气形成爆炸性混合物的浮游状态的粉尘、纤维，闪点不小于60℃的液体雾滴

续表

生产的火灾危险性类别	使用或产生下列物质生产的火灾危险性特征
丙	（1）闪点不小于60℃的液体 （2）可燃固体
丁	（1）对不燃烧物质进行加工，并在高温或熔化状态下经常产生强辐射热、火花或火焰的生产 （2）利用气体、液体、固体作为燃料或将气体、液体进行燃烧作其他用的各种生产 （3）常温下使用或加工难燃烧物质的生产
戊	常温下使用或加工不燃烧物质的生产

（二）储存物品的火灾危险性分类

《建筑设计防火规范》第3.1.3条规定，储存物品的火灾危险性分类根据储存物品的性质和储存物品中的可燃物数量等因素划分，分为甲、乙、丙、丁、戊五类，并应符合表2-1-3的规定。

表2-1-3　　　　　　　　　　　　储存物品的火灾危险性分类

储存物品的火灾危险性类别	储存物品的火灾危险性特征
甲	（1）闪点小于28℃的液体 （2）爆炸下限小于10%的气体，受到水或空气中水蒸气的作用能产生爆炸下限小于10%气体的固体物质 （3）常温下能自行分解或在空气中氧化能导致迅速自燃或爆炸的物质 （4）常温下受到水或空气中水蒸气的作用，能产生可燃气体并引起燃烧或爆炸的物质 （5）遇酸、受热、撞击、摩擦、催化以及遇有机物或硫黄等易燃的无机物，极易引起燃烧或爆炸的强氧化剂 （6）受撞击、摩擦或与氧化剂、有机物接触时能引起燃烧或爆炸的物质
乙	（1）闪点不小于28℃，但小于60℃的液体 （2）爆炸下限不小于10%的气体 （3）不属于甲类的氧化剂 （4）不属于甲类的易燃固体 （5）助燃气体 （6）常温下与空气接触能缓慢氧化，积热不散引起自燃的物质
丙	（1）闪点不小于60℃的液体 （2）可燃固体
丁	难燃烧物品
戊	不燃烧物品

【考点四】火灾危险性检查【★★★】

（一）厂房的火灾危险性检查

《建筑设计防火规范》第3.1.2条规定，同一座厂房或厂房的任一防火分区内有不同火灾危险性生产时，厂房或防火分区内的生产火灾危险性类别应按火灾危险性较大的部分确定；当生产过程中使用或产生易燃、可燃物的量较少，不足以构成爆炸或火灾危险时，可按实际情况确定；当符合下述条件之一时，可按火灾危险性较小的部分确定：

（1）火灾危险性较大的生产部分占本层或本防火分区建筑面积的比例小于 5% 或丁、戊类厂房内的油漆工段小于 10%，且发生火灾事故时不足以蔓延至其他部位或火灾危险性较大的生产部分采取了有效的防火措施。

（2）丁、戊类厂房内的油漆工段，当采用封闭喷漆工艺，封闭喷漆空间内保持负压、油漆工段设置可燃气体探测报警系统或自动抑爆系统，且油漆工段占所在防火分区建筑面积的比例不大于 20%。

（二）储存物品的火灾危险性检查

（1）《建筑设计防火规范》第 3.1.4 条规定，同一座仓库或仓库的任一防火分区内储存不同火灾危险性物品时，仓库或防火分区的火灾危险性应按火灾危险性最大的物品确定。

（2）《建筑设计防火规范》第 3.1.5 条规定，丁、戊类储存物品仓库的火灾危险性，当可燃包装重量大于物品本身重量 1/4 或可燃包装体积大于物品本身体积的 1/2 时，应按丙类确定。

【考点五】汽车库、修车库、停车场检查【★★】

汽车库、修车库、停车场类别是根据停车（车位）数量和总建筑面积确定的，分为Ⅰ类、Ⅱ类、Ⅲ类、Ⅳ类。检查汽车库、修车库、停车场类别时，需要注意：

（1）屋面露天停车场与下部汽车库共用汽车坡道时，停车数量计算在汽车库的车辆总数内。

（2）室外坡道、屋面露天停车场的建筑面积可不计入汽车库的建筑面积之内。

（3）公交汽车库的建筑面积可按规定值增加 2 倍。

【考点六】建筑构件的燃烧性能和耐火极限检查【★★★★★】

建筑耐火等级是判定建筑物整体耐火性能的基本依据，决定了建筑抗御火灾的能力。建筑耐火等级由组成建筑物的墙、柱、梁、楼板等主要构件的燃烧性能和最低耐火极限决定，分为一级、二级、三级、四级。

（一）建筑主要构件

建筑主要构件的燃烧性能和耐火极限不得低于建筑相应耐火等级的要求。主要检查要求：一级耐火等级建筑的主要构件都是不燃烧体；二级耐火等级建筑的主要构件，除吊顶为难燃烧体外，其余构件都要求是不燃烧体；三级耐火等级建筑的主要构件，除吊顶（包括吊顶格栅）和房间隔墙可采用难燃烧体外，其余构件都是不燃烧体；四级耐火等级建筑的主要构件，除防火墙需采用不燃烧体外，其余构件可采用难燃烧体或可燃烧体。以木柱承重且以不燃材料作为墙体的建筑物，其耐火等级按四级确定。

（二）建筑金属构件

建筑的金属构件，在高温条件下会出现强度降低和蠕变现象，极易失去承载力。目前钢结构构件的防火保护措施主要有两种：一种是采用砖石、沙浆、防火板等无机耐火材料包覆的方式；另一种是涂刷钢结构防火涂料，通过在建筑物和构筑物钢结构构件表面涂刷钢结构防火涂料，形成耐火隔热保护层，以提高钢结构耐火极限。由于钢结构防火涂料目前所存在的固有缺陷，实际运用中首先考虑采用不燃材料包覆的方式。具体检查要求为：

（1）一级耐火等级的单、多层厂房（仓库），当采用自动喷水灭火系统进行全保护时，其屋顶承重构件的耐火极限不应低于 1.00 h。需要注意的是，对于厂房内虽设置了自动灭火系统，但对这些构件无保护作用时，屋顶承重构件的耐火极限不应低于 1.50 h。

（2）建筑内预制钢筋混凝土结构金属构件的节点和明露的钢结构承重构件部位，是构件的防火薄弱环节，往往又是保证结构整体承载能力的关键部位，需要采取防火保护措施并保证节点的耐火极限不低于该节点部位连接构件中要求的耐火极限最高者。

（3）民用建筑的中庭和屋顶承重构件采用金属构件时，通过采取外包覆不燃材料、设置自动喷水灭火系统和喷涂防火涂料等措施，保证其耐火极限不低于耐火等级的要求。

（4）二级耐火等级的散装粮食平房仓可采用无防火保护的金属承重构件。

【考点七】建筑耐火等级与建筑分类适应性检查【★★★】

主要检查建筑耐火等级的选定与建筑高度、使用功能、重要性质和火灾扑救难度等是否一致。具体要求如下：

（一）厂房和仓库

（1）使用或储存特殊贵重的机器、仪表、仪器等设备或物品的建筑，其耐火等级不应低于二级。

（2）高层厂房，甲、乙类厂房，使用或产生丙类液体的厂房和有火花、赤热表面、明火的丁类厂房，油浸变压器室、高压配电装置室，锅炉房，高架仓库、高层仓库、甲类仓库、多层乙类仓库和储存可燃液体的多层丙类仓库，粮食筒仓，建筑的耐火等级不应低于二级。

（3）单、多层丙类厂房，多层丁、戊类厂房，单层乙类仓库，单层丙类仓库，储存可燃固体的多层丙类仓库和多层丁、戊类仓库，粮食平房仓，建筑的耐火等级不应低于三级。

（4）建筑面积不大于 300 m² 的独立甲、乙类单层厂房，建筑面积不大于 500 m² 的单层丙类厂房或建筑面积不大于 1 000 m² 的单层丁类厂房，锅炉的总蒸发量不大于 4 t/h 的燃煤锅炉房，可采用三级耐火等级的建筑。

（二）民用建筑

地下或半地下建筑（室）和一类高层建筑的耐火等级不应低于一级；单、多层重要公共建筑和二类高层建筑的耐火等级不应低于二级。这里的"地下或半地下建筑（室）"包括附建在建筑中的地下室、半地下室和单独建造的地下、半地下建筑。

除木结构建筑外，老年人照料设施的耐火等级不应低于三级。

（三）汽车库和修车库

地下、半地下和高层汽车库，甲、乙类物品运输车的汽车库、修车库和Ⅰ类汽车库、修车库，耐火等级应为一级。Ⅱ、Ⅲ类汽车库、修车库的耐火等级不应低于二级。Ⅳ类汽车库、修车库的耐火等级不应低于三级。

【考点八】建筑最多允许层数与耐火等级适应性检查【★★】

（一）厂房

二级耐火等级的乙类厂房建筑层数最多为 6 层；三级耐火等级的丙类厂房建筑层数最多为 2 层；三级耐火等级的丁、戊类厂房建筑层数最多为 3 层；甲类厂房和四级耐火等级的丁、戊类厂房只能为单层建筑。

（二）仓库

甲类仓库，三级耐火等级的乙类仓库，四级耐火等级的丁、戊类仓库，都只能为单层建筑；一、二级耐火等级的乙类易燃液体、固体、氧化剂仓库，三级耐火等级的丙类固体仓库和丁、戊类仓库建筑层数最多为 3 层；一、二级耐火等级的乙类易燃气体、助燃气体、氧化自燃物品和丙类液体仓库建筑层数最多为 5 层。

（三）民用建筑

对耐火等级为三级的民用建筑，建筑层数最多为 5 层；对耐火等级为四级的民用建筑，建筑层数最多为 2 层。商店建筑、展览建筑、托儿所、幼儿园的儿童用房和儿童游乐厅等儿童活动场所，独立建造的老年人照料设施，医院和疗养院的住院部分，教学建筑、食堂、菜市场，剧场、电影院、礼堂等采用三级耐火等级建筑时，建筑层数不应超过 2 层。除老年人照料设施、剧场、电影院、礼堂外的上述建筑如采用四级耐火等级时，只能为单层建筑。

第二章　总平面布局与平面布置检查

【考点一】城市总体布局的消防安全【★★】

（1）易燃易爆危险品的工厂、仓库，甲、乙、丙类液体储罐区，液化石油气储罐区，可燃、助燃气体储罐区和可燃材料堆场等，应布置在城市（区域）的边缘或相对独立的安全地带，并宜布置于城市（区域）全年最小频率风向的上风侧，此外，还应与影剧院、会堂、体育馆、大型商场、游乐场等人员密集的公共建筑或场所保持足够的防火安全距离。

（2）甲、乙、丙类液体储罐（区）宜布置在地势较低的地带。当条件受限确需布置在地势较高的地带时，应设置安全防护设施，如加强防火堤设置，或增设防护墙等。

（3）散发可燃气体、可燃蒸气和可燃粉尘的工厂和大型液化石油气储存基地，宜布置在城市全年最小频率风向的上风侧；液化石油气储罐（区）宜布置在地势平坦、开阔等不易积存液化石油气的地带，并与居住区、商业区或其他人员集中地区保持足够的防火安全距离。

（4）大中型石油化工企业、石油库、液化石油气储罐站等沿城市河流布置时，应布置在城市河流的下游，并采取防止液体流入河流的可靠措施。

（5）汽车加油、加气站应远离人员集中的场所、重要的公共建筑。一级加油站、一级加气站、一级加油加气合建站和 CNG① 加气母站宜设置在城市建成区以外的区域，不应设置在城市中心区。输油、输送可燃气体干管上不得有违法修建的建筑物、构筑物或堆放物质。

（6）地下建筑（包括地铁、城市隧道等）与加油站的埋地油罐及其他用途的埋地可燃液体储罐应保持足够的防火安全距离，其出口和风亭等设施与邻近建筑应保持足够的防火安全距离。

（7）汽车库、修车库、停车场应远离易燃、可燃液体或可燃气体的生产装置区和储存区；汽车库应与甲、乙类厂房、仓库分开建造。

（8）装运液化石油气和其他易燃易爆危险化学品的专用码头、车站应布置在城市或港区的独立安全地段。装运液化石油气和其他易燃易爆危险化学品的专用码头，与装运其他物品的码头之间的距离不应小于最大装运船舶长度的两倍，距主航道的距离不应小于最大装运船舶长度的一倍。

（9）城市消防站的布置应结合城市交通状况和各区域的火灾危险性进行合理布局；街区道路布置和市政消火栓的布局应能满足灭火救援需要；街区道路中心线间距一般宜在 160 m 以内，市政消火栓沿可通行消防车的街区道路布置，间距不得大于 120 m。

对于旧城区中严重影响城市消防安全的企业，要及时纳入改造计划，采取限期迁移或改变生产使用性质等措施。对于耐火等级低的建筑密集区和棚户区，要结合改造工程，拆除一些破旧房屋，建造一、二级耐火等级的建筑；对一时不能拆除重建的，可划分占地面积不大于 2 500 m² 的防火分区，各分区之间留出不小于 6 m 的防火通道或设置高出建筑屋面不小于

---

① CNG，即压缩天然气，是英文 Compressed Natural Gas 的缩略语。

50 cm 的防火墙。对于无市政消火栓或消防给水不足、无消防车道的区域，要结合本区域内给水管道的改建，增设给水管道管径和消火栓，或根据具体条件修建容量 100 ～ 200 m^3 的消防水池。

【考点二】企业总平面布局【★★★】

（一）石油化工企业

1. 企业区域规划

根据工厂的生产流程及各组成部分的生产特点和火灾危险性，结合地形、风向等条件，按功能分区集中布置。可能散发可燃气体的工艺装置、罐组、装卸区或全厂性污水处理场等设施，宜布置在人员集中场所及明火或散发火花地点的全年最小频率风向的上风侧；在山区或丘陵地区的，应避免布置在窝风地带。

2. 主要出入口

工厂主要出入口不应少于两个，并宜位于不同方位。生产区的道路宜采用双车道。可燃液体的储罐区、可燃气体的储罐区、装卸区及化学危险品仓库区应设置环形消防车道。

3. 企业消防站

消防站的设置位置应便于消防车迅速通往工艺装置区和罐区，宜位于生产区全年最小频率风向的下风侧，且避开工厂主要人流道路。

（二）火力发电厂

1. 厂区选址

厂区应布置在地势较低的边缘地带，安全防护设施可以布置在地形较高的边缘地带。对于布置在厂区内的点火油罐区，其围栅高度不小于 1.8 m。当利用厂区围墙作为点火油罐区的围栅时，实体围墙的高度不小于 2.5 m。

2. 主要出入口

厂区的出入口不应少于两个，其设置位置应便于消防车出入。主厂房、点火油罐区及储煤场周围应设置环形消防车道。

（三）钢铁冶金企业

1. 厂区选址

储存或使用甲、乙、丙类液体，可燃气体，明火或散发火花以及产生大量烟气、粉尘、有毒有害气体的车间，宜布置在厂区边缘或主要生产车间、职工生活区全年最小频率风向的上风侧。

2. 围墙的设置

煤气罐区四周均须设置围墙，当总容积不超过 200 000 m^3 时，罐体外壁与围墙的间距不宜小于 15 m；当总容积大于 200 000 m^3 时，罐体外壁与围墙的间距不宜小于 18 m。

3. 储罐的间距

露天布置的可燃气体与不可燃气体固定容积储罐之间的净距，氧气固定容积储罐与不可燃气体固定容积储罐之间的净距，不可燃气体固定容积储罐之间的净距，以及露天布置的液氧储罐与不可燃的液化气体储罐之间的净距，不可燃的液化气体储罐之间的净距，不宜小于 2 m。

4. 管道的敷设

高炉煤气、发生炉煤气、转炉煤气和铁合金电炉煤气的管道不应埋地敷设。氧气管道不得与燃油管道、腐蚀性介质管道和电缆、电线同沟敷设，动力电缆不得与可燃、助燃气体和燃油管道同沟敷设。

【考点三】防火间距【★★★★★】

防火间距是指防止着火建筑在一定时间内引燃相邻建筑，便于消防扑救的间隔距离。

（一）防火间距的测量

对防火间距实地进行测量时，沿建筑周围选择相对较近处测量间距，测量值的允许负偏差不得大于规定值的5%。具体测量方法如下：

（1）建筑物之间的防火间距按相邻建筑外墙的最近水平距离计算，当外墙有凸出的可燃或难燃构件时，从其凸出部分外缘算起。建筑物与储罐、堆场的防火间距，为建筑外墙至储罐外壁或堆场中相邻堆垛外缘的最近水平距离。

（2）储罐之间的防火间距为相邻两储罐外壁的最近水平距离。储罐与堆场的防火间距为储罐外壁至堆场中相邻堆垛外缘的最近水平距离。

（3）堆场之间的防火间距为两堆场中相邻堆垛外缘的最近水平距离。

（4）变压器之间的防火间距为相邻变压器外壁的最近水平距离。变压器与建筑物、储罐或堆场的防火间距，为变压器外壁至建筑外墙、储罐外壁或相邻堆垛外缘的最近水平距离。

（5）建筑物、储罐或堆场与道路、铁路的防火间距，为建筑外墙、储罐外壁或相邻堆垛外缘距道路最近一侧路边或铁路中心线的最小水平距离。

（二）防火间距不足时的处理

防火间距由于场地等原因，难以满足国家有关消防技术标准规范的要求时，可根据具体情况，采取下列相应的措施：

（1）改变建筑物的生产或使用性质，尽量减少建筑物的火灾危险性；改变房屋部分结构的耐火性能，提高建筑物的耐火等级。

（2）调整生产厂房的部分工艺流程和库房储存物品的数量，调整部分构件的耐火性能和燃烧性能。

（3）将建筑物的普通外墙改为防火墙。

（4）拆除部分耐火等级低、占地面积小、适用性不强且与新建建筑相邻的原有建筑物。

（5）设置独立的防火墙等。

【考点四】消防车道【★★★】

消防车道是指供消防车灭火时通行的道路。其设置可以保障火灾时消防车顺利到达火场，消防救援人员迅速开展灭火战斗，最大限度减少人员伤亡和财产损失。

（一）检查内容

1. 消防车道形式

（1）工厂、仓库。工厂、仓库区内应设置消防车道。高层厂房，占地面积大于 3 000 m² 的甲、乙、丙类厂房和占地面积大于 1 500 m² 的乙、丙类仓库，消防车道的设置形式为环形，确有困难时，应沿建筑物的两个长边设置消防车道。

（2）民用建筑。高层民用建筑，超过 3 000 个座位的体育馆，超过 2 000 个座位的会堂，占地面积大于 3 000 m² 的商店建筑、展览建筑等单、多层公共建筑，消防车道的设置形式为环形，确有困难时，可沿建筑的两个长边设置消防车道。对于高层住宅建筑和山坡地或河道边临空建造的高层民用建筑，消防车道可沿建筑的一个长边设置，但该长边所在建筑立面应为消防车登高操作面。

（3）沿街建筑和设有封闭内院或天井的建筑物。对于沿街道部分的长度大于150 m或总长度大于220 m的建筑，应设置穿过建筑物的消防车道。确有困难时，应沿建筑四周设置环形消防车道。对于设有短边且长度大于24 m的有封闭内院或天井的建筑物，宜设置进入内院或天井的消防车道。

（4）汽车库、修车库。汽车库、修车库周围应设消防车道。除Ⅳ类汽车库和修车库外，消防车道应为环形，当设环形车道有困难时，可沿建筑物的一个长边和另一边设置消防车道。

（5）堆场、储罐区。可燃材料露天堆场区，液化石油气储罐区，甲、乙、丙类液体储罐区和可燃气体储罐区，应设置消防车道。消防车道的设置应符合下列规定：

1）储量大于表2-2-1规定的堆场、储罐区，宜设置环形消防车道。

表2-2-1　　　　　　　　　　　　　　堆场或储罐区的储量

名称	棉、麻、毛、化纤 /t	秸秆、芦苇 /t	木材 /m³	甲、乙、丙类液体储罐 /m³	液化石油气储罐 /m³	可燃气体储罐 /m³
储量	1 000	5 000	5 000	1 500	500	30 000

2）占地面积大于30 000 m²的可燃材料堆场，应设置与环形消防车道相通的中间消防车道，消防车道的间距不宜大于150 m。液化石油气储罐区，甲、乙、丙类液体储罐区和可燃气体储罐区内的环形消防车道之间宜设置连通的消防车道。

3）消防车道的边缘距可燃材料堆垛不应小于5 m。

2. 消防车道的净宽度、净空高度和坡度

消防车道的净宽度和净空高度均不应小于4 m，其坡度不宜大于8%。

3. 消防车道的荷载

消防车道的路面、救援操作场地及其下面的管道和暗沟等应能承受重型消防车压力。

4. 消防车道的转弯半径

中间消防车道与环形消防车道的交接处必须满足消防车转弯半径的要求。目前我国普通消防车的转弯半径为9 m，登高车的转弯半径为12 m，一些特种车辆的转弯半径为16～20 m。

5. 消防车道的回车场

环形消防车道至少应有两处与其他车道连通。尽头式消防车道应设置回车道或回车场。回车场的面积不应小于12 m×12 m，其中，高层建筑的回车场面积不宜小于15 m×15 m；供重型消防车使用时，回车场面积不宜小于18 m×18 m。

（二）检查方法

（1）沿消防车道全程查看消防车道路面情况，消防车道与厂房（仓库）、民用建筑之间不得设置妨碍消防车作业的树木、架空管线等障碍物；消防车道利用交通道路时，合用道路需满足消防车通行与停靠的要求。

（2）选择消防车道路面相对较窄部位以及消防车道4 m净空高度内两侧凸出物最近距离处进行测量，以最小宽度确定为消防车道宽度。宽度测量值的允许负偏差不得大于规定值的5%，且不影响正常使用。

（3）选择消防车道正上方距车道相对较低的凸出物进行测量，测量点不少于 5 个，以凸出物与车道的垂直高度确定为消防车道净空高度，高度测量值的允许负偏差不得大于规定值的 5%。

（4）不规则回车场以消防车可以利用场地的内接正方形为回车场地或根据实际设置情况进行消防车通行试验，满足消防车回车的要求。

（5）查阅施工记录、消防车通行试验报告，核查消防车道设计承受荷载。当消防车道设置在建筑红线外时，还需查验是否取得权属单位的同意，确保消防车道正常使用。

【考点五】消防车登高操作场地【★★★★★】

（一）检查内容

1. 消防车登高操作场地的要求

高层建筑应至少沿一个长边或周边长度的 1/4 且不小于一个长边长度的底边连续布置消防车登高操作场地，该范围内的裙房进深不应大于 4 m。

建筑高度不大于 50 m 的建筑，连续布置消防车登高操作场地确有困难时，可间隔布置，但间隔距离不宜大于 30 m，且消防车登高操作场地的总长度仍应符合上述规定。

2. 消防车登高操作场地的设置

场地与厂房、仓库、民用建筑之间不应设置妨碍消防车操作的树木、架空管线等障碍物和车库出入口。场地的长度和宽度分别不应小于 15 m 和 10 m；对于建筑高度大于 50 m 的建筑，场地的长度和宽度分别不应小于 20 m 和 10 m。场地应与消防车道连通，场地靠建筑外墙一侧的边缘距离建筑外墙不宜小于 5 m，且不应大于 10 m；场地的坡度不宜大于 3%。

3. 消防车登高操作场地的荷载

消防车登高操作场地及其下面的建筑结构、管道和暗沟等，应能承受重型消防车的压力。对于建筑高度超过 100 m 的建筑，还需考虑大型消防车辆灭火救援作业的需求。

（二）检查方法

（1）沿消防车道全程查看消防车登高操作场地路面情况，确保消防车登高操作场地与厂房、仓库、民用建筑之间不得设置妨碍消防车操作的架空高压电线、树木、车库出入口等障碍。

（2）沿消防车登高面全程测量消防车登高操作场地的长度、宽度、坡度，以及场地靠建筑外墙一侧的边缘至建筑外墙的距离等数据。长度、宽度测量值的允许负偏差不得大于规定值的 5%。

（3）查验施工记录、消防车通行及登高操作试验报告，核查消防车登高操作场地设计承受荷载。当消防车登高操作场地设置在建筑红线外时，还需查验是否取得权属单位的同意，确保消防车登高操作场地正常使用。

【考点六】厂房、仓库平面布置【9★】

（一）员工宿舍的布置

员工宿舍严禁设置在厂房、仓库内。

（二）办公室、休息室的布置

（1）办公室、休息室等不得设置在甲、乙类厂房内。确需贴邻本厂房时，厂房的耐火等级不得低于二级，采用耐火极限不低于 3.00 h 的防爆墙与厂房分隔，且设置独立的安全出口。办公室、休息室等也不得设置在甲、乙类仓库内，且不应贴邻。

（2）办公室、休息室设置在丙类厂房或丙、丁类仓库时，须采用耐火极限不低于 2.50 h 的防火隔墙和耐火极限不低于 1.00 h 的楼板与其他部位分隔，并至少设置 1 个独立的安全出口。如隔墙上需开设相互连通的门时，采用乙级防火门。

（三）中间仓库的布置

（1）对于甲、乙类中间仓库，其储量不宜超过 1 昼夜的需用量；应靠外墙布置，并采用防火墙和耐火极限不低于 1.50 h 的不燃性楼板与其他部位隔开。对于需用量较少的厂房，如有的手表厂用于清洗的汽油，每昼夜需用量只有 20 kg，则可适当调整到存放 1 ~ 2 昼夜的用量；如 1 昼夜需用量较大，则要严格控制为 1 昼夜用量。

（2）对于丙类中间仓库，应采用防火墙和耐火极限不低于 1.50 h 的不燃性楼板与其他部位分隔，仓库的耐火等级和面积要同时符合丙类仓库的相关规定，且中间仓库与所服务车间的建筑面积之和不应大于该类厂房有关一个防火分区的最大允许建筑面积。

（3）对于丁、戊类中间仓库，应采用耐火极限不低于 2.00 h 的防火隔墙和耐火极限不低于 1.00 h 的楼板与其他部位分隔，仓库的耐火等级和面积应符合丁、戊类仓库的相关规定。需要注意：在厂房内设置中间仓库时，生产车间和中间仓库的耐火等级应当一致，且该耐火等级要按仓库和厂房两者中要求较高者确定。对于丙类仓库，需要采用防火墙和耐火极限不低于 1.50 h 的不燃性楼板与生产作业部位隔开。

（4）对于建筑功能以分拣、加工等作业为主的物流建筑，检查要求按有关厂房的规定确定，其中仓储部分应按中间仓库确定。

（四）中间储罐的布置

厂房内的丙类液体中间储罐应设置在单独房间内，其容量不应大于 5 m³。设置中间储罐的房间，应采用耐火极限不低于 3.00 h 的防火隔墙和耐火极限不低于 1.50 h 的楼板与其他部位分隔，房间门采用甲级防火门。

（五）变、配电站的布置

（1）变、配电站不得设置在甲、乙类厂房内或贴邻建造，且不得设置在爆炸性气体、粉尘环境的危险区域内；供甲、乙类厂房专用的 10 kV 及以下的变、配电所（即该变电站、配电站仅向与其贴邻的甲、乙类厂房供电，而不向其他厂房供电），当采用无门、窗、洞口的防火墙隔开时，可与厂房一面贴邻建造。

（2）对于乙类厂房的配电站，如氨压缩机房的配电站，为观察设备、仪表运转情况而需要设观察窗时，允许在配电站的防火墙上设置采用不燃材料制作并且不能开启的甲级防火窗。

【考点七】民用建筑平面布置【10 ★】

（一）营业厅、展览厅

（1）设置层数。营业厅、展览厅不得设置在地下三层及以下。营业厅、展览厅设置在三级耐火等级建筑内的，只能布置在首层或二层；设置在四级耐火等级建筑内的，只能布置在首层。

（2）放置物品种类。地下或半地下营业厅、展览厅不得经营、储存和展示甲、乙类火灾危险性物品。

（3）地下或半地下商店的防火分隔。地下或半地下商店的总建筑面积大于 20 000 m² 时，应采用无门、窗、洞口的防火墙和耐火极限不低于 2.00 h 的楼板分隔为多个建筑面积不大于 20 000 m² 的区域。相邻区域确需局部连通时，采用下沉式广场等室外开敞空间、防火隔间、避难走道、防烟楼梯间等方式进行连通。

（二）儿童活动场所和老年人照料设施

（1）与建筑其他部位的防火分隔。儿童活动场所宜设置在独立建筑内；当设置在其他民用建筑内时，应采用耐火极限不低于 2.00 h 的防火隔墙和耐火极限不低于 1.00 h 的楼板与其他场所或部位隔开，墙上必须开设门、窗的应采用乙级防火门、窗。

（2）设置层数。儿童活动场所不得设置在地下、半地下。采用一、二级耐火等级的建筑时，不超过三层；设置在一、二级耐火等级的民用建筑内时，应布置在首层、二层或三层。采用三级耐火等级的建筑时，不超过两层；设置在三级耐火等级的民用建筑内时，应布置在首层或二层。采用四级耐火等级的建筑时，应为单层；设置在四级耐火等级的民用建筑内时，应布置在首层。

老年人照料设施宜独立设置。当老年人照料设施中的老年人公共活动用房、康复与医疗用房设置在地下、半地下时，应设置在地下一层，每间用房的建筑面积不应大于 200 m² 且使用人数不应大于 30 人。老年人照料设施中的老年人公共活动用房、康复与医疗用房设置在地上四层及以上时，每间用房的建筑面积不应大于 200 m² 且使用人数不应大于 30 人。

（3）安全出口的设置。儿童活动场所设置在单、多层建筑内时，宜设置单独的安全出口和疏散楼梯。设置在高层建筑内时，这些场所的安全出口和疏散楼梯要完全独立于其他场所，不得与其他场所内的疏散人员共用，而仅供托儿所、幼儿园等的人员疏散使用。

（三）医院和疗养院的住院部分

（1）设置层数。不应设置在地下、半地下。采用三级耐火等级建筑时，不应超过两层；采用四级耐火等级建筑时，应为单层；设置在三级耐火等级建筑内时，应布置在首层或二层；设置在四级耐火等级建筑内时，应布置在首层。

（2）相邻护理单元间的防火分隔。医院和疗养院的病房楼内相邻护理单元之间应采用耐火极限不低于 2.00 h 的防火隔墙分隔，隔墙上的门应采用乙级防火门，设置在走道上的防火门应采用常开防火门。

（四）教学建筑、食堂、菜市场

采用三级耐火等级建筑时，不应超过两层；采用四级耐火等级建筑时，应为单层；设置在三级耐火等级建筑内时，应布置在首层或二层；设置在四级耐火等级建筑内时，应布置在首层。小学教学楼的主要教学用房不得设置在四层以上，中学教学楼的主要教学用房不得设置在五层以上。

（五）剧场、电影院、礼堂

（1）与建筑其他部位的防火分隔。宜设置在独立的建筑内。设置在其他民用建筑内时，至少应设置 1 个独立的安全出口和疏散楼梯，并采用耐火极限不低于 2.00 h 的防火隔墙和甲级防火门与其他区域分隔。

（2）设置层数。设置在其他民用建筑的地下或半地下时，宜设置在地下一层，不应设置在地下三层及以下楼层。设置在一、二级耐火等级的建筑内时，观众厅宜布置在首层、二层或三层。设置在三级耐火等级的建筑内时，不应布置在三层及以上楼层。

（3）观众厅的布置。如布置在一、二级耐火等级建筑的四层及以上楼层时，每个观众厅的建筑面积不宜大于 400 m²，且一个厅、室的疏散门不少于 2 个。

（六）歌舞娱乐放映游艺场所（不含剧场、电影院）

（1）设置层数。不得布置在地下二层及以下楼层。设置在一、二级耐火等级的建筑物内时，宜布置在首层、二层或三层的靠外墙部位。如受条件限制布置在地下一层时，地下一层地面与室外出入口地坪的高差不应大于 10 m。

（2）厅、室的布局。"厅、室"是指歌舞娱乐放映游艺场所中相互分隔的独立房间。歌舞娱乐放映游艺场所如布置在袋形走道的两侧或尽端时，直通疏散走道的房间疏散门至最近安全出口的直线距离不超过 9 m。布置在地下或地上四层及以上楼层时，一个厅、室的建筑面积不得大于 200 m²；需要注意的是，即使设置自动喷水灭火系统，该面积也不能增加。

（3）与建筑其他部位的防火分隔。厅、室之间及与建筑的其他部位之间，应采用耐火极限不低于 2.00 h 的防火隔墙和耐火极限不低于 1.00 h 的不燃性楼板分隔，设置在厅、室墙上的门和该场所与建筑内其他部位相通的门均应采用乙级防火门。

（七）与其他使用功能[①]的建筑合建的住宅建筑

（1）住宅部分与非住宅部分之间的防火分隔。两者之间应采用耐火极限不低于 2.00 h 且无门、窗、洞口的防火隔墙和耐火极限不低于 1.50 h 的不燃性楼板完全分隔；当为高层建筑时，应采用无门、窗、洞口的防火墙和耐火极限不低于 2.00 h 的不燃性楼板完全分隔。

（2）安全出口与疏散楼梯的设置。住宅部分与非住宅部分的安全出口和疏散楼梯应分别独立设置；为住宅部分服务的地上车库应设置独立的疏散楼梯或安全出口；地下车库的疏散楼梯当与地上部分共用楼梯间时，在首层应采用耐火极限不低于 2.00 h 的防火隔墙和乙级防火门将地下部分与地上部分的连通部位完全分隔，并应设置明显的标志。

（八）燃油或燃气锅炉房

燃油或燃气锅炉宜设置在建筑外的专用房间内。当锅炉房受条件限制确需贴邻民用建筑时，专用房间的耐火等级不得低于二级，与所贴邻的建筑采用防火墙分隔，且不得贴邻人员密集场所。确需布置在民用建筑内时，不应布置在人员密集场所的上一层、下一层或贴邻，并主要检查以下内容：

（1）设置部位。锅炉房设置在首层或地下一层的靠外墙部位，但常（负）压燃油或燃气锅炉，可设置在地下二层或屋顶上。设置在屋顶上的常（负）压燃气锅炉，距离通向屋面的安全出口不应小于 6 m。采用相对密度（与空气密度的比值）不小于 0.75 的可燃气体为燃料的锅炉，不得设置在地下或半地下。

（2）与建筑其他部位的防火分隔。与其他部位之间应采用耐火极限不低于 2.00 h 的防火隔墙和耐火极限不低于 1.50 h 的不燃性楼板分隔。确需在隔墙上开设的门、窗应采用甲级防火门、窗。

（3）疏散门的设置。疏散门应直通室外或安全出口。

（4）储油间的设置。锅炉房内设置的储油间总储存量不应大于 1 m³，且储油间应采用耐火极限不低于 3.00 h 的防火隔墙与锅炉间分隔；确需在防火墙上开设的门，采用甲级防火门。

（5）设施的设置。锅炉房应设置火灾报警装置、独立的通风系统、与锅炉容量及建筑规模

---

① "其他使用功能"不包括住宅底部设置的商业服务网点。

相适应的灭火设施，当建筑内其他部位设置自动喷水灭火系统时，也相应设置自动喷水灭火系统；燃气锅炉房还应设置爆炸泄压设施。

（九）变压器室

油浸变压器、充有可燃油的高压电容器和多油开关等，宜设置在建筑外的专用房间内。受条件限制确需贴邻民用建筑时，该专用房间的耐火等级不得低于二级。确需布置在民用建筑内时，不得布置在人员密集场所的上一层、下一层或贴邻，并应符合下列规定：

（1）设置层数。变压器室应设置在首层或地下一层的靠外墙部位。

（2）与建筑其他部位的防火分隔。变压器室之间、变压器室与配电室之间应采用耐火极限不低于 2.00 h 的防火隔墙；变压器室与其他部位之间应采用耐火极限不低于 2.00 h 的防火隔墙和耐火极限不低于 1.50 h 的不燃性楼板分隔。确需在隔墙上开设的门、窗应采用甲级防火门、窗。

（3）疏散门的设置。疏散门应直通室外或安全出口。

（4）变压器的容量。油浸变压器的总容量不应大于 1 260 kV·A，单台容量不应大于 630 kV·A。

（5）设施的设置。油浸变压器、多油开关室、高压电容器室，应设置防止油品流散的设施，以及与变压器、电容器和多油开关等的容量及建筑规模相适应的灭火设施。当建筑内其他部位设置自动喷水灭火系统时，变压器室也相应设置自动喷水灭火系统。对于油浸变压器，下面还应设置能储存变压器全部油量的事故储油设施。

（十）柴油发电机房

（1）设置层数。不得布置在人员密集场所的上一层、下一层或贴邻，宜布置在建筑物的首层或地下一、二层。

（2）与建筑其他部位的防火分隔。应采用耐火极限不低于 2.00 h 的防火隔墙和耐火极限不低于 1.50 h 的不燃性楼板与其他部位分隔，门应采用甲级防火门。

（3）储油间的设置。机房内设置储油间的，总储存量不应大于 1 m³，且储油间应采用耐火极限不低于 3.00 h 的防火隔墙与发电机间分隔；确需在防火隔墙上开门时，应设置甲级防火门。

（4）燃料供给管道的设置。在进入建筑物前和设备间内的管道上均应设置自动和手动切断阀；储油间的油箱应密闭且应设置通向室外的通气管，通气管应设置带阻火器的呼吸阀，油箱的下部应设置防止油品流散的设施。

（5）设施的设置。柴油发电机房应设置火灾报警装置、与柴油发电机容量和建筑规模相适应的灭火设施，当建筑内其他部位设置自动喷水灭火系统时，机房内应设置自动喷水灭火系统。

（十一）瓶装液化石油气瓶组间

（1）与所服务建筑的间距。液化石油气气瓶总容积不大于 1 m³ 的瓶组间与所服务的其他建筑贴邻时，应采用自然气化方式供气；总容积大于 1 m³、不大于 4 m³ 的独立瓶组间，与所服务建筑的防火间距应符合相关规定。

（2）设施的设置。瓶组间应设置可燃气体浓度报警装置；在瓶组间的总出气管道上应设置紧急事故自动切断阀。

（十二）供建筑内使用的丙类液体储罐

供建筑内使用的丙类液体储罐主要根据储罐的总容量和埋设方式检查与相邻建筑的防火

间距。当设置中间罐时，中间罐的容量不得大于 1 m³，并设置在一、二级耐火等级的单独房间内，房间门采用甲级防火门。

（十三）消防控制室

（1）设置部位。附设在建筑内的消防控制室可设置在建筑首层或地下一层的靠外墙部位。消防控制室应远离电磁场干扰较强及其他可能影响消防控制设备工作的房间；如单独建造，其耐火等级不应低于二级。

（2）与建筑其他部位的防火分隔。采用耐火极限不低于 2.00 h 的防火隔墙和耐火极限不低于 1.50 h 的楼板与其他部位分隔，开向建筑内的门采用乙级防火门。

（3）疏散门的设置。疏散门应直通室外或安全出口。

（十四）消防水泵房

（1）设置部位。附设在建筑内的消防水泵房，不得设置在地下三层及以下或室内地面与室外出入口地坪高差大于 10 m 的地下楼层内；如单独建造，其耐火等级不应低于二级。

（2）与建筑其他部位的防火分隔。采用耐火极限不低于 2.00 h 的防火隔墙和耐火极限不低于 1.50 h 的楼板与其他部位分隔，开向建筑内的门采用乙级防火门。

（3）疏散门的设置。疏散门应直通室外或安全出口。

（十五）汽车加油加气站

（1）汽车加油加气站站区内停车位和道路应符合下列规定：

1）站内车道或停车位宽度应按车辆类型确定。CNG 加气母站内，单车道或单车停车位宽度不应小于 4.5 m，双车道或双车停车位宽度不应小于 9 m；其他类型加油加气站的车道或停车位，单车道或单车停车位宽度不应小于 4 m，双车道或双车停车位宽度不应小于 6 m。

2）站内的道路转弯半径应按行驶车型确定，且不宜小于 9 m。

3）站内停车位应为平坡，道路坡度不应大于 8%，且宜坡向站外。

4）加油加气作业区内的停车位和道路路面不应采用沥青路面。

（2）加油加气作业区内，不得有"明火地点"或"散发火花地点"。

（3）柴油尾气处理液加注设施的布置，应符合下列规定：

1）不符合防爆要求的设备，应布置在爆炸危险区域之外，且与爆炸危险区域边界线的距离不应小于 3 m。

2）符合防爆要求的设备，在进行平面布置时可按加油机对待。

（4）电动汽车充电设施应布置在辅助服务区内。

（5）加油加气站的变配电间或室外变压器应布置在爆炸危险区域之外，且与爆炸危险区域边界线的距离不应小于 3 m。变配电间的起算点应为门、窗等洞口。

（6）站房可布置在加油加气作业区内，但应符合相关规定。

（7）加油加气站内设置的经营性餐饮、汽车服务等非站房所属建筑物或设施，不应布置在加油加气作业区内，其与站内可燃液体或可燃气体设备的防火间距，应符合相关规定。经营性餐饮、汽车服务等设施内设置明火设备时，则应视为"明火地点"或"散发火花地点"。其中，对加油站内设置的燃煤设备不得按设置有油气回收系统折减距离。

（8）加油加气站内的爆炸危险区域，不应超出站区围墙和可用地界线。

（9）加油加气站的工艺设备与站外建（构）筑物之间，宜设置高度不低于 2.2 m 的不燃烧体实体围墙。

【考点八】汽车库、修车库【★★】

（一）为车库服务的附属建筑

（1）建筑规模。甲类物品库房储存量不大于 1 t；乙炔发生器间总安装容量不大于 5 m³/h，乙炔气瓶库储存量不超过 5 个标准钢瓶；非封闭喷漆间 1 个车位，封闭喷漆间不大于 2 个车位；充电间和其他甲类生产场所的建筑面积不大于 200 m²。

（2）与车库的分隔。与汽车库、修车库之间采用防火墙隔开，并设置直通室外的安全出口。

（二）为车库服务的附属设施

（1）地下、半地下汽车库内不得设置修理车位、喷漆间、充电间、乙炔间和甲、乙类物品库房。

（2）汽车库和修车库内不得设置汽油罐、加油机、液化石油气或液化天然气储罐、加气机。

（3）在停放易燃液体、液化石油气罐车的汽车库内不得设置地下室和地沟。

（三）与修车库组合建造的其他建筑功能

修车库不得与甲、乙类厂房、仓库、明火作业的车间或托儿所、幼儿园、中小学校的教学楼、老年人照料设施、病房楼及人员密集场所组合建造或贴邻。

（四）与汽车库组合建造的其他建筑功能

汽车库不得与甲、乙类厂房、仓库贴邻或组合建造。如汽车库设置在托儿所、幼儿园、中小学校的教学楼、老年人照料设施、病房楼等建筑内时，应设置在建筑的地下部分，并采用耐火极限不低于 2.00 h 的楼板与其他部位完全分隔；汽车库的安全出口和疏散楼梯应分别独立设置。

【考点九】人防工程【★★★】

（一）不允许设置的场所或设施

（1）《人民防空工程设计防火规范》第 3.1.3 条规定，人防工程内不应设置哺乳室、托儿所、幼儿园、游乐厅等儿童活动场所和残疾人员活动场所。

（2）《人民防空工程设计防火规范》第 3.1.2 条规定，人防工程内不得使用和储存液化石油气、相对密度（与空气密度比值）大于或等于 0.75 的可燃气体和闪点小于 60℃的液体燃料。

（3）《人民防空工程设计防火规范》第 3.1.12 条规定，人防工程内不得设置油浸电力变压器和其他油浸电气设备。

（二）地下商店

《人民防空工程设计防火规范》第 3.1.6 条规定，地下商店应符合下列规定：

（1）不应经营和储存火灾危险性为甲、乙类储存物品属性的商品。

（2）营业厅不应设置在地下三层及三层以下。

（3）当总建筑面积大于 20 000 m² 时，应采用防火墙进行分隔，且防火墙上不得开设门、窗、洞口，相邻区域确需局部连通时，应采取可靠的防火分隔措施。

（三）歌舞娱乐放映游艺场所

（1）与建筑其他部位的防火分隔。采用耐火极限不低于 2.00 h 的隔墙和耐火极限不低于 1.50 h 的楼板与其他场所隔开，墙上必须开设门的，应为乙级防火门。

（2）设置部位。布置在袋形走道的两侧或尽端时，最远房间的疏散门至最近安全出口的距离不大于 9 m。

（3）设置层数。不得布置在地下二层及二层以下。当布置在地下一层时，室内地面与室外出入口地坪的高差不大于 10 m。

（4）房间布局。一个厅、室的建筑面积不大于 200 m²；建筑面积大于 50 m² 的厅、室，疏散出口不少于 2 个；厅、室隔墙上的门为乙级防火门。

（四）医院病房

人防工程内的医院病房不得设置在地下二层及二层以下；设置在地下一层时，室内地面与室外出入口地坪的高差不大于 10 m。

（五）消防控制室

（1）设置部位。设置在地下一层，并邻近直接通向地面的安全出口。当地面建筑设有消防控制室时，可与地面建筑消防控制室合用。

（2）与建筑其他部位的防火分隔。采用耐火极限不低于 2.00 h 的隔墙和耐火极限不低于 1.50 h 的楼板与其他部位隔开。

（六）柴油发电机房

（1）储油间的设置。机房内设置的储油间总储存量不大于 1 m³，且储油间采用防火墙和常闭甲级防火门与发电机间隔开，并设置高 150 mm 的不燃烧、不渗漏的门槛，地面不得设置地漏。

（2）与电站控制室的防火分隔。与电站控制室之间的连接通道处设置一道常闭甲级防火门，与电站控制室之间的密闭观察窗达到甲级防火窗性能。

【考点十】消防电梯【9 ★】

（一）检查内容

1. 消防电梯设置的场所

《建筑设计防火规范》第 7.3.1 条规定，下列建筑应设置消防电梯：

（1）建筑高度大于 33 m 的住宅建筑。

（2）一类高层公共建筑和建筑高度大于 32 m 的二类高层公共建筑、五层及以上且总建筑面积大于 3 000 m²（包括设置在其他建筑内五层及以上楼层）的老年人照料设施。

（3）设置消防电梯的建筑的地下或半地下室，埋深大于 10 m 且总建筑面积大于 3 000 m² 的其他地下或半地下建筑（室）。

2. 消防电梯设置的数量

通常消防电梯应分别设置在不同防火分区内，且每个防火分区不少于 1 部。

3. 消防电梯前室的设置

《建筑设计防火规范》第 7.3.5 条规定，除设置在仓库连廊、冷库穿堂或谷物筒仓工作塔内的消防电梯外，消防电梯应设置前室，并应符合下列规定：

（1）前室宜靠外墙设置，并应在首层直通室外或经过长度不大于 30 m 的通道通向室外。

（2）前室的使用面积不应小于 6 m²，前室的短边不应小于 2.4 m。

（3）除前室的出入口、前室内设置的正压送风口和部分住宅建筑的疏散楼梯的户门外，前室内不应开设其他门、窗、洞口。

（4）前室或合用前室的门应采用乙级防火门，不应设置防火卷帘。

4. 消防电梯井、机房的设置

消防电梯井、机房与其他相邻电梯井、机房之间采用耐火极限不低于 2.00 h 的防火隔墙分隔；在隔墙上开设的门采用甲级防火门。

5. 消防电梯的配置

消防电梯的配置包括消防电梯的载质量、运行速度、轿厢的内部装修材料、通信设备的配置，以及消防电梯的动力与控制电缆、电线、控制面板采取的防水措施。

6. 消防电梯的排水

消防电梯的井底应设置排水设施，排水井的容量不小于 2 m³，排水泵的排水量不小于 10 L/s。消防电梯间前室的门口宜设置挡水设施。

7. 其他规定

《建筑设计防火规范》第 7.3.8 条规定，消防电梯应符合下列规定：

（1）应能每层停靠。

（2）电梯的载质量不应小于 800 kg。

（3）电梯从首层至顶层的运行时间不宜大于 60 s。

（4）电梯的动力与控制电缆、电线、控制面板应采取防水措施。

（5）在首层的消防电梯入口处应设置供消防救援人员专用的操作按钮。

（6）电梯轿厢的内部装修应采用不燃材料。

（7）电梯轿厢内部应设置专用消防对讲电话。

（二）检查方法

（1）核查电梯检测主管部门核发的有关证明文件，检查消防电梯的载质量、消防电梯的井底排水设施。

（2）测量消防电梯前室面积、首层消防电梯间通向室外的安全出口通道的长度，面积测量值的允许负偏差和通道长度测量值的允许正偏差不得大于规定值的 5%。

（3）使用首层供消防救援人员专用的操作按钮，检查消防电梯能否下降到首层并发出反馈信号，此时其他楼层按钮不能呼叫消防电梯，只能在轿厢内控制。

（4）模拟火灾报警，检查消防控制设备能否手动和自动控制电梯返回首层，并接收反馈信号。

（5）使用消防电梯轿厢内专用消防对讲电话与消防控制中心进行不少于 2 次通话试验，通话语音清晰。

（6）使用秒表测试消防电梯由首层直达顶层的运行时间，检查消防电梯行驶速度是否保证从首层到顶层的运行时间不超过 60 s。

【考点十一】消防救援口【★★★★★】

《建筑设计防火规范》第 7.2.5 条规定，供消防救援人员进入的窗口的净高度和净宽度均不应小于 1 m，下沿距室内地面不宜大于 1.2 m，间距不宜大于 20 m 且每个防火分区不应少于 2 个，设置位置应与消防车登高操作场地相对应。窗口的玻璃应易于破碎，并应设置可在室外易于识别的明显标志。

洁净厂房同层洁净室（区）外墙应设置可供消防救援人员通往厂房洁净室（区）的门、窗，门、窗、洞口间距大于 80 m 时，在该段外墙的适当部位设置专用消防口，宽度不小于 750 mm，高度不小于 1 800 mm，并设有明显标志。楼层的专用消防口应设置阳台，并从二层开始向上层架设钢梯。

第三章 防火防烟分区检查

【考点一】防火分区【6★】

防火分区建筑面积测量值的允许偏差不得大于规定值的 5%。具体检查内容如下。

（一）防火分区的建筑面积

（1）工业建筑检查时，根据火灾危险性类别、建筑耐火等级、建筑层数等因素确定每个防火分区的最大允许建筑面积；在同一座仓库或仓库任一个防火分区内如储存数种火灾危险性不同的物品时，其仓库或防火分区的最大允许建筑面积，按其中火灾危险性最大的物品确定。

（2）民用建筑检查时，根据建筑物耐火等级、建筑高度或层数、使用性质等因素确定每个防火分区的最大允许建筑面积；当裙房与高层建筑主体之间设置防火墙时，裙房的防火分区可按单、多层建筑的要求确定。

（3）人防工程检查时，对于溜冰馆的冰场、游泳馆的游泳池、射击馆的靶道区、保龄球馆的球道区等，其面积可不计入溜冰馆、游泳馆、射击馆、保龄球馆的防火分区建筑面积；水泵房、污水泵房、水池、厕所、盥洗间等无可燃物的房间面积可不计入防火分区的建筑面积；设置的避难走道无须划分防火分区。

（4）建筑内设置自动扶梯、敞开楼梯、传送带、中庭等开口部位时，其防火分区的建筑面积应将上下相连通的建筑面积叠加计算；同样，对于敞开式、错层式、斜楼板式的汽车库，其上下连通层的防火分区面积也需要叠加计算。

（5）对于一些有特殊功能要求的区域，其防火分区最大允许建筑面积在最大限度提高建筑消防安全水平并进行充分论证的基础上，可以根据专家评审纪要中的评审意见适当放宽。

（二）防火分隔的完整性

（1）对防火分区间代替防火墙分隔的防火卷帘，耐火极限不得低于所设置部位墙体的耐火极限要求，并检查防火卷帘与楼板、梁、墙、柱之间的空隙是否采用防火封堵材料封堵严实。

（2）对设在变形缝处附近的防火门，应设置在楼层较多的一侧，且防火门开启后不得跨越变形缝。

（3）对建筑内的隔墙，包括房间隔墙和疏散走道两侧的隔墙、住宅分户墙和单元之间的墙，应从楼地面基层隔断砌至顶板底面基层。

【考点二】中庭【★★】

中庭是指建筑室内无楼板分隔，上下敞开相联通的建筑内部空间，因开口大并与周围空间相互连通，是火灾竖向蔓延的主要通道，容易造成火势蔓延迅速、烟气扩散快，导致人员疏散和火灾扑救难度增大。具体检查内容如下。

（一）防火分隔措施

建筑内设置的中庭，叠加计算的建筑面积超过一个防火分区最大允许建筑面积时：

（1）采用防火隔墙时，其耐火极限不低于 1.00 h。

（2）采用防火玻璃墙时，其耐火隔热性和耐火完整性不低于 1.00 h。

（3）采用耐火完整性不低于 1.00 h 的非隔热性防火玻璃墙时，设置自动喷水灭火系统进行保护。

（4）采用防火卷帘时，其耐火极限不低于 3.00 h，并符合相关规定。

（5）与中庭相连通的门、窗采用火灾时能自行关闭的甲级防火门、窗。

（6）中庭应设置排烟设施。如果为高层民用建筑，中庭回廊还应设置自动喷水灭火系统和火灾自动报警系统。

（7）中庭内不得布置任何经营性商业设施、可燃物，不得用于人员通行外的其他用途。

（二）与中庭连通部位的装修材料

建筑内上下层相连通的中庭，其连通部位的顶棚、墙面装修材料燃烧性能等级须为 A 级，其他部位应采用燃烧性能等级不低于 B_1 级的装修材料。

【考点三】有顶棚的步行街【★★★】

（一）步行街两侧建筑

步行街两侧建筑的耐火等级不低于二级。两侧建筑相对面的最近距离均不小于规范对相应高度建筑的防火间距要求，且不小于 9 m。当步行街两侧的建筑为多层时，每层面向步行街一侧的商铺须设置防止火灾竖向蔓延的措施并符合规范的相关规定，如设置回廊或挑檐时，其出挑宽度不应小于 1.2 m。步行街两侧建筑内的疏散楼梯靠外墙设置并宜直通室外，确有困难时，可在首层直接通至步行街。

（二）步行街两侧建筑的商铺

步行街两侧建筑的商铺，每间建筑面积不宜大于 300 m^2，商铺之间设置耐火极限不低于 2.00 h 的防火隔墙。商铺面向步行街一侧的围护构件宜采用耐火极限不低于 1.00 h 的实体墙，其门、窗应采用乙级防火门、窗或符合规定的防火玻璃墙。相邻商铺之间面向步行街一侧设置宽度不小于 1 m、耐火极限不低于 1.00 h 的实体墙。步行街两侧的商铺在上部各层设置回廊和连接天桥时，应保证步行街上部各层楼板的开口面积不小于步行街地面面积的 37%，且开口宜均匀布置。

（三）步行街的端部

步行街的端部在各层均不宜封闭，确需封闭时，在外墙上须设置可开启的门窗，且可开启门窗的开口面积不小于该层外墙面积的一半。

（四）步行街的顶棚

步行街的顶棚采用不燃或难燃材料，其承重结构的耐火极限不低于 1.00 h。顶棚下檐距地面的高度不小于 6 m，顶棚设置的自然排烟设施如采用常开式排烟口时，自然排烟口的有效面积不应小于步行街地面面积的 25%。常闭式自然排烟设施设置在火灾时能手动和自动开启的装置。

（五）步行街的消防设施

步行街两侧建筑的商铺外，每隔 30 m 设置 $DN65$ mm 的消火栓，并配备消防软管卷盘或消防水龙；商铺内设置自动喷水灭火系统和火灾自动报警系统；商铺内外均设置疏散照明、灯光疏散指示标志和消防应急广播系统。每层回廊均设置自动喷水灭火系统。步行街内宜设置自动跟踪定位射流灭火系统。

【考点四】电梯井和管道井等竖向井道【★★】

建筑内的电梯井和管道井是火灾烟气和火灾蔓延的通道之一，在发生火灾时极易产生烟囱效应。具体检查内容如下。

（一）竖向井道设置

（1）建筑的电缆井、管道井、排烟（气）道、垃圾道等竖向井道，均分别独立设置。井壁耐火极限不低于 1.00 h，井壁上的检查门采用丙级防火门。

（2）建筑内的垃圾道排气口直接开向室外，该前室的门采用丙级防火门。垃圾斗采用不燃材料制作，并能自行关闭。

（3）电梯井独立设置。井内严禁敷设可燃气体和甲、乙、丙类液体管道，且不得敷设与电梯无关的电缆、电线等。井壁除设置电梯门、安全逃生门和通气孔洞外，不得设置其他开口。

（二）竖向井道的封堵

（1）建筑内电缆井、管道井与房间、走道等相连通的孔隙，采用防火封堵材料封堵。

（2）建筑内电缆井、管道井在每层楼板处采用不低于楼板耐火极限的不燃材料或防火封堵材料封堵。

【考点五】建筑外（幕）墙【★★★】

（1）外立面开口之间的防火措施。建筑外墙上、下层开口之间，如果采用实体墙分隔，当室内设置自动喷水灭火系统时，墙体的高度不小于 0.8 m，否则墙体的高度不小于 1.2 m；如果采用防火挑檐分隔，挑檐的宽度不小于 1 m、长度不小于开口宽度；如果上、下层开口之间因实体墙设置有困难，采用防火玻璃墙分隔，对于高层建筑，防火玻璃墙的耐火完整性不低于1.00 h，对于多层建筑，防火玻璃墙的耐火完整性不低于 0.50 h。

对于住宅建筑，外墙上相邻户开口之间的墙体宽度不宜小于 1 m，如果小于 1 m，开口之间要设置凸出外墙不小于 0.6 m 的隔板。

（2）幕墙缝隙的封堵。幕墙与每层楼板、隔墙处的缝隙，需要采用具有一定弹性和防火性能的材料填塞密实。这种材料可以是不燃材料，也可以是具有一定耐火性能的难燃材料。

【考点六】变形缝【★★★】

（1）变形缝的材质。变形缝的填充材料和变形缝的构造基层采用不燃材料。

（2）管道的敷设。变形缝内不宜设置电缆、电线、可燃气体和甲、乙、丙类液体的管道。确需穿过时，在穿过处加设不燃材料制作的套管或采取其他防变形措施，并采用防火封堵材料封堵。当通风、空调系统的风管穿越防火分隔处的变形缝时，其两侧设置公称动作温度为 70℃的防火阀。

【考点七】防烟分区【★★★★】

（一）设置目的

建筑内设置防烟分区，可以保证在一定时间内使火场上产生的高温烟气不致随意扩散，并加以排除，从而达到有利于人员安全疏散、控制火势蔓延和减少火灾损失的目的。

（二）检查内容

1. 防烟分区的划分

（1）防烟分区不得跨越防火分区。

（2）有特殊用途的场所，如防烟楼梯间、消防电梯、避难层间等，必须独立划分防烟分区；不设排烟设施的部位（包括地下室）可不划分防烟分区。

2. 防烟分区的面积

防烟分区如果面积过大，会使烟气波及面积扩大，增加受灾面，不利于安全疏散和扑救；如果面积过小，不仅影响使用，还会提高工程造价。因此，对于公共建筑和工业建筑（包括地下建筑和人防工程），需要根据具体情况确定合适的防烟分区大小。空间净高（H）≤ 3 m 时，最大允许面积为 500 m²；3 m ＜空间净高（H）≤ 6 m 时，最大允许面积为 1 000 m²；6 m ＜空间净高（H）≤ 9 m 时，最大允许面积为 2 000 m²。

（三）检查方法

查阅消防设计文件、建筑平面图和剖面图，了解需要设置机械排烟设施的部位及其室内净高，确定建筑排烟平面图，了解防烟分区的具体划分后开展现场检查。测量最大防烟分区的面积，测量值的允许正偏差不得大于设计值的 5%。

【考点八】挡烟设施【★★★★★】

（一）检查内容

（1）挡烟高度。挡烟高度即各类挡烟设施处于安装位置时，其底部与顶部之间的垂直高度，要求不得小于 500 mm。

（2）挡烟垂壁。挡烟垂壁有固定式和活动式两种。固定式挡烟垂壁是指固定安装的、能满足设定挡烟高度的挡烟垂壁；活动式挡烟垂壁是指可从初始位置自动运行至挡烟工作位置，并满足设定挡烟高度的挡烟垂壁。主要对挡烟垂壁的外观、材料、尺寸与搭接宽度、控制运行性能等进行逐项检查。

（二）检查方法

（1）挡烟垂壁的标牌牢固，标识清楚，金属零部件表面无明显凹痕或机械损伤，各零部件的组装、拼接处无错位。

（2）卷帘式挡烟垂壁挡烟部件由两块或两块以上织物缝制时，搭接宽度不得小于 20 mm；当单节挡烟垂壁的宽度不能满足防烟分区要求，采用多节垂壁搭接的形式使用时，卷帘式挡烟垂壁的搭接宽度不得小于 100 mm；翻板式挡烟垂壁的搭接宽度不得小于 20 mm。宽度测量值的允许负偏差不得大于规定值的 5%。

（3）活动式挡烟垂壁与建筑结构（柱或墙）面的缝隙不应大于 60 mm。

（4）卷帘式挡烟垂壁的运行速度应大于等于 0.07 m/s；翻板式挡烟垂壁的运行时间应小于 7 s。挡烟垂壁必须设置限位装置，当其运行至上、下限位时，能自动停止。

（5）采用加烟的方法使感烟火灾探测器发出模拟火灾报警信号，或由消防控制中心发出控制信号，防烟分区内的活动式挡烟垂壁应能自动下降至挡烟工作位置。

（6）切断系统供电，挡烟垂壁应能自动下降至挡烟工作位置。

【考点九】防烟和排烟设施【★★★★】

（1）《建筑设计防火规范》第 8.5.1 条规定，建筑的下列场所或部位应设置防烟设施：

1）防烟楼梯间及其前室。

2）消防电梯间前室或合用前室。

3）避难走道的前室、避难层（间）。

（2）建筑高度不大于 50 m 的公共建筑、厂房、仓库和建筑高度不大于 100 m 的住宅建筑，当其防烟楼梯间的前室或合用前室符合下列条件之一时，楼梯间可不设置防烟系统：

1）前室或合用前室采用敞开的阳台、凹廊。

2）前室或合用前室具有不同朝向的可开启外窗，且可开启外窗的面积满足自然排烟口的面积要求。

（3）《建筑设计防火规范》第 8.5.2 条规定，厂房或仓库的下列场所或部位应设置排烟设施：

1）人员或可燃物较多的丙类生产场所，丙类厂房内建筑面积大于 300 m² 且经常有人停留或可燃物较多的地上房间。

2）建筑面积大于 5 000 m² 的丁类生产车间。

3）占地面积大于 1 000 m² 的丙类仓库。

4）高度大于 32 m 的高层厂房（仓库）内长度大于 20 m 的疏散走道，其他厂房（仓库）内长度大于 40 m 的疏散走道。

（4）《建筑设计防火规范》第 8.5.3 条规定，民用建筑的下列场所或部位应设置排烟设施：

1）设置在一、二、三层且房间建筑面积大于 100 m² 的歌舞娱乐放映游艺场所，设置在四层及以上楼层、地下或半地下的歌舞娱乐放映游艺场所。

2）中庭。

3）公共建筑内建筑面积大于 100 m² 且经常有人停留的地上房间。

4）公共建筑内建筑面积大于 300 m² 且可燃物较多的地上房间。

5）建筑内长度大于 20 m 的疏散走道。

（5）《建筑设计防火规范》第 8.5.4 条规定，地下或半地下建筑（室）、地上建筑内的无窗房间，当总建筑面积大于 200 m² 或一个房间建筑面积大于 50 m²，且经常有人停留或可燃物较多时，应设置排烟设施。

（6）《汽车库、修车库、停车场设计防火规范》第 8.2.1 条规定，除敞开式汽车库、建筑面积小于 1 000 m² 的地下一层汽车库和修车库外，汽车库、修车库应设置排烟系统，并应划分防烟分区。

第 8.2.4 条规定，当采用自然排烟方式时，可采用手动排烟窗、自动排烟窗、孔洞等作为自然排烟口，并应符合下列规定：

1）自然排烟口的总面积不应小于室内地面面积的 2%。

2）自然排烟口应设置在外墙上方或屋顶上，并应设置方便开启的装置。

3）房间外墙上的排烟口（窗）宜沿外墙周长方向均匀分布，排烟口（窗）的下沿不应低于室内净高的 1/2，并应沿气流方向开启。

第 8.2.6 条规定，每个防烟分区应设置排烟口，排烟口宜设在顶棚或靠近顶棚的墙面上。排烟口距该防烟分区内最远点的水平距离不应大于 30 m。

【考点十】防火墙【★★★★★】

防火墙是防止火灾蔓延至相邻建筑或相邻水平防火分区且耐火极限不低于 3.00 h 的不燃性实体墙。

（一）检查内容

1. 防火墙的设置位置

（1）设置在建筑物的基础或钢筋混凝土框架、梁等承重结构上，从楼地面基层隔断至梁、楼板或屋面结构层的底面。

（2）如设置在转角附近，内转角两侧墙上的门、窗、洞口之间最近边缘的水平距离不小于 4 m；当采取设置乙级防火窗等防止火灾水平蔓延的措施时，距离不限。

（3）防火墙的构造应能在防火墙任意一侧的屋架、梁、楼板等受到火灾的影响而被破坏时，不会导致防火墙倒塌。

（4）建筑外墙为不燃性墙体时，紧靠防火墙两侧的门、窗、洞口之间最近边缘的水平距离不得小于 2 m；采取设置乙级防火窗等防止火灾水平蔓延的措施时，距离不限。

2. 防火墙墙体材料

防火墙的耐火极限一般要求为 3.00 h，对甲、乙类厂房和甲、乙、丙类仓库，因火灾延续时间较长，燃烧过程中所释放的热量较大，因而用于防火分区分隔的防火墙耐火极限要保持不低于 4.00 h。防火墙上一般不开设门、窗、洞口，必须开设时，应设置不可开启或火灾时能自动关闭的甲级防火门、窗，防止建筑内火灾的浓烟和火焰穿过门、窗、洞口蔓延扩散。

3. 穿越防火墙的管道

防火墙内不得设置排气道，以及可燃气体和甲、乙、丙类液体的管道。对穿过防火墙的其他管道，应采用防火封堵材料将墙与管道之间的空隙紧密填实；对穿过防火墙的管道保温材料，应采用不燃材料；当管道为难燃及可燃材料时，应在防火墙两侧的管道上采取防火措施。

4. 防火封堵的严密性

防火封堵的严密性主要是检查防火墙、隔墙墙体与梁、楼板的结合是否紧密，无孔洞、缝隙；墙上的施工孔洞是否采用不燃材料填塞密实；墙体上嵌有箱体时，应在其背部采用不燃材料封堵，并满足墙体相应耐火极限要求。

（二）检查方法

（1）测量防火墙两侧的门、窗、洞口之间最近边缘水平距离，测量值的允许负偏差不得大于规定值的 5%。

（2）沿防火墙现场检查管道敷设情况、墙体上嵌有箱体的部位，核查防火封堵材料、保温材料与市场准入文件、消防设计文件的一致性。

【考点十一】防火门【8 ★】

（一）检查内容

1. 防火门的选型

防火门按开启状态分为常闭防火门和常开防火门。对设置在建筑内经常有人通行处的防火门优先选用常开防火门，其他位置均采用常闭防火门。对于常闭防火门，应在门扇明显位置设置"保持防火门关闭"等提示标志。

2. 防火门的外观

防火门的门框、门扇及各配件表面应平整、光洁，并无明显凹凸、擦痕等缺陷，在其明显部位设有耐久性标牌且内容清晰、设置牢靠。常闭防火门应装有闭门器，双扇和多扇防火门应装有顺序器；常开防火门应装有在发生火灾时能自动关闭门扇的控制、信号反馈装置和现场手动控制装置，且符合产品说明书的要求。防火插销安装在双扇门或多扇门相对固定一侧的门扇上。

3. 防火门的安装

除特殊情况外，防火门应向疏散方向开启，关闭后应能从任何一侧手动开启。对设置在变形缝附近的防火门，应安装在楼层数较多的一侧，且门扇开启后不应跨越变形缝。钢质防火门门框内应填充水泥沙浆，门框与墙体采用预埋钢件或膨胀螺栓等连接牢固，固定点间距不宜大于 600 mm。防火门门扇与门框的搭接尺寸不小于 12 mm。防火门门框与门扇、门扇与门扇的缝隙处嵌装的防火密封件应牢固、完好。

4. 防火门的系统功能

防火门的系统功能主要包括常闭防火门启闭功能，常开防火门联动控制功能、消防控制室手动控制功能和现场手动关闭功能。

（二）检查方法

（1）除特殊情况外，防火门门扇开启力不得大于 80 N，防火门的门扇与下框或地面的活动间隙不应大于 9 mm。

（2）从常闭防火门的任意一侧手动开启，应能自动关闭。当装有信号反馈装置时，开、关状态信号能反馈到消防控制室。需要注意的是，防火门在正常使用状态下关闭后需要具备防烟性能。防火门当前存在的主要问题是如密封条未达到规定的温度，则不会膨胀，不能有效阻止烟气侵入，成为导致一些场所，如宾馆、住宅、公寓等，发生火灾时人员死亡的重要原因之一。

（3）触发常开防火门一侧的火灾探测器，发出模拟火灾报警信号，观察防火门动作情况及消防控制室信号显示情况。防火门应能自动关闭，并将关闭信号反馈至消防控制室。

（4）将消防控制室的火灾报警控制器或消防联动控制设备置于手动状态，消防控制室手动启动常开防火门电动关闭装置，观察防火门动作情况及消防控制室信号显示情况。接到消防控制室手动发出的关闭指令后，常开防火门应能自动关闭，并将关闭信号反馈至消防控制室。

【考点十二】防火窗【★★★★】

（一）检查内容

（1）防火窗的选型。

（2）防火窗的外观。活动式防火窗应装配在火灾时能控制窗扇自动关闭的温控释放装置。

（3）防火窗的安装质量。钢质防火窗窗框内填充水泥沙浆，窗框与墙体采用预埋钢件或膨胀螺栓等连接牢固，固定点间距不宜大于 600 mm。

（4）防火窗的控制功能。主要检查活动式防火窗的控制功能、联动功能、消防控制室手动功能和温控释放功能。

（二）检查方法

（1）查看防火窗的外观，确保完好无损、安装牢固。

（2）现场手动启动活动式防火窗的窗扇启闭控制装置，窗扇能灵活开启，并完全关闭，无启闭卡阻现象。

（3）触发活动式防火窗任一侧的火灾探测器，使其发出模拟火灾报警信号，观察防火窗动作情况及消防控制室信号显示情况。当火灾探测器报警后，活动式防火窗应能自动关闭，并将关闭信号反馈至消防控制室。

（4）将消防控制室的火灾报警控制器或消防联动控制设备置于手动状态，消防控制室手动启动活动式防火窗电动关闭装置，观察防火窗动作情况及消防控制室信号显示情况。活动式防火窗接到消防控制室手动发出的关闭指令后，应能自动关闭，并将关闭信号反馈至消防控制室。

（5）切断活动式防火窗电源，加热温控释放装置，使其热敏感元件动作，观察防火窗动作情况，用秒表测试关闭时间。活动式防火窗在温控释放装置动作后 60 s 内应能自动关闭。

【考点十三】防火卷帘【6 ★】

（一）检查内容

1. 防火卷帘的设置部位

防火卷帘下方不得有影响其下降的障碍物，具体位置须对照建筑平面图进行检查。对设置在中庭以外用于防火分隔的防火卷帘，须检查其设置宽度。《建筑设计防火规范》第 6.5.3 条规定，除中庭外，当防火分隔部位的宽度不大于 30 m 时，防火卷帘的宽度不应大于 10 m；当防火分隔部位的宽度大于 30 m 时，防火卷帘的宽度不应大于该部位宽度的 1/3，且不应大于 20 m。

2. 防火卷帘的选型

当防火卷帘的耐火极限符合耐火完整性和耐火隔热性的判定条件时，可不设置自动喷水灭火系统保护；当防火卷帘的耐火极限仅符合耐火完整性的判定条件时，应设置自动喷水灭火系统保护。防火卷帘类型选择的正确与否根据具体设置位置进行判断，一般不宜选用侧向防火卷帘。

3. 防火卷帘的外观

防火卷帘的帘面平整、光洁，金属零部件的表面无裂纹、压坑及明显的凹痕或机械损伤。在其明显部位设置永久性标志牌，标明产品名称、型号、规格、耐火性能及商标、生产单位（制造商）名称和厂址、出厂日期及产品生产批号、执行标准等，内容清晰，设置牢靠。

4. 防火卷帘的安装质量

门扇各接缝处、导轨、卷筒等缝隙，应有防火防烟密封措施防止烟火窜入。防火卷帘上部、周围的缝隙应采用不低于防火卷帘耐火极限的不燃材料填充、封隔。防火卷帘的控制器和手动按钮盒应分别安装在防火卷帘内外两侧墙壁便于识别的位置，底边距地面高度宜为 1.3 ~ 1.5 m，并标出上升、下降、停止等功能。防火卷帘与火灾自动报警系统联动时，还须同时检查防火卷帘的两侧是否安装手动控制按钮、火灾探测器组及其警报装置。

5. 防火卷帘的系统功能

防火卷帘的系统功能主要检查防火卷帘控制器的火灾报警功能、自动控制功能、手动控制功能、故障报警功能、控制速放功能、备用电源功能，防火卷帘用卷门机的手动操作功能、电动启闭功能、自重下降功能、自动限位功能，防火卷帘的运行平稳性、电动启闭运行速度、运行噪声等。

（二）检查方法

（1）查看防火卷帘外观，检查周围是否存放商品或杂物。手动启动防火卷帘，观察防火卷帘运行平稳性能以及与地面的接触情况；使用秒表、卷尺测量防火卷帘的启闭运行速度；使用声级计在距防火卷帘表面的垂直距离 1 m、距地面的垂直距离 1.5 m 处水平测量防火卷帘启闭运行的噪声。检查是否满足以下要求：①防火卷帘的导轨运行平稳，没有脱轨和明显的倾斜现象。②双帘面卷帘的两个帘面同时升降，两个帘面之间的高度差不大于 50 mm。③垂直卷帘的电动启闭运行速度为 2 ~ 7.5 m/min；其自重下降速度不大于 9.5 m/min。④防火卷帘启闭运行的平均噪声不大于 85 dB。⑤与地面接触时，座板与地面平行，接触均匀且不倾斜。

（2）拉动手动速放装置，观察防火卷帘是否具有自重恒速下降功能。防火卷帘卷门机应具有依靠防火卷帘自重恒速下降的功能，操作臂力不得大于 70 N。切断防火卷帘电源，加热温控释放装置，使其热敏感元件动作，观察防火卷帘动作情况，防火卷帘在温控释放装置动作后应能自动下降至全闭。

（3）在消防控制室手动启动消防控制设备上的防火卷帘控制装置，观察防火卷帘远程启动。防火卷帘下降、停止等功能应正常，并向消防控制室的消防控制设备反馈动作信号。

（4）对防火卷帘控制器进行通电功能、备用电源、火灾报警功能、故障报警功能、自动控制功能、手动控制功能和自重下降功能测试，检查是否满足以下要求：①通电功能测试。将防火卷帘控制器分别与消防控制室的火灾报警控制器或消防联动控制设备、相关的火灾探测器、卷门机等连接并通电，防火卷帘控制器应处于正常工作状态。②备用电源测试。切断防火卷帘控制器的主电源，观察电源工作指示灯变化情况和防火卷帘是否发生误动作。再切断卷门机主电源，使用备用电源供电，使防火卷帘控制器工作 1 h，用备用电源启动速放控制装置，防火卷帘应能完成自重垂降，降至下限位。③火灾报警功能测试。使火灾探测器组发出火灾报警信号，防火卷帘控制器应能发出声、光报警信号。④故障报警功能测试。任意断开电源一相或对调电源的任意两相，手动操作防火卷帘控制器按钮，或断开火灾探测器与防火卷帘控制器的连接线，防火卷帘控制器均应能发出故障报警信号。⑤自动控制功能测试。分别使火灾探测器组发出半降、全降信号，当防火卷帘控制器接收到火灾报警信号后，控制分隔防火分区的防火卷帘由上限位自动关闭至全闭；防火卷帘控制器接收到感烟火灾探测器的报警信号后，控制防火卷帘自动关闭至中位（1.8 m）处停止，接到感温火灾探测器的报警信号后，继续关闭至全闭；防火卷帘半降、全降的动作状态信号反馈到消防控制室。⑥手动控制功能测试。手动操作防火卷帘控制器上的按钮和手动按钮盒上的按钮，可以控制防火卷帘的上升、下降、停止。⑦自重下降功能测试。切断卷门机电源，按下防火卷帘控制器下降按钮，防火卷帘在防火卷帘控制器的控制下，依靠自重下降至全闭。

【考点十四】防火阀【★★】

（一）防火阀的外观
防火阀应外观完好无损，机械部分外表无锈蚀、变形或机械损伤。

（二）防火阀的安装部位
防火阀主要安装在风管靠近防火分隔处，暗装时，安装部位应设置方便维护的检修口。具体检查要求为：

（1）通风、空调系统的风管，穿越防火分区处，穿越通风、空调机房的房间隔墙和楼板处，穿越重要或火灾危险性大的场所的房间隔墙和楼板处，穿越防火分隔处的变形缝两侧，或穿越竖向风管与每层水平风管交接处的水平管段上，都要设置防火阀。当建筑内每个防火分区的通风、空调系统均独立设置时，水平风管与竖向总管的交接处可不设置防火阀。

（2）公共建筑的浴室、卫生间和厨房的竖向排风管，应采取防止回流措施，并在支管上设置防火阀。

（3）公共建筑内厨房的排油烟管道，在与竖向排风管连接的支管处设置防火阀。

（三）防火阀的公称动作温度

公共建筑内厨房的排油烟管道与竖向排风管连接的支管处设置的防火阀，公称动作温度为150℃。其他风管上安装的防火阀，公称动作温度均为70℃。

（四）防火阀的控制功能

防火阀的控制功能主要是检查防火阀的手动、联动控制和复位功能。防火阀平时处于开启状态，可手动关闭，也可与火灾报警系统联动自动关闭，且均能在消防控制室接收到防火阀动作的信号。

【考点十五】排烟防火阀【★★★★】

排烟防火阀是指安装在机械排烟系统的管道上，平时呈开启状态，火灾时当排烟管道内气体温度达到280℃时自动关闭，在一定时间内能满足漏烟量和耐火完整性要求，起阻火隔烟作用的阀门。排烟防火阀的组成、形状和工作原理与防火阀相似。其不同之处主要是安装管道和公称动作温度不同，防火阀安装在通风、空调系统的管道上时，其公称动作温度为70℃；而排烟防火阀安装在排烟系统的管道上时，其公称动作温度为280℃。

【考点十六】防火隔间【★★★】

防火隔间主要用于将大型地下或半地下商店等分隔为多个相对独立的区域，一旦某个区域发生火灾且不能有效控制时，该空间要能防止火灾蔓延至其他区域。具体检查内容为：

（1）建筑面积不小于 $6\ m^2$。

（2）防火隔间墙采用耐火极限不低于 3.00 h 的防火隔墙，门采用甲级防火门；不同防火分区通向防火隔间的门最小间距不小于 4 m。

（3）防火隔间内部装修材料的燃烧性能等级均为 A 级。

（4）防火隔间只能用于相邻两个独立使用场所的人员相互通行，不得用于除人员通行外的其他用途。

第四章　安全疏散设施检查

【考点一】安全出口【9 ★】

安全出口是指供人员安全疏散用的楼梯间、室外楼梯的出入口或直通室内外安全区域的出口。其作用是保证在火灾时能够迅速安全地疏散人员和抢救物资，减少人员伤亡，降低火灾损失。检查安全出口时，安全出口的宽度、间距测量值的允许负偏差不得大于规定值的5%。具体检查内容如下。

（一）安全出口的形式

利用楼梯间作为安全出口时，疏散楼梯的设置形式与建筑物的使用性质、建筑层数、建筑高度等因素密切相关。

（二）安全出口的数量

为满足人员在建筑着火后能有多个不同方向的疏散路线的要求，一般要求建筑内的每个防火分区或一个防火分区的每个楼层，安全出口不少于2个。对于仅设1个安全出口的建筑，必须检查各种类别的建筑是否满足相应的要求。

1. 公共建筑

当公共建筑仅设1个安全出口或1部疏散楼梯时，应符合下列条件之一：

（1）除托儿所、幼儿园外，建筑面积不大于200 m² 且人数不超过50人的单层公共建筑或多层公共建筑的首层。

（2）除医疗建筑，老年人照料设施，托儿所、幼儿园的儿童用房，儿童游乐厅等儿童活动场所和歌舞娱乐放映游艺场所等外的公共建筑，耐火等级、最多建筑层数、每层最大建筑面积和使用人数应符合相关规定。

（3）除歌舞娱乐放映游艺场所外，地下或半地下设备间的防火分区建筑面积不大于200 m²，其他地下或半地下建筑（室）的防火分区建筑面积不大于50 m² 且经常停留人数不超过15人。

2. 住宅建筑

住宅建筑安全出口数量与建筑单元每层的建筑面积和户门至最近安全出口的距离有关，一般要求住宅建筑单元每层的安全出口不少于2个。检查要求为：

（1）建筑高度不大于27 m 的住宅建筑，当每个单元任一层的建筑面积大于650 m²，或任一户门至最近安全出口的距离大于15 m 时，每个单元每层的安全出口不少于2个。

（2）建筑高度大于27 m、不大于54 m 的住宅建筑，当每个单元任一层的建筑面积大于650 m²，或任一户门至最近安全出口的距离大于10 m 时，每个单元每层的安全出口不少于2个。

（3）建筑高度大于54 m 的住宅建筑，每个单元每层的安全出口不少于2个。

（4）建筑高度大于27 m，但不大于54 m 的住宅建筑，每个单元设置1部疏散楼梯时，户门应采用乙级防火门，疏散楼梯均应通至屋面并能通过屋面与其他单元的疏散楼梯连通。对于疏散楼梯不能通至屋面或不能通过屋面连通的住宅建筑，每个单元应设置 2 个安全出口。

3. 厂房

《建筑设计防火规范》第 3.7.2 条规定，厂房内每个防火分区或一个防火分区内的每个楼层，其安全出口的数量应经计算确定，且不应少于 2 个；当符合下列条件时，可设置 1 个安全出口：

（1）甲类厂房，每层建筑面积不大于 100 m²，且同一时间的作业人数不超过 5 人。

（2）乙类厂房，每层建筑面积不大于 150 m²，且同一时间的作业人数不超过 10 人。

（3）丙类厂房，每层建筑面积不大于 250 m²，且同一时间的作业人数不超过 20 人。

（4）丁、戊类厂房，每层建筑面积不大于 400 m²，且同一时间的作业人数不超过 30 人。

（5）地下或半地下厂房（包括地下或半地下室），每层建筑面积不大于 50 m²，且同一时间的作业人数不超过 15 人。

《建筑设计防火规范》第 3.7.3 条规定，地下或半地下厂房（包括地下或半地下室），当有多个防火分区相邻布置，并采用防火墙分隔时，每个防火分区可利用防火墙上通向相邻防火分区的甲级防火门作为第二安全出口，但每个防火分区必须至少有 1 个直通室外的独立安全出口。

4. 仓库

（1）《建筑设计防火规范》第 3.8.1 条规定，仓库的安全出口应分散布置。每个防火分区或一个防火分区的每个楼层，其相邻 2 个安全出口最近边缘之间的水平距离不应小于 5 m。

（2）《建筑设计防火规范》第 3.8.2 条规定，每座仓库的安全出口不应少于 2 个。当一座仓库的占地面积不大于 300 m² 时，可设置 1 个安全出口。仓库内每个防火分区通向疏散走道、楼梯或室外的出口不宜少于 2 个，当防火分区的建筑面积不大于 100 m² 时，可设置 1 个出口。通向疏散走道或楼梯的门应为乙级防火门。

（3）《建筑设计防火规范》第 3.8.3 条规定，地下或半地下仓库（包括地下或半地下室）的安全出口不应少于 2 个；当建筑面积不大于 100 m² 时，可设置 1 个安全出口。

地下或半地下仓库（包括地下或半地下室），当有多个防火分区相邻布置并采用防火墙分隔时，每个防火分区可利用防火墙上通向相邻防火分区的甲级防火门作为第二安全出口，但每个防火分区必须至少有 1 个直通室外的安全出口。

5. 汽车库、修车库

除室内无车道且无人员停留的机械式汽车库外，汽车库、修车库的每个防火分区内的人员安全出口不少于 2 个，Ⅳ类汽车库和Ⅲ、Ⅳ类修车库可设置 1 个安全出口。

6. 人防工程

每个防火分区的安全出口不少于 2 个。当人防工程仅设 1 个安全出口时，需满足：

（1）如有防火墙隔成多个防火分区且每个防火分区设有 1 个直通室外的安全出口时，每个防火分区可利用防火墙上通向相邻分区的甲级防火门作为第二安全出口。

（2）建筑面积不大于 500 m²，且室内地面与室外出入口地坪高差不大于 10 m，容纳人数不大于 30 人的防火分区，当设置仅用于采光或进风的竖井且竖井内有金属梯直通地面、防火分区通向竖井处设置有不低于乙级的常闭防火门时，可设 1 个安全出口或 1 个与相邻防火分区相通的防火门。

（3）建筑面积不大于 200 m²，且经常停留人数不超过 3 人的防火分区，可只设置 1 个通向相邻防火分区的防火门。

（三）安全出口的宽度

建筑中安全出口总宽度与安全疏散设施的构造形式，建筑物的耐火等级、使用性质、消防安全设施等多种因素有关。除剧场、电影院、礼堂、体育馆外的其他公共建筑，在安全出口宽度检查时，需要注意：

（1）当每层疏散人数不等时，疏散楼梯的总宽度可分层计算，地上建筑内下层楼梯的总宽度应按该层及以上疏散人数最多一层的疏散人数计算。例如，一座二级耐火等级的 6 层民用建筑，第四层的使用人数最多为 400 人，第五层、第六层每层的人数均为 200 人。计算该建筑的疏散楼梯总宽度时，根据疏散楼梯宽度指标 1 m/ 百人的规定，第四层和第四层以下每层楼梯的总宽度为 4 m，第五层和第六层每层楼梯的总宽度可为 2 m。

（2）地下建筑内上层楼梯的总宽度，应按该层及以下疏散人数最多一层的人数计算。

（3）首层外门的总宽度按建筑疏散人数最多的一层的疏散人数计算确定；不供其他楼层人员疏散的外门，可按本层疏散人数计算确定。首层外门的最小净宽度与建筑类别有关，如厂房不小于 1.2 m，高层医疗建筑不小于 1.3 m，其他高层公共建筑不小于 1.2 m，住宅建筑不小于 1.1 m。

（四）安全出口的间距

每个防火分区、一个防火分区的每个楼层，其相邻两个安全出口最近边缘之间的水平距离不小于 5 m。

（五）安全出口的畅通性

建筑物的安全出口在使用时应保持畅通，不得设有影响人员疏散的凸出物和障碍物，安全出口的门向疏散方向开启。

【考点二】疏散门【9★】

疏散门是指设置在建筑物内各房间直接通向疏散走道的门、直接开向疏散楼梯间的门或室外的门。具体检查内容如下。

（一）疏散门的数量

1. 公共建筑

公共建筑内各房间疏散门的数量不少于 2 个。除托儿所、幼儿园、老年人照料设施、医疗建筑、教学建筑内位于走道尽端的房间外，当房间仅设 1 个疏散门时，需满足下列条件之一：

（1）位于两个安全出口之间或袋形走道两侧的房间，对于托儿所、幼儿园、老年人照料设施，建筑面积不大于 50 m²；对于医疗建筑、教学建筑，建筑面积不大于 75 m²；对于其他建筑或场所，建筑面积不大于 120 m²。

（2）位于走道尽端的房间，建筑面积小于 50 m² 且疏散门的净宽度不小于 0.9 m，或由房间内任一点至疏散门的直线距离不大于 15 m、建筑面积不大于 200 m² 且疏散门的净宽度不小于 1.4 m。

（3）位于歌舞娱乐放映游艺场所内的厅、室，建筑面积不大于 50 m² 且经常停留人数不超过 15 人。

（4）位于地下或半地下的房间，设备间的建筑面积不大于 200 m²；其他房间的建筑面积不大于 50 m² 且经常停留人数不超过 15 人。

2. 剧院、电影院和礼堂的观众厅

根据人员从一、二级耐火等级建筑的观众厅疏散出去的时间不大于 2 min，从三级耐火等级的观众厅疏散出去的时间不大于 1.5 min 的原则，剧院、电影院和礼堂的观众厅的每个疏散门的平均疏散人数不应超过 250 人；当容纳人数超过 2 000 人时，其超过 2 000 人的部分，每个疏散门的平均疏散人数不应超过 400 人。

3. 体育馆的观众厅

体育馆建筑均为一、二级耐火等级，根据容量的不同，人员从观众厅疏散出去的时间一般按 3 ~ 4 min 控制，每个疏散门的平均疏散人数一般不超过 700 人。

（二）疏散门的宽度

除特殊情形外，公共建筑内疏散门和住宅建筑户门的净宽度不应小于 0.9 m；人员密集的公共场所和观众厅的疏散门净宽度不得小于 1.4 m。设计时需要注意：

（1）疏散门的宽度与走道、楼梯宽度的匹配性。一般来讲，走道的宽度均较宽，当以疏散门宽为计算宽度时，楼梯的宽度不得小于疏散门的宽度；当以楼梯的宽度为计算宽度时，疏散门的宽度不得小于楼梯的宽度。此外，下层的楼梯或疏散门的宽度不得小于上层的宽度；对于地下、半地下的疏散门，则上层的楼梯或疏散门的宽度不得小于下层的宽度。

（2）体育馆、剧院、电影院和礼堂观众厅疏散门的宽度与数量、疏散时间的匹配性。

（三）疏散门的形式

（1）民用建筑和厂房的疏散门，采用向疏散方向开启的平开门，不得采用推拉门、卷帘门、吊门、转门和折叠门。除甲、乙类生产车间外，人数不超过 60 人且每樘门的平均疏散人数不超过 30 人的房间，其疏散门的开启方向不限。仓库的疏散门采用向疏散方向开启的平开门，但丙、丁、戊类仓库首层靠墙的外侧可采用推拉门或卷帘门。电影院、剧场的疏散门采用甲级自动推闩式外开门。

（2）人员密集场所内平时需要控制人员随意出入的疏散门和设置门禁系统的住宅、宿舍、公寓建筑的外门，要保证火灾时不需使用钥匙等任何工具即能从内部易于打开，并在显著位置设置使用提示标识。

（四）疏散门的间距

每个房间相邻两个疏散门最近边缘之间的水平距离不小于 5 m。

（五）疏散门的畅通性

开向疏散楼梯或疏散楼梯间的门完全开启时，不得减少楼梯平台的有效宽度。疏散门在使用时保持畅通，不得上锁或在其附近设有影响人员疏散的凸出物和障碍物。尤其是人员密集的公共场所、观众厅的疏散门，其净宽度不应小于 1.4 m，不得设置门槛且紧靠门口内外各 1.4 m 范围内不得设置踏步。

【考点三】安全疏散距离【★★★★】

民用建筑的安全疏散距离主要包括房间内任一点至直通疏散走道的疏散门之间的距离、直通疏散走道的房间疏散门至最近安全出口的距离。厂房安全疏散距离即厂房内任一点至最近安全出口的距离。需要注意：

（1）建筑内全部设置自动喷水灭火系统时，安全疏散距离可按规定增加 25%。

（2）建筑内开向敞开式外廊的房间，疏散门至最近安全出口的距离可按规定增加 5 m。

（3）直通疏散走道的房间疏散门至最近敞开楼梯间的距离，当房间位于两个楼梯间之间时，应按规定减少 5 m；当房间位于袋形走道两侧或尽端时，应按规定减少 2 m。

（4）对于一些机场候机楼的候机厅、展览建筑的展览厅等有特殊功能要求的区域，其疏散距离在最大限度地提高建筑消防安全水平并进行充分论证的基础上，可以适当放宽。

【考点四】疏散走道【7 ★】

（一）疏散走道的宽度

（1）厂房疏散走道的净宽度不宜小于 1.4 m。

（2）单、多层公共建筑疏散走道的净宽度不小于 1.1 m；高层医疗建筑单面布房疏散走道的净宽度不小于 1.4 m，双面布房疏散走道的净宽度不小于 1.5 m；其他高层公共建筑单面布房疏散走道的净宽度不小于 1.3 m，双面布房疏散走道的净宽度不小于 1.4 m。

（3）住宅疏散走道的净宽度不小于 1.1 m。

（4）剧院、电影院、礼堂、体育馆等人员密集场所，观众厅内疏散走道的净宽度不应小于 1 m，边走道的净宽度不宜小于 0.8 m；人员密集场所的室外疏散通道的净宽度不应小于 3 m，并直接通向宽敞地带。

（二）疏散走道的畅通性

疏散走道的设置要简明直接，尽量避免曲折，尤其不要往返转折。疏散走道内不得设置阶梯、门槛、门垛、管道等影响人员疏散的凸出物和障碍物。

（三）疏散走道与其他部位的分隔

疏散走道两侧应采用一定耐火极限的隔墙与其他部位分隔，隔墙必须砌至梁、板底部且不留有缝隙。疏散走道两侧隔墙的耐火极限，一、二级耐火等级的建筑不低于 1.00 h，三级耐火等级的建筑不低于 0.50 h，四级耐火等级的建筑不低于 0.25 h。

（四）疏散走道的装修材料

地上建筑的水平疏散走道，其顶棚应采用 A 级装修材料，其他部位应采用不低于 B_1 级的装修材料。地下民用建筑的疏散走道，其顶棚、墙面和地面均应采用 A 级装修材料。

【考点五】避难走道【7 ★】

避难走道是指设置防烟设施且两侧采用耐火极限不低于 3.00 h 的防火隔墙分隔，用于人员安全通行至室外的走道。《建筑设计防火规范》第 6.4.14 条规定，避难走道的设置应符合下列规定：

（1）避难走道防火隔墙的耐火极限不应低于 3.00 h，楼板的耐火极限不应低于 1.50 h。

（2）避难走道直通地面的出口不应少于 2 个，并应设置在不同方向；当避难走道仅与一个防火分区相通且该防火分区至少有 1 个直通室外的安全出口时，可设置 1 个直通地面的出口。任一防火分区通向避难走道的门至该避难走道最近直通地面的出口的距离不应大于 60 m。

（3）避难走道的净宽度不应小于任一防火分区通向该避难走道的设计疏散总净宽度。

（4）避难走道内部装修材料的燃烧性能等级应为 A 级。

（5）防火分区至避难走道入口处应设置防烟前室，前室的使用面积不应小于 6 m^2，开向前室的门应采用甲级防火门，前室开向避难走道的门应采用乙级防火门。

（6）避难走道内应设置消火栓、消防应急照明、应急广播和消防专线电话。

【考点六】疏散楼梯间的设置形式【9 ★】

疏散楼梯间分为敞开楼梯间、封闭楼梯间、防烟楼梯间和室外楼梯四种形式。其中，封闭楼梯间用建筑构件、配件分隔，能防止烟和热气进入；防烟楼梯间在楼梯间入口处设有防烟前室，或设有专供排烟用的阳台、凹廊等，且通向前室和楼梯间的门均为乙级防火门；室外楼梯可以作为辅助的防烟楼梯。

（一）厂房、库房

甲、乙、丙类多层厂房和高层厂房的疏散楼梯应采用封闭楼梯间或室外楼梯；建筑高度大于 32 m 且任一层人数超过 10 人的厂房，应采用防烟楼梯间或室外楼梯。高层仓库的疏散楼梯采用封闭楼梯间。

（二）民用建筑

（1）地下或半地下建筑（室）。3 层及以上或室内地面与室外出入口地坪高差大于 10 m 的地下或半地下建筑（室），其疏散楼梯应采用防烟楼梯间；其他地下或半地下建筑（室），其疏散楼梯应采用封闭楼梯间。

（2）住宅。建筑高度不大于 21 m 的住宅建筑可采用敞开楼梯间；与电梯井相邻布置的疏散楼梯应采用封闭楼梯间，当户门采用乙级防火门时，仍可采用敞开楼梯间。建筑高度大于 21 m、不大于 33 m 的住宅建筑采用封闭楼梯间；当户门采用乙级防火门时，可采用敞开楼梯间。建筑高度大于 33 m 的住宅建筑采用防烟楼梯间，户门不宜直接开向前室，确有困难时，每层开向同一前室的户门不大于 3 樘且应采用乙级防火门。

（3）多层公共建筑。医疗建筑、旅馆及类似使用功能的建筑，设置歌舞娱乐放映游艺场所的建筑，商店、图书馆、展览建筑、会议中心及类似使用功能的建筑，6 层及以上的其他建筑等，除与敞开式外廊直接相连的楼梯间外，均采用封闭楼梯间。注意，当剧场、电影院、礼堂、体育馆等人员密集场所与其他功能空间组合在同一座建筑内时，其疏散楼梯的设置形式应按其中要求最高者确定，或按该建筑的主要功能确定。

老年人照料设施的疏散楼梯或疏散楼梯间宜与敞开式外廊直接连通，不能与敞开式外廊直接连通的室内疏散楼梯应采用封闭楼梯间。建筑高度大于 24 m 的老年人照料设施，其室内疏散楼梯应采用防烟楼梯间。建筑高度大于 32 m 的老年人照料设施，宜在 32 m 以上部分增设能连通老年人居室和公共活动场所的连廊，各层连廊应直接与疏散楼梯、安全出口或室外避难场地连通。

（4）高层公共建筑。一类高层公共建筑和建筑高度大于 32 m 的二类高层公共建筑，采用防烟楼梯间；裙房和建筑高度不大于 32 m 的二类高层公共建筑，采用封闭楼梯间。

（三）汽车库、修车库

建筑高度大于 32 m 的高层汽车库、室内地面与室外出入口地坪的高差大于 10 m 的地下汽车库采用防烟楼梯间，其他汽车库、修车库采用封闭楼梯间。

（四）人防工程

设有电影院、礼堂，建筑面积大于 500 m² 的医院、旅馆，建筑面积大于 1 000 m² 的商场、餐厅、展览厅、公共娱乐场所、健身体育场所等公共活动场所的人防工程，当底层室内地面与室外出入口地坪高差大于 10 m 时，采用防烟楼梯间；当地下为两层，且地下第二层的室内地面与室外出入口地坪高差不大于 10 m 时，采用封闭楼梯间。

【考点七】疏散楼梯的平面布置及净宽度【11 ★】

（一）封闭楼梯间

（1）楼梯间宜靠外墙布置，并能直接天然采光和自然通风。首层如将走道和门厅等包括在楼梯间内形成扩大的封闭楼梯间时，须采用乙级防火门等措施与其他走道和房间隔开。

（2）除楼梯间的门之外，楼梯间的墙上不得开设其他门、窗、洞口。

（3）高层厂房（仓库），人员密集的公共建筑，人员密集的多层丙类厂房，甲、乙类厂房，其封闭楼梯间的门采用乙级防火门，并向疏散方向开启。

（4）楼梯间的顶棚、墙面和地面的装修材料必须为 A 级。

（二）防烟楼梯间

（1）楼梯间的首层如将走道和门厅等包括在楼梯间前室内形成扩大的防烟前室时，应采用乙级防火门等措施与其他走道和房间隔开。

（2）防烟楼梯间所设前室可与消防电梯间前室合用。前室的使用面积为：公共建筑、高层厂房（仓库）不小于 6 m²，住宅建筑不小于 4.5 m²；合用前室的使用面积为：公共建筑、高层厂房（仓库）不小于 10 m²，住宅建筑不小于 6 m²。

（3）除楼梯间门和前室门外，防烟楼梯间和前室内的墙上不应开设除疏散门和送风口外的其他门、窗、洞口，住宅的楼梯间前室除外。

（4）疏散走道通向前室以及前室通向楼梯间的门应采用乙级防火门。

（5）防烟楼梯间、前室的顶棚、墙面和地面的装修材料必须为 A 级。

（三）剪刀楼梯间

高层公共建筑的疏散楼梯，当分散设置确有困难且从任一疏散门至最近疏散楼梯间入口的距离不大于 10 m 时，可采用剪刀楼梯间，但应符合下列规定：

（1）楼梯间应为防烟楼梯间。

（2）梯段之间应设置耐火极限不低于 1.00 h 的防火隔墙。

（3）楼梯间的前室应分别设置。

（四）室外楼梯

（1）室外楼梯和每层出口处平台，采用不燃材料制作，平台的耐火极限不低于 1.00 h。

（2）在楼梯周围 2 m 内的墙面上，除疏散门外，不开设其他门、窗、洞口。疏散门采用向外开启的乙级防火门，且不正对梯段设置。

（3）梯段耐火极限不低于 0.25 h，楼梯的净宽度不小于 0.9 m，倾斜角度不大于 45°，栏杆扶手的高度不小于 1.1 m。

（4）用作疏散的楼梯不宜采用螺旋楼梯和扇形踏步；确需采用时，踏步上下两级所形成的平面角度不大于 10°，每级离扶手 25 cm 处的踏步深度不小于 22 cm。公共建筑的疏散楼梯，两梯段及扶手之间的水平净距不宜小于 15 cm。

（五）净宽度

（1）一般公共建筑疏散楼梯的净宽度不小于 1.1 m；高层医疗建筑疏散楼梯的净宽度不小于 1.3 m；其他高层公共建筑疏散楼梯的净宽度不小于 1.2 m。

（2）住宅建筑疏散楼梯的净宽度不小于 1.1 m；当住宅建筑高度不大于 18 m 且疏散楼梯一

边设置栏杆时,其疏散楼梯的净宽度不小于 1 m。

（3）厂房、汽车库、修车库的疏散楼梯的最小净宽度不小于 1.1 m。

（4）人防工程中商场、公共娱乐场所、健身体育场所疏散楼梯的净宽度不小于 1.4 m,医院的疏散楼梯净宽度不小于 1.3 m,其他建筑疏散楼梯的净宽度不小于 1.1 m。

【考点八】疏散楼梯间的安全性【★★★★★】

（1）楼梯间应能天然采光和自然通风,并宜靠外墙设置。靠外墙设置时,楼梯间、前室及合用前室外墙上的窗口与两侧门、窗、洞口最近边缘的水平距离不应小于 1 m。

（2）楼梯间内不应设置烧水间、可燃材料储藏室、垃圾道。

（3）楼梯间内不应有影响疏散的凸出物或其他障碍物。

（4）封闭楼梯间、防烟楼梯间及其前室,不应设置卷帘。

（5）楼梯间内不应设置甲、乙、丙类液体管道。

（6）封闭楼梯间、防烟楼梯间及其前室内禁止穿过或设置可燃气体管道。敞开楼梯间内不应设置可燃气体管道,当住宅建筑的敞开楼梯间内确需设置可燃气体管道和可燃气体计量表时,应采用金属管和设置切断气源的阀门。

【考点九】疏散楼梯间的检查方法【★★★★】

（1）沿楼梯全程检查安全性和畅通性。需要注意的是,除与地下室连通的楼梯、超高层建筑中通向避难层的楼梯外,疏散楼梯间在各层的平面位置不得改变,必须上下直通;当地下室或半地下室与地上层共用楼梯间时,在首层与地下室或半地下室的出入口处,必须检查是否设置了耐火极限不低于 2.00 h 的防火隔墙和乙级的防火门隔开,并设有明显提示标志。

（2）在设计人数最多的楼层,选择疏散楼梯扶手与楼梯隔墙之间相对较窄处测量疏散楼梯的净宽度,并核查与消防设计文件的一致性。每部楼梯的测量点不少于 5 个,宽度测量值的允许负偏差不得大于规定值的 5%。

（3）测量前室（合用前室）使用面积,测量值的允许负偏差不得大于规定值的 5%。

（4）测量楼梯间（前室）疏散门的宽度,测量值的允许负偏差不得大于规定值的 5%,并核查防火门产品与市场准入文件、消防设计文件的一致性。

【考点十】防火隔间【★★★】

《建筑设计防火规范》第 6.4.13 条规定,防火隔间的设置应符合下列规定:

（1）防火隔间的建筑面积不应小于 6 m²。

（2）防火隔间的门应采用甲级防火门。

（3）不同防火分区通向防火隔间的门不应计入安全出口,门的最小间距不应小于 4 m。

（4）防火隔间内部装修材料的燃烧性能等级应为 A 级。

（5）不应用于除人员通行外的其他用途。

【考点十一】避难层（间）【★★★★】

《建筑设计防火规范》第 5.5.23 条规定,建筑高度大于 100 m 的公共建筑,应设置避难层（间）。避难层（间）应符合下列规定:

（1）第一个避难层（间）的楼地面至灭火救援场地地面的高度不应大于 50 m，两个避难层（间）之间的高度不宜大于 50 m。

（2）通向避难层（间）的疏散楼梯应在避难层分隔、同层错位或上下层断开。

（3）避难层（间）的净面积应能满足设计避难人数避难的要求，并宜按 5 人 /m² 计算。

（4）避难层可兼作设备层。设备管道宜集中布置，其中的易燃、可燃液体或气体管道应集中布置，设备管道区应采用耐火极限不低于 3.00 h 的防火隔墙与避难区分隔。管道井和设备间应采用耐火极限不低于 2.00 h 的防火隔墙与避难区分隔，管道井和设备间的门不应直接开向避难区；确需直接开向避难区时，与避难层区出入口的距离不应小于 5 m，且应采用甲级防火门。

避难间内不应设置易燃、可燃液体或气体管道，不应开设除外窗、疏散门之外的其他开口。

（5）避难层应设置消防电梯出口。

（6）避难层（间）应设置消火栓和消防软管卷盘。

（7）避难层（间）应设置消防专线电话和应急广播。

（8）在避难层（间）进入楼梯间的入口处和疏散楼梯通向避难层（间）的出口处，应设置明显的指示标志。

（9）避难层（间）应设置直接对外的可开启窗口或独立的机械防烟设施，外窗应采用乙级防火窗。

当建筑内的避难人数较少而不需将整个楼层用作避难层时，除上述检查内容外还需要检查该避难层除设置火灾危险性小的设备用房外，不能用于其他使用功能；避难层采用防火墙将该楼层分隔成不同的区域；从非避难区进入避难区的部位，采取防止非避难区的火灾和烟气进入避难区的措施，如设置防烟前室。

【考点十二】病房楼、老年人照料设施的避难间【8 ★】

《建筑设计防火规范》第 5.5.24 条规定，高层病房楼应在二层及以上的病房楼层和洁净手术部设置避难间。避难间应符合下列规定：

（1）避难间服务的护理单元不应超过 2 个，其净面积应按每个护理单元不小于 25 m² 确定。

（2）避难间兼作其他用途时，应保证人员的避难安全，且不得减少可供避难的净面积。

（3）避难间应靠近楼梯间，并应采用耐火极限不低于 2.00 h 的防火隔墙和甲级防火门与其他部位分隔。

（4）避难间应设置消防专线电话和消防应急广播。

（5）避难间的入口处应设置明显的指示标志。

（6）避难间应设置直接对外的可开启窗口或独立的机械防烟设施，外窗应采用乙级防火窗。

《建筑设计防火规范》第 5.5.24A 条规定，3 层及 3 层以上总建筑面积大于 3 000 m²（包括设置在其他建筑内三层及以上楼层）的老年人照料设施，应在二层及以上各层老年人照料设施部分的每座疏散楼梯间的相邻部位设置 1 间避难间；当老年人照料设施设置与疏散楼梯或安全出口直接连通的开敞式外廊、与疏散走道直接连通且符合人员避难要求的室外平台等时，可不设置避难间。避难间内可供避难的净面积不应小于 12 m²，避难间可利用疏散楼梯间的前室或消防电梯的前室，其他要求应符合上述第 5.5.24 条的规定。

供失能老年人使用且层数大于 2 层的老年人照料设施，应按核定使用人数配备简易防毒面具。

【考点十三】下沉式广场等室外开敞空间【6 ★】

下沉式广场是大型地下商业用房通过设置一定的室外开敞空间，用来防止相邻区域的火灾蔓延和便于人员疏散的区域。

《建筑设计防火规范》第 6.4.12 条规定，用于防火分隔的下沉式广场等室外开敞空间，应符合下列规定：

（1）分隔后的不同区域通向下沉式广场等室外开敞空间的开口最近边缘之间的水平距离不应小于 13 m。室外开敞空间除用于人员疏散外不得用于其他商业或可能导致火灾蔓延的用途，其中用于疏散的净面积不应小于 169 m²。

（2）下沉式广场等室外开敞空间内应设置不少于 1 部直通地面的疏散楼梯。当连接下沉式广场的防火分区需利用下沉式广场进行疏散时，疏散楼梯的总净宽度不应小于任一防火分区通向室外开敞空间的设计疏散总净宽度。

（3）确需设置防风雨棚时，防风雨棚不应完全封闭，四周开口部位应均匀布置，开口的面积不应小于该空间地面面积的 25%，开口高度不应小于 1 m；开口设置百叶时，百叶的有效排烟面积可按百叶通风口面积的 60% 计算。

第五章 防爆检查

【考点一】建筑防爆检查内容【7 ★】

（一）爆炸危险区域的确定

爆炸危险区域按场所内存在物质的物态不同，分为爆炸性气体环境和爆炸性粉尘环境。

（1）爆炸性气体环境危险区域范围主要根据释放源的级别和位置、易燃易爆物质的性质、通风条件、障碍物及生产条件、运行经验等，经技术经济比较综合确定。

（2）爆炸性粉尘环境危险区域范围主要根据粉尘量、释放率、浓度和物理特性，以及同类企业相似厂房的运行经验确定。

（二）有爆炸危险的厂房的总体布局

（1）有爆炸危险的甲、乙类厂房宜独立设置，并宜采用敞开或半敞开式。

（2）有爆炸危险的甲、乙类厂房的总控制室应独立设置。

有爆炸危险的甲、乙类厂房的分控制室宜独立设置，当贴邻外墙设置时，应采用耐火极限不低于 3.00 h 的防火隔墙与其他部位分隔。

（3）净化有爆炸危险粉尘的干式除尘器和过滤器宜布置在厂房外的独立建筑内，且建筑外墙与所属厂房的防火间距不小于 10 m。对符合一定条件的干式除尘器和过滤器，可以布置在厂房内的单独房间内，应采用耐火极限不低于 3.00 h 的防火隔墙和耐火极限不低于 1.50 h 的楼板与其他部位分隔。

（三）有爆炸危险的厂房的平面布置

（1）有爆炸危险的甲、乙类生产部位，宜布置在单层厂房靠外墙的泄压设施或多层厂房顶层靠外墙的泄压设施附近。

有爆炸危险的设备布置宜避开厂房的梁、柱等主要承重构件。

（2）有爆炸危险区域内的楼梯间、室外楼梯或有爆炸危险的区域与相邻区域连通处，应设置门斗等防护措施。门斗的隔墙应为耐火极限不低于 2.00 h 的防火隔墙，门应采用甲级防火门并与楼梯间的门错位设置。

（3）办公室、休息室不得布置在有爆炸危险的甲、乙类厂房内。确需贴邻本厂房时，其耐火等级不应低于二级，并采用耐火极限不低于 3.00 h 的防爆墙与厂房分隔，还要设置独立的安全出口。

（4）排除有燃烧或爆炸危险气体、蒸气、粉尘的排风系统，排风设备不得布置在地下或半地下建筑（室）内。

（四）采取的防爆措施

《建筑设计防火规范》第 3.6.6 条规定，散发较空气重的可燃气体、可燃蒸气的甲类厂房和有粉尘、纤维爆炸危险的乙类厂房，应符合下列规定：

（1）应采用不发火花的地面。采用绝缘材料作整体面层时，应采取防静电措施。

（2）散发可燃粉尘、纤维的厂房，其内表面应平整、光滑，并易于清扫。

（3）厂房内不宜设置地沟，确需设置时，其盖板应严密，地沟应采取防止可燃气体、可燃蒸气和粉尘、纤维在地沟积聚的有效措施，且应在与相邻厂房连通处采用防火材料密封。

《建筑设计防火规范》第3.6.12条规定，甲、乙、丙类液体仓库应设置防止液体流散的设施。遇湿会发生燃烧爆炸的物品仓库应采取防止水浸渍的措施。

（五）泄压设施的设置

（1）有爆炸危险的甲、乙类厂房宜采用敞开或半敞开式，承重结构宜采用钢筋混凝土或钢框架、排架结构。

（2）厂房和仓库的泄压设施宜采用轻质屋面板、轻质墙体和易于泄压的门、窗等，并采用安全玻璃等在爆炸时不产生尖锐碎片的材料。作为泄压设施的轻质屋面板和墙体，每平方米的质量不宜大于 60 kg。

（3）厂房和仓库的泄压设施的设置应避开人员密集场所和主要交通道路，并宜靠近有爆炸危险的部位。有粉尘爆炸危险的筒仓，在顶部盖板应设置泄压设施。屋顶上的泄压设施采取防冰雪积聚措施。

（4）散发较空气轻的可燃气体、可燃蒸气的甲类厂房，宜采用轻质屋面板作为泄压面积。顶棚尽量平整、无死角，厂房上部空间保证通风良好。

（5）有爆炸危险的厂房、粮食筒仓工作塔和上通廊设置的泄压面积严格按《建筑设计防火规范》第3.6.4条计算确定。

（六）与爆炸危险场所毗连的变、配电所的布置

（1）爆炸危险场所的正上方或正下方不得设置变、配电所。必须毗连时，变、配电所尽量靠近楼梯间和外墙布置。

（2）根据爆炸危险场所的危险等级，确定变、配电所与之共用墙面的数量，共用隔墙和楼板为抹灰的实体和非燃烧体。

（3）当变、配电所为正压室且布置在 1 区、2 区时，室内地面宜高出室外地面 0.6 m 左右。

【考点二】电气防爆检查内容【6★】

（一）导线材质

导线材质不得选用铝质的，应选用铜芯绝缘导线或电缆，铜芯绝缘导线或电缆的截面 1 区应为 2.5 mm² 及以上，2 区应为 1.5 mm² 及以上。

（二）导线允许载流量

除特殊情况外，绝缘导线和电缆的允许载流量不得小于熔断器熔体额定电流的 1.25 倍和断路器长延时过电流脱扣器整定电流的 1.25 倍。

（三）线路的敷设方式

（1）当爆炸环境中气体、蒸气的密度比空气大时，电气线路宜敷设在高处或埋入地下。架空敷设时宜选用电缆桥架；电缆沟敷设时沟内应填充沙并宜设置有效的排水措施。

（2）当爆炸环境中气体、蒸气的密度比空气小时，电气线路宜敷设在较低处或用电缆沟敷设。敷设电气线路的沟道、钢管或电缆，在穿过不同区域之间墙或楼板处的孔洞时，应采用防火封堵材料严密堵塞，防止爆炸性混合物或蒸气沿沟道、电缆管道流动。

（四）线路的连接方式

电气线路之间原则上不能直接连接。如必须实行连接或封端时，检查是否采用压接、熔焊或钎焊，并保证接触良好，防止局部过热。线路与电气设备的连接，特别是铜铝线相接时，采用适当的过渡接头。

（五）电气设备的选择

防爆电气设备的级别和组别，不得低于该爆炸性气体环境内爆炸性气体混合物的级别和组别。当存在有两种以上易燃性物质形成的爆炸性气体混合物时，需要按危险程度较高的级别和组别选用防爆电气设备。爆炸性粉尘环境防爆电气设备的选型，应根据粉尘的种类，选择防尘结构或尘密结构的粉尘防爆电气设备。

（六）带电部件的接地

许多电气设备在一般情况下可以不接地，但为了防止带电部件接地产生火花或危险温度而形成引爆源，以下通常不需要接地的部分，在爆炸危险场所内仍需要接地：

（1）在不良导电的地面处，交流额定电压为 1 000 V 以下和直流额定电压为 1 500 V 及以下的电气设备正常时不带电的金属外壳。

（2）在干燥环境，交流额定电压为 127 V 及以下、直流电压为 110 V 及以下的电气设备正常时不带电的金属外壳。

（3）安装在已接地的金属结构上的电气设备，敷设铠装电缆的金属构架。

检查时还需注意，在爆炸危险区域的不同方向，接地干线应不少于两处与接地体相连。

【考点三】消防供电检查内容【★★★】

（1）《建筑设计防火规范》第 10.1.1 条规定，下列建筑物的消防用电应按一级负荷供电：

1）建筑高度大于 50 m 的乙、丙类厂房和丙类仓库。

2）一类高层民用建筑。

（2）《建筑设计防火规范》第 10.1.2 条规定，下列建筑物、储罐（区）和堆场的消防用电应按二级负荷供电：

1）室外消防用水量大于 30 L/s 的厂房（仓库）。

2）室外消防用水量大于 35 L/s 的可燃材料堆场、可燃气体储罐（区）和甲、乙类液体储罐（区）。

3）粮食仓库及粮食筒仓。

4）二类高层民用建筑。

5）座位数超过 1 500 个的电影院、剧场，座位数超过 3 000 个的体育馆，任一层建筑面积大于 3 000 m² 的商店和展览建筑，省（市）级及以上的广播电视、电信和财贸金融建筑，室外消防用水量大于 25 L/s 的其他公共建筑。

（3）除上述规定外的建筑物、储罐（区）和堆场等的消防用电，可按三级负荷供电。

【考点四】通风和空调系统检查内容【6★】

（一）空调系统的选择

甲、乙类厂房内的空气不应循环使用。丙类厂房内含有燃烧或爆炸危险粉尘、纤维的空气，在循环使用前应经净化处理，并使空气中的含尘浓度低于其爆炸下限的 25%。民用建筑内空气中含有容易起火或爆炸危险物质的房间，应设置自然通风或独立的机械通风设施，且其空气不应循环使用。

（二）管道的敷设

厂房内用于有爆炸危险场所的排风管道，严禁穿过防火墙和有爆炸危险的房间隔墙。甲、乙、丙类厂房内的送、排风管道宜分层设置。

（三）通风设备的选择

对空气中含有易燃易爆危险物质的房间，其送、排风系统应选用防爆型的通风设备。当送风机布置在单独分隔的通风机房内且送风干管上设置防止回流设施时，可采用普通型的通风设备。燃气锅炉房应选用防爆型的事故排风机，且事故排风量满足换气次数不少于 12 次 /h。

（四）除尘器的设置

对含有燃烧和爆炸危险粉尘的空气，在进入排风机前应采用不产生火花的除尘器进行处理；对于遇水可能形成爆炸的粉尘，严禁采用湿式除尘器。

（五）接地装置的设置

排除有燃烧或爆炸危险气体、蒸气和粉尘的排风系统及燃油或燃气锅炉房的机械通风设施，应设置导除静电的接地装置。

【考点五】供暖系统检查内容【★★】

（一）常见容易发生火灾或爆炸的厂房

常见容易发生火灾或爆炸的厂房主要有：

（1）生产过程中散发的可燃气体、蒸气、粉尘、纤维与供暖管道、散热器表面接触，虽然供暖温度不高，但也可能引起燃烧的厂房，例如，散发二硫化碳气体、黄磷蒸气及其粉尘等的厂房。

（2）生产过程中散发的粉尘受到水、水蒸气的作用，能引起自燃和爆炸的厂房，例如，生产和加工钾、钠、钙等物质的厂房。

（3）生产过程中散发的粉尘受到水、水蒸气的作用，能产生爆炸性气体的厂房，例如，电石、碳化铝、氢化钾、氢化钠、硼氢化钠等释放出的可燃气体的厂房。

（二）供暖管道的敷设

供暖管道不得穿过存在与供暖管道接触能引起燃烧或爆炸的气体、蒸气或粉尘的房间，必须穿过时，检查是否采用不燃材料隔热。同时，供暖管道与可燃物之间保持的距离应满足以下要求：当供暖管道的表面温度大于 100℃时，间隔距离不应小于 100 mm 或采用不燃材料隔热；当供暖管道的表面温度不大于 100℃时，间隔距离不应小于 50 mm 或采用不燃材料隔热。

（三）供暖管道和设备绝热材料的燃烧性能

对于甲、乙类厂房（仓库），建筑内供暖管道和设备的绝热材料应采用不燃材料。

（四）散热器表面的温度

在散发可燃粉尘、纤维的厂房内，散热器表面平均温度不得超过 82.5℃。输煤廊的散热器表面平均温度不得超过 130℃。

第六章 建筑装修和保温系统检查

【考点一】建筑内部装修检查【9 ★】

（一）检查内容

1. 装修功能与原建筑类别的一致性

装修工程的使用功能与所在建筑原设计功能须保持一致，不得改变原有建筑类别。当装修工程的使用功能与原建筑设计不一致时，检查中应根据其现有使用功能判断是否引起整栋建筑的性质变化，是否需要重新确定建筑类别，并明确所检查装修工程的装修范围和建筑面积。

2. 装修工程的平面布置

主要检查装修工程的平面布置是否满足相关要求，即由疏散楼梯间、疏散走道、防火分区组成的立体疏散体系是否完整与畅通。疏散楼梯间要检查其设置形式、数量及梯段净宽度，疏散走道要检查疏散距离、疏散宽度，防火分区要检查分区面积的大小以及防火墙、防火门、防火卷帘等防火分隔的设置等。

3. 装修材料燃烧性能等级

装修材料根据其在装修中使用的部位和功能，主要分为顶棚装修材料、墙面装修材料、地面装修材料、隔断装修材料、固定家具、装饰织物和其他装修装饰材料七大类。不同建筑类别、建筑规模和使用部位的装修材料，燃烧性能等级的要求不同，主要分为 A（不燃性）、B_1（难燃性）、B_2（可燃性）和 B_3（易燃性）四个等级。设定原则为：

（1）对重要建筑比一般建筑要求严，对地下建筑比地上建筑要求严，对 100 m 以上的建筑比一般高层建筑要求严。

（2）对建筑物防火的重点部位，如公共活动区、楼梯、疏散走道及危险性大的场所等，比一般建筑部位要求严。

（3）对顶棚的要求严于墙面，对墙面的要求又严于地面，对悬挂物（如窗帘、幕布等）的要求严于粘贴在基材上的物件。

4. 装修对疏散设施的影响

核实建筑内部装修是否减少安全出口、疏散门的数量和缩小疏散走道的设计所需的净宽度。疏散走道两侧和安全出口附近不得设置有误导人员安全疏散的反光镜、玻璃等装修材料。

5. 装修对消防设施的影响

消火栓箱门不得被装饰物遮掩，箱门的颜色与四周的装修材料颜色应有明显区别；建筑内部装修不得遮挡消火栓箱、手动报警按钮、喷头、火灾探测器以及安全疏散指示标志和安全出口指示标志等消防设施。

6. 照明灯具和配电箱的安装

（1）开关、插座、配电箱不得直接安装在燃烧性能等级低于 B_1 级的装修材料上。安装在燃烧性能等级 B_1 级以下的材料基座上时，必须采用具有良好隔热性能的不燃材料隔绝。

（2）白炽灯、卤钨灯、荧光高压汞灯、镇流器等不得直接设置在可燃装修材料或可燃构件上。

（3）照明灯具的高温部位，当靠近燃烧性能等级非 A 级装修材料时，应采取隔热、散热等防火保护措施。灯饰所用材料的燃烧性能等级不得低于 B_1 级。

7. 公共场所内阻燃制品标识张贴

公共场所内建筑制品、织物、塑料或橡胶、泡沫塑料、家具及组件、电线电缆六类产品需使用阻燃制品并加贴阻燃标识。

（二）检查方法

（1）安装在金属龙骨上燃烧性能等级达到 B_1 级的纸面石膏板、矿棉吸声板，可作为燃烧性能等级为 A 级的装修材料；单位面积质量小于 $300\ g/m^2$ 的纸质、布质壁纸，当直接粘贴在 A 级基材上时，可作为 B_1 级装修材料；施涂于 A 级基材上的无机装修涂料，可作为 A 级装修材料；施涂于 A 级基材上，湿涂覆比小于 $1.5\ kg/m^2$，且涂层干膜厚度不大于 $1\ mm$ 的有机装修涂料，可作为 B_1 级装修材料。

（2）当采用不同装修材料进行分层装修时，各层装修材料的燃烧性能等级均要符合相关规定。对于复合型装修材料，可通过提交专业检测机构进行整体测试后确定其燃烧性能等级。

（3）对现场进行阻燃处理的木质材料、纺织织物、复合材料等检查时，结合材料的燃烧性能型式检验报告、现场进行阻燃处理的材料和所使用阻燃剂的见证取样检验报告、现场对材料进行阻燃处理的施工记录及隐蔽工程验收记录等相关资料，对照报告及记录内容开展现场核查，重点核查上述报告或记录内容与实际使用材料的一致性。

（4）对公共场所内使用的阻燃制品，还要检查阻燃制品标识使用证书、现场检验标识加贴的情况。

【考点二】特别场所建筑内部装修设计检查内容【6 ★】

（1）建筑内部装修不应擅自减少、改动、拆除、遮挡消防设施、疏散指示标志、安全出口、疏散出口、疏散走道和防火分区、防烟分区等。

（2）地上建筑的水平疏散走道和安全出口的门厅，其顶棚应采用 A 级装修材料，其他部位应采用不低于 B_1 级的装修材料；地下民用建筑的疏散走道和安全出口的门厅，其顶棚、墙面和地面均应采用 A 级装修材料。

（3）疏散楼梯间和前室的顶棚、墙面和地面均应采用 A 级装修材料。

（4）建筑物内设有上下层相连通的中庭、走马廊、开敞楼梯、自动扶梯时，其连通部位的顶棚、墙面应采用 A 级装修材料，其他部位应采用不低于 B_1 级的装修材料。

（5）建筑内部变形缝（包括沉降缝、伸缩缝、抗震缝等）两侧基层的表面装修应采用不低于 B_1 级的装修材料。

（6）消防水泵房、机械加压送风排烟机房、固定灭火系统钢瓶间、配电室、变压器室、发电机房、储油间、通风和空调机房等，其内部所有装修均应采用 A 级装修材料。

（7）消防控制室等重要房间，其顶棚和墙面应采用 A 级装修材料，地面及其他装修应采用不低于 B_1 级的装修材料。

（8）建筑物内的厨房，其顶棚、墙面、地面均应采用 A 级装修材料。

（9）民用建筑内的库房或储藏间，其内部所有装修除应符合相应场所规定外，均应采用不低于 B_1 级的装修材料。

（10）展览性场所装修设计应符合下列规定：

1）展台材料应采用不低于 B_1 级的装修材料。

2）在展厅设置电加热设备的餐饮操作区内，与电加热设备贴邻的墙面、操作台均应采用 A 级装修材料。

3）展台与卤钨灯等高温照明灯具贴邻部位的材料应采用 A 级装修材料。

（11）住宅建筑装修设计还应符合下列规定：

1）不应改动住宅内部烟道、风道。

2）厨房内的固定橱柜宜采用不低于 B_1 级装修材料。

3）卫生间顶棚宜采用 A 级装修材料。

4）阳台装修宜采用不低于 B_1 级装修材料。

（12）当室内顶棚、墙面、地面和隔断装修材料内部安装电加热供暖系统时，室内采用的装修材料和绝热材料的燃烧性能等级应为 A 级。当室内顶棚、墙面、地面和隔断装修材料内部安装水暖（或蒸汽）供暖系统时，其顶棚采用的装修材料和绝热材料的燃烧性能等级应为 A 级，其他部位的装修材料和绝热材料的燃烧性能等级不应低于 B_1 级。

（13）建筑内部不宜设置采用 B_3 级装饰材料制成的壁挂、布艺等，当需要设置时，不应靠近电气线路、火源或热源，或采取隔离措施。

【考点三】建筑内部装修防火施工与验收【★★★】

建筑内部装修工程按装修材料种类划分为纺织织物子分部装修工程、木质材料子分部装修工程、高分子合成材料子分部装修工程、复合材料子分部装修工程及其他材料子分部装修工程。其防火施工与验收主要内容包括：

（一）纺织织物子分部装修工程

（1）纺织织物施工应检查下列文件和记录：

1）纺织织物燃烧性能等级的设计要求。

2）纺织织物燃烧性能型式检验报告、进场验收记录和抽样检验报告。

3）现场对纺织织物进行阻燃处理的施工记录及隐蔽工程验收记录。

（2）下列材料进场应进行见证取样检验：

1）B_1、B_2 级纺织织物。

2）现场对纺织织物进行阻燃处理所使用的阻燃剂。

（3）下列材料应进行抽样检验：

1）现场阻燃处理后的纺织织物，每种取 $2\ m^2$ 检验燃烧性能。

2）施工过程中受湿漫、燃烧性能可能受影响的纺织织物，每种取 $2\ m^2$ 检验燃烧性能。

（二）木质材料子分部装修工程

（1）木质材料施工应检查下列文件和记录：

1）木质材料燃烧性能等级的设计要求。

2）木质材料燃烧性能型式检验报告、进场验收记录和抽样检验报告。

3）现场对木质材料进行阻燃处理的施工记录及隐蔽工程验收记录。

（2）下列材料进场应进行见证取样检验：

1）B_1 级木质材料。

2）现场进行阻燃处理所使用的阻燃剂及防火涂料。

（3）下列材料应进行抽样检验：

1）现场阻燃处理后的木质材料，每种取 4 m^2 检验燃烧性能。

2）表面进行加工后的 B_1 级木质材料，每种取 4 m^2 检验燃烧性能。

（三）高分子合成材料子分部装修工程

（1）高分子合成材料施工应检查下列文件和记录：

1）高分子合成材料燃烧性能等级的设计要求。

2）高分子合成材料燃烧性能型式检验报告、进场验收记录和抽样检验报告。

3）现场对泡沫塑料进行阻燃处理的施工记录及隐蔽工程验收记录。

（2）下列材料进场应进行见证取样检验：

1）B_1、B_2 级高分子合成材料。

2）现场进行阻燃处理所使用的阻燃剂及防火涂料。

（3）现场阻燃处理后的泡沫塑料应进行抽样检验，每种取 0.1 m^3 检验燃烧性能。

（四）复合材料子分部装修工程

（1）复合材料施工应检查下列文件和记录：

1）复合材料燃烧性能等级的设计要求。

2）复合材料燃烧性能型式检验报告、进场验收记录和抽样检验报告。

3）现场对复合材料进行阻燃处理的施工记录及隐蔽工程验收记录。

（2）下列材料进场应进行见证取样检验：

1）B_1、B_2 级复合材料。

2）现场进行阻燃处理所使用的阻燃剂及防火涂料。

（3）现场阻燃处理后的复合材料应进行抽样检验，每种取 4 m^2 检验燃烧性能。

（五）其他材料子分部装修工程

其他材料可包括防火封堵材料和涉及电气设备、灯具、防火门窗、钢结构装修的材料。

（1）其他材料施工应检查下列文件和记录：

1）材料燃烧性能等级的设计要求。

2）材料燃烧性能型式检验报告、进场验收记录和抽样检验报告。

3）现场对材料进行阻燃处理的施工记录及隐蔽工程验收记录。

（2）下列材料进场应进行见证取样检验：

1）B_1、B_2 级材料。

2）现场进行阻燃处理所使用的阻燃剂及防火涂料。

（3）现场阻燃处理后的复合材料应进行抽样检验。

【考点四】建筑外墙的装饰检查内容【★★★★★】

（一）装饰材料的燃烧性能

室外大型广告牌和条幅的材质要便于火灾时破拆；建筑外墙的装饰层应采用燃烧性能等级为 A 级的材料，但建筑高度不大于 50 m 时，可采用 B_1 级材料。

（二）广告牌的设置位置

户外广告牌不应设置在灭火救援窗或自然排烟窗的外侧。在消防车登高面一侧的外墙上，不得设置凸出的广告牌，以免影响消防车登高操作。

（三）设置发光广告牌墙体的燃烧性能

户外电致发光广告牌不得直接设置在有可燃、难燃材料的墙体上。

【考点五】建筑外保温系统检查内容【8★】

建筑保温系统包括建筑内、外保温系统，主要对建筑的基层墙体或屋面板进行保温。屋面采用外保温系统。建筑外墙保温的方式多样，主要有内保温系统，与基层墙体、装饰层之间无空腔的建筑外墙外保温系统，与基层墙体、装饰层之间有空腔的建筑外墙外保温系统，采用保温材料与两侧墙体构成无空腔复合保温结构体的保温系统等。具体检查内容如下。

（一）保温材料的燃烧性能

用于建筑保温系统的保温材料主要包括有机高分子类、有机无机复合类和无机类三大类。根据燃烧性能等级的不同，主要有 A 级、B_1 级、B_2 级三个等级。需要注意的是，屋面、地下室外墙面不得使用岩棉、玻璃棉等吸水率高的保温材料。

（1）设置人员密集场所的建筑，其外墙外保温材料的燃烧性能等级应为 A 级。

（2）除另有规定外，下列老年人照料设施的内、外墙体和屋面保温材料应采用燃烧性能等级为 A 级的保温材料：

1）独立建造的老年人照料设施。

2）与其他建筑组合建造且老年人照料设施部分的总建筑面积大于 500 m^2 的老年人照料设施。

（3）与基层墙体、装饰层之间无空腔的建筑外墙外保温系统，其保温材料应符合下列规定：

1）住宅建筑：建筑高度大于 100 m 时，保温材料的燃烧性能等级应为 A 级；建筑高度大于 27 m，但不大于 100 m 时，保温材料的燃烧性能等级不应低于 B_1 级；建筑高度不大于 27 m 时，保温材料的燃烧性能等级不应低于 B_2 级。

2）除住宅建筑和设置人员密集场所的建筑外的其他建筑：建筑高度大于 50 m 时，保温材料的燃烧性能等级应为 A 级；建筑高度大于 24 m，但不大于 50 m 时，保温材料的燃烧性能等级不应低于 B_1 级；建筑高度不大于 24 m 时，保温材料的燃烧性能等级不应低于 B_2 级。

（二）防护层的设置

建筑的外墙外保温系统外侧应按要求设置不燃材料制作的防护层，并将保温材料完全包覆。除采用保温材料与两侧墙体构成无空腔复合保温结构体外，当采用燃烧性能等级为 B_1 级、B_2 级保温材料时，防护层厚度首层不应小于 15 mm，其他层不应小于 5 mm。建筑的外墙内保温系统应采用不燃材料作为防护层，当采用燃烧性能等级为 B_1 级的保温材料时，防护层厚度不应小于 10 mm。当建筑的屋面外保温系统采用燃烧性能等级为 B_1 级、B_2 级的保温材料时，应按要求设置由不燃材料制作且厚度不小于 10 mm 的防护层。

（三）防火隔离带的设置

当建筑的外墙外保温系统采用燃烧性能等级为 B_1 级、B_2 级的保温材料时，应在保温系统的每层沿楼板位置设置不燃材料制作的水平防火隔离带，隔离带的设置高度不得小于 300 mm，且应与建筑外墙体全面积粘贴密实。当建筑的屋面和外墙外保温系统均采用燃烧性能等级为 B_1 级、B_2 级的保温材料时，还要检查外墙和屋面分隔处是否按要求设置了不燃材料制作的防火隔离带，宽度不得小于 500 mm。

（四）每层楼板处的防火封堵

建筑外墙外保温系统与基层墙体、装饰层之间的空腔，应在每层楼板处采用防火封堵材料封堵，防止因烟囱效应而造成火势快速发展。

（五）电气线路和电器配件的安装

电气线路不得穿越或敷设在燃烧性能等级为 B_1 级或 B_2 级的保温材料中；对确需穿越或敷设的，应采取穿金属管并在金属管周围采用不燃隔热材料进行防火隔离等防火保护措施。设置开关、插座等电器配件的部位周围应采取不燃隔热材料进行防火隔离等防火保护措施。

第三篇
消防设施安装、检测与维护管理

第一章　消防设施质量控制、维护管理
与消防控制室管理

【考点一】消防设施施工前准备、质量控制及问题处理【★★★】

项目	知识要点
施工前准备	（1）经批准的消防设计文件以及其他技术资料齐全 （2）设计单位向建设、施工、监理单位进行技术交底，明确相应技术要求 （3）各类消防设施的设备、组件以及材料齐全，型号、规格符合设计要求，能够保证正常施工 （4）与专业施工相关的基础、预埋件和预留孔洞等符合设计要求 （5）施工现场及施工中使用的水、电、气能够满足连续施工的要求 　消防设计文件包括消防设施设计施工图（平面图、系统图、施工详图、设备表、材料表等）图样以及设计说明等；其他技术资料主要包括消防设施产品明细表、主要组件安装使用说明书及施工技术要求，各类消防设施的设备、组件以及材料等符合市场准入制度的有效证明文件和产品出厂合格证书，工程质量管理、检验制度等
施工过程质量控制	（1）对到场的各类消防设施的设备、组件以及材料进行现场检查，经检查合格后方可用于施工 （2）各工序按照施工技术标准进行质量控制，每道工序完成后进行检查，经检查合格后方可进入下一道工序 （3）相关各专业工种之间交接时，进行检验认可，经监理工程师签证后，方可进行下一道工序 （4）消防设施安装完毕，施工单位按照相关专业调试规定进行调试 （5）调试结束后，施工单位向建设单位提供质量控制资料和各类消防设施施工过程质量检查记录 （6）监理工程师组织施工单位人员对消防设施施工过程进行质量检查，施工过程质量检查记录按照各消防设施施工及验收规范的要求填写 （7）施工过程质量控制资料按照相关消防设施施工及验收规范的要求填写、整理
施工安装质量问题处理	（1）更换相关消防设施的设备、组件以及材料，进行施工返工处理，重新组织产品现场检查、技术检测或者竣工验收 （2）返修处理，能够满足相关标准规定和使用要求的，按照经批准的处理技术方案和协议文件，重新组织现场检查、技术检测或者竣工验收 （3）返修或者更换相关消防设施的设备、组件以及材料的，经重新组织现场检查、技术检测、竣工验收仍然不符合要求的，判定为现场检查、技术检测、竣工验收不合格 （4）未经现场检查合格的消防设施的设备、组件以及材料，不得用于施工安装；消防设施未经竣工验收合格的，其建设工程不得投入使用

【考点二】消防设施现场检查【★★★★】

各类消防设施的设备、组件以及材料等到达施工现场后，施工单位组织实施现场检查。消防设施现场检查包括产品合法性检查、一致性检查以及产品质量检查。

检查名称	知识要点	检查内容
合法性检查	重点查验其符合国家市场准入规定的相关合法性文件，以及出厂检验合格证明文件	（1）市场准入文件到场检查的重点内容 1）纳入强制性产品认证的消防产品，查验其依法获得的强制认证证书 2）新研制的尚未制定国家或者行业标准的消防产品，查验其依法获得的技术鉴定证书 3）目前尚未纳入强制性产品认证的非新产品类的消防产品，查验其经国家消防产品法定检验机构检验合格的型式检验报告 4）非消防产品类的管材、管件以及其他设备，查验其法定质量保证文件 （2）产品质量检验文件到场检查的重点内容 1）查验所有消防产品的型式检验报告、其他相关产品的法定检验报告 2）查验所有消防产品和管材、管件以及其他设备的出厂检验报告或者出厂合格证
一致性检查	查验到场消防产品的铭牌标志、产品关键组件和材料、产品特性等一致性程度	消防产品一致性检查按照下列步骤及要求实施 （1）逐一登记到场的各类消防设施的设备及组件名称、批次、型号、规格、数量和生产厂名、地址和产地，与其设备清单、使用说明书等核对无误 （2）查验各类消防设施的设备及其组件的型号、规格、组件配置及数量、性能参数、生产厂名及其地址与产地，以及标志、外观、材料、产品实物等，与经国家消防产品法定检验机构检验合格的型式检验报告一致 （3）查验各类消防设施的设备及其组件型号、规格，符合经法定机构批准或者备案的消防设计文件要求
产品质量检查	消防设施的设备及其组件、材料等产品质量检查，主要包括外观检查、组件装配及其结构检查、基本功能试验以及灭火剂质量检测等内容	（1）火灾自动报警系统、火灾应急照明以及疏散指示系统的现场产品质量检查，重点对其设备及其组件进行外观检查 （2）水灭火系统（如消防给水及消火栓系统、自动喷水灭火系统、水喷雾灭火系统、细水雾灭火系统、泡沫灭火系统等）的现场产品质量检查，重点对其设备、组件以及管材、管件的外观（尺寸）、组件结构及其操作性能进行检查，并对规定组件、管件、阀门等进行强度和严密性试验；泡沫灭火系统还需按照规定对灭火剂进行抽样检测 （3）气体灭火系统、干粉灭火系统除参照水灭火系统的检查要求进行现场产品质量检查外，还要对灭火剂储存容器的充装量、充装压力等进行检查 （4）防烟排烟设施的现场产品质量检查，重点检查风机、风管及其部件的外观（尺寸）、材料燃烧性能和操作性能，检查活动式挡烟垂壁、自动排烟窗及其驱动装置、控制装置的外观、操控性能等

【考点三】消防设施施工安装调试【★★】

项目	知识要点
施工安装依据	消防设施施工安装以经法定机构批准或者备案的消防设计文件、国家工程建设消防技术标准为依据；经批准或者备案的消防设计文件不得擅自变更，确需变更的，由原设计单位修改，报经原批准机构批准后，方可用于施工安装 消防供电以及火灾自动报警系统设计文件，除需要具备前述消防设计文件外，还需具备系统布线图和消防设备联动逻辑说明等技术文件
施工安装要求	施工单位做好施工（包括隐蔽工程验收）、检验（包括绝缘电阻、接地电阻）、调试、设计变更等相关记录；施工结束后，施工单位对消防设施施工安装质量进行全面检查，在施工现场质量管理检查、施工过程检查、隐蔽工程验收、资料核查等检查全部合格后，完成竣工图以及竣工报告
调试要求	调试工作包括各类消防设施的单机设备、组件调试和系统联动调试等内容。消防设施调试需要具备下列条件 （1）系统供电正常，电气设备（主要是火灾自动报警系统）具备与系统联动调试的条件 （2）水源、动力源和灭火剂储存等满足设计要求和系统调试要求，各类管网、管道、阀门等密封严密，无泄漏 （3）调试使用的测试仪器、仪表等性能稳定可靠，其精度等级及其最小分度值能够满足调试测定的要求，符合国家有关计量法规以及检定规程的规定 （4）对火灾自动报警系统及其组件、其他电气设备分别进行通电试验，确保其工作正常 消防设施调试负责人由专业技术人员担任。调试前，调试单位按照各消防设施的调试需求，编制相应的调试方案，确定调试程序，并按照程序开展调试工作；调试结束后，调试单位提供完整的调试资料和调试报告 消防设施调试合格后，填写施工过程调试记录，并将各消防设施恢复至正常工作状态

【考点四】消防设施技术检测前的检查【★★★】

检查项目	检查要点
检查各类消防设施的设备及其组件的相关技术文件	各类消防设施的设备及其组件符合设计选型，具有出厂合格证明文件，消防产品具有符合法定市场准入规定的证明文件；各类灭火剂在产品质量证明文件的有效期内
检查各类消防设施的设备及其组件的外观标志	各类消防设施的设备及其组件的永久性铭牌和按照规定设置的标识，其文字和数据齐全，符号清晰，色标正确
检查各类消防设施的设备及其组件、材料（管道、管件、支吊架、线槽、电线、电缆等）的外观，以及导线、电缆的绝缘电阻值和系统接地电阻值等测试记录	各类消防设施的设备及其组件、材料的外观完好无损、无锈蚀，设备、管道无泄漏，导线和电缆的连接、绝缘性能、接地电阻等符合设计要求
检查检测用仪器、仪表、量具等的计量检定合格证书及其有效期限	检测用仪器、仪表、量具等按照国家现行有关规定计量检定合格，并在检定合格有效期限内

【考点五】消防设施维护管理【★★★】

工作环节	具体要求
值班	建筑使用管理单位根据工作、生产、经营特点建立值班制度。单位制定灭火和应急疏散预案、组织预案演练时，要将消防设施操作内容纳入其中，并对操作过程中发现的问题及时给予纠正、处理
巡查	建筑使用管理单位按照下列频次组织巡查 （1）公共娱乐场所营业期间，每2h组织一次综合巡查。其间，将部分或者全部消防设施巡查纳入综合巡查内容，并保证每日至少对全部建筑消防设施巡查一遍 （2）消防安全重点单位每日至少对消防设施巡查一次 （3）其他社会单位每周至少对消防设施巡查一次 （4）举办具有火灾危险性的大型群众性活动的，承办单位根据活动现场实际需要确定巡查频次
检测	消防设施每年至少检测一次 重大节日或者重大活动，根据要求安排消防设施检测 设有自动消防设施的宾馆饭店、商场市场、公共娱乐场所等人员密集场所、易燃易爆单位以及其他一类高层公共建筑等消防安全重点单位，自消防设施投入运行后的每年年底，将年度检测记录报当地消防救援机构备案
档案建立内容	建筑消防设施档案至少包含下列内容 （1）消防设施基本情况。主要包括消防设施的验收文件和产品、系统使用说明书、系统调试记录、消防设施平面布置图、系统图等原始技术资料 （2）消防设施动态管理情况。主要包括消防设施的值班记录、巡查记录、检测记录、故障维修记录以及维护保养计划表、维护保养记录、自动消防控制室值班人员基本情况档案及培训记录等
档案保存期限	消防设施施工安装、竣工验收以及验收技术检测等原始技术资料长期保存；消防控制室值班记录表和建筑消防设施巡查记录表的存档时间不少于1年；建筑消防设施检测记录表、建筑消防设施故障维修记录表、建筑消防设施维护保养计划表、建筑消防设施维护保养记录表的存档时间不少于5年

【考点六】消防控制室的设备监控要求【★★★】

消防控制室配备的消防设备需要具备下列监控功能：

（1）消防控制室设置的消防设备能够监控并显示消防设施运行状态信息，并能够向城市消防远程监控中心（以下简称监控中心）传输相应信息。

（2）根据建筑（单位）规模及其火灾危险性特点，消防控制室内需要保存必要的文字、电子资料，存储相关的消防安全管理信息，并能够及时向监控中心传输消防安全管理信息。

（3）大型建筑群要根据其不同建筑功能需求、火灾危险性特点和消防安全监控需要，设置2个及2个以上的消防控制室，并确定主消防控制室、分消防控制室，以实现分散与集中相结合的消防安全监控模式。

（4）主消防控制室的消防设备能够对系统内共用消防设备进行控制，显示其状态信息，并能够显示各个分消防控制室内消防设备的状态信息，具备对分消防控制室内消防设备及其所控制的消防系统、设备的控制功能。

（5）各个分消防控制室的消防设备之间，可以互相传输、显示状态信息，不能互相控制消防设备。

【考点七】消防控制室台账档案建立【★★★】

《消防控制室通用技术要求》第 4.1 条规定，消防控制室内应保存下列纸质和电子档案资料：

（1）建（构）筑物竣工后的总平面布局图、建筑消防设施平面布置图、建筑消防设施系统图及安全出口布置图、重点部位位置图等。

（2）消防安全管理规章制度、应急灭火预案、应急疏散预案等。

（3）消防安全组织结构图，包括消防安全责任人、管理人、专（兼）职和志愿消防队员等内容。

（4）消防安全培训记录、灭火和应急疏散预案的演练记录。

（5）值班情况、消防安全检查情况及巡查情况的记录。

（6）消防设施一览表，包括消防设施的类型、数量、状态等内容。

（7）消防联动系统控制逻辑关系说明、设备使用说明书、系统操作规程、系统和设备维护保养制度等。

（8）设备运行状况、接报警记录、火灾处理情况、设备检修检测报告等资料。

【考点八】消防控制室管理要求【★★★★★】

《消防控制室通用技术要求》第 4.2.1 条规定，消防控制室管理应符合下列要求：

（1）应实行每日 24 h 专人值班制度，每班不应少于 2 人，值班人员应持有消防控制室操作职业资格证书。

（2）消防设施日常维护管理应符合《建筑消防设施的维护管理》第 5.2 条规定的要求，每班工作时间不大于 8 h，每班人员不少于 2 人。值班人员对火灾报警控制器进行检查、接班、交班时，应填写消防控制室值班记录表相关内容。值班期间每 2 h 记录一次消防控制室内消防设备的运行情况，及时记录消防控制室内消防设备的火警或故障情况。

（3）应确保火灾自动报警系统、灭火系统和其他联动控制设备处于正常工作状态，不得将应处于自动状态的设在手动状态。

（4）应确保高位消防水箱、消防水池、气压水罐等消防储水设施水量充足，确保消防泵出水管阀门、自动喷水灭火系统管道上的阀门常开；确保消防水泵、防烟排烟风机、防火卷帘等消防用电设备的配电柜启动开关处于自动位置（或者通电状态）。

【考点九】消防控制室值班应急处置程序【★★★】

《消防控制室通用技术要求》第 4.2.2 条规定，消防控制室的值班应急程序应符合下列要求：

（1）接到火灾警报后，值班人员应立即以最快方式确认。

（2）火灾确认后，值班人员应立即确认火灾报警联动控制开关处于自动状态，同时拨打"119"报警，报警时应说明着火单位地点、起火部位、着火物种类、火势大小、报警人姓名和联系电话。

（3）值班人员应立即启动单位内部灭火和应急疏散预案，并同时报告单位消防安全责任人。

【考点十】消防控制室控制、显示要求【★★★★】

项目	具体要求
图形显示装置	采用中文标注和中文界面的消防控制室图形显示装置，其界面对角线长度不得小于430 mm。消防控制室图形显示装置按照下列要求显示相关信息 （1）能够显示前述电子资料内容以及符合规定的消防安全管理信息 （2）能够用同一界面显示建（构）筑物周边消防车道、消防车登高操作场地、消防水源位置，以及相邻建筑的防火间距、建筑面积、建筑高度、使用性质等情况 （3）能够显示消防系统及设备的名称、位置和消防控制器、消防联动控制设备（含消防电话、消防应急广播、消防应急照明和疏散指示系统、消防电源等控制装置）的动态信息 （4）有火灾报警信号、监管报警信号、反馈信号、屏蔽信号、故障信号输入时，具有相应状态的专用总指示，在总平面布局图中应显示输入信号所在的建（构）筑物的位置，在建筑平面图上应显示输入信号所在的位置和名称，并记录时间、信号类别和部位等信息 （5）10 s 内能够显示输入的火灾报警信号和反馈信号的状态信息，100 s 内能够显示其他输入信号的状态信息 （6）能够显示可燃气体探测报警系统、电气火灾监控系统的报警信息、故障信息和相关联动反馈信息
火灾报警控制器	（1）能够显示火灾探测器、火灾显示盘、手动火灾报警按钮的正常工作状态、火灾报警状态、屏蔽状态及故障状态等相关信息 （2）能够控制火灾声光警报器启动和停止
消防联动控制设备	（1）能够将各类消防设施及其设备的状态信息传输到图形显示装置 （2）能够控制和显示各类消防设施的电源工作状态，以及各类设备及其组件的启、停等运行状态和故障状态，显示具有控制功能、信号反馈功能的阀门、监控装置的正常工作状态和动作状态 （3）能够控制具有自动控制、远程控制功能的消防设备的启、停，并接收其反馈信号

第二章 消 防 给 水

【考点一】消防给水系统的分类【★★★★】

分类方式	系统名称	特点
按水压分	高压消防给水系统	能始终保持水灭火系统所需的工作压力和流量，火灾时无须启动消防水泵直接加压的消防给水系统
	临时高压消防给水系统	平时不能满足水灭火系统所需的工作压力和流量，火灾时自动启动消防水泵，以满足水灭火系统所需的工作压力和流量的消防给水系统
	低压消防给水系统	能满足车载或手抬移动消防水泵等取水所需的工作压力和流量的消防给水系统
按给水范围分	独立消防给水系统	在一栋建筑内自成体系、独立工作的消防给水系统
	区域（集中）消防给水系统	两栋及两栋以上的建筑共用的消防给水系统
按用途分	专用消防给水系统	仅向水灭火系统供水的独立系统的消防给水系统
	生活、消防共用给水系统	生活给水管网与消防给水管网共用的消防给水系统
	生产、消防共用给水系统	生产给水管网与消防给水管网共用的消防给水系统
	生活、生产、消防共用给水系统	大中型城镇、开发区的给水系统均为生活、生产和消防共用的消防给水系统，比较经济和安全可靠
按位置分	市政消防给水系统	在城镇范围由市政给水系统向水灭火系统供水的消防给水系统
	室外消防给水系统	由进水管、室外消防给水管网、室外消火栓等构成，在建筑物外部进行灭火并向室内消防给水系统供水的消防给水系统
	室内消防给水系统	由引入管、室内消防给水管网、室内消火栓、水泵接合器、消防水箱等构成，在建筑物内部进行灭火的消防给水系统
按灭火方式分	消火栓灭火系统	由给水设施、消火栓、配水管网和阀门等构成的水灭火系统
	自动喷水灭火系统	以自动喷水喷头为主的灭火组件构成的水灭火系统
按管网形式分	环状管网消防给水系统	消防给水管网构成闭合环形，双向供水的消防给水系统
	枝状管网消防给水系统	消防给水管网似树枝状，单向供水的消防给水系统

【考点二】设备、系统组件、管材、管件及其他设备、材料进场检查【★★★★】

《消防给水及消火栓系统技术规范》第12.2.1条规定，消防给水及消火栓系统施工前应对采用的主要设备、系统组件、管材、管件及其他设备、材料进行进场检查，并应符合下列要求：

（1）主要设备、系统组件、管材、管件及其他设备、材料，应符合国家现行相关产品标准的规定，并应具有出厂合格证或质量认证书。

（2）消防水泵、消火栓、消防水带、消防水枪、消防软管卷盘或轻便水龙、报警阀组、电动（磁）阀、压力开关、流量开关、消防水泵接合器、沟槽连接件等系统主要设备和组件，应经国家消防产品质量监督检验机构检测合格。

（3）稳压泵、气压水罐、消防水箱、自动排气阀、信号阀、止回阀、安全阀、减压阀、倒流防止器、蝶阀、闸阀、流量计、压力表、水位计等，应经相应国家产品质量监督检验机构检测合格。

（4）气压水罐、组合式消防水池、屋顶消防水箱、地下水取水和地表水取水设施，以及其附件等，应符合国家现行相关产品标准的规定。

【考点三】消防水泵的检查【★★】

检查项目	具体要求
外观质量要求	（1）所有铸件外表面不应有明显的结疤、气泡、砂眼等缺陷 （2）泵体以及各种外露的罩壳、箱体均应喷涂大红漆。涂层质量应符合相关规定 （3）消防水泵的形状尺寸和安装尺寸与提供的安装图样相符 （4）铭牌上标注的泵的型号、名称、特性应与设计说明一致
材料要求	（1）水泵外壳宜为球墨铸铁，水泵叶轮材质宜为青铜或不锈钢 （2）泵体、泵轴、叶轮等的材质合格证应符合要求
结构要求	（1）泵的结构形式分为中开双吸泵、端吸泵、管道泵、卧式多级泵、立式长轴泵等，其选用应保证易于现场维修和更换零件。紧固件及自锁装置不应因振动等原因而产生松动 （2）泵体上应铸出表示旋转方向的箭头 （3）泵应设置放水旋塞，放水旋塞应处于泵的最低位置，以便排尽泵内余水
机械性能要求	（1）消防水泵的型号与设计型号一致，泵的流量、扬程、功率符合设计要求和国家现行有关标准的规定 （2）轴封处密封良好，无线状泄漏现象
控制柜的要求	（1）消防水泵控制柜的控制功能满足设计要求 （2）控制柜体端正，表面应平整，涂层颜色均匀一致，无眩光，并符合现行国家标准的有关规定，且控制柜外表面没有明显的磕碰伤痕和变形掉漆 （3）控制柜面板设有电源电压、电流、水泵启/停状况及故障的声光报警等显示 （4）控制柜导线的规格和颜色符合现行国家标准的有关规定 （5）面板上的按钮、开关、指示灯应易于操作和观察且有功能标示，并符合现行国家标准的有关规定 （6）控制柜内的电气元件及材料应符合现行国家产品标准的有关规定，并安装合理，其工作位置符合产品使用说明书的规定 （7）有可靠的双电源或双回路电源条件 （8）机械应急开关合理 （9）IP等级符合设计要求

【考点四】消防稳压设施和消防水泵接合器的检查【★★】

为防止消防稳压泵频繁启动，消防给水系统应设消防稳压设施。

检查项目	检查方法及技术要求
消防稳压罐	（1）罐体外表面没有明显的结疤、气泡、砂眼等缺陷 （2）罐体以及各种外露的罩壳、箱体均喷涂大红漆。涂层质量应符合相关规定 （3）消防稳压罐的型号与设计型号一致，工作压力不低于规定压力，流量应符合规定流量的要求 （4）稳压罐的设计、材料、制造、检验与检验报告描述相符 （5）气压罐有效容积、气压、水位及工作压力符合设计要求；气压水罐应有水位指示器；气压水罐上的安全阀、压力表、泄水管、压力控制仪表等应符合产品使用说明书的要求 （6）气压罐的出水口公称直径按流量计算确定。应急消防气压给水设备的公称直径不宜小于 100 mm，出水口处应设有防止消防用水倒流进罐的措施 （7）囊式橡胶隔膜材料的性能符合国家有关标准的规定，消防与生活（生产）共用的设备，其囊式橡胶隔膜的卫生质量应符合相关的规定
消防稳压泵	（1）消防稳压泵的泵体、电动机外观无瑕疵，油漆完整，形状尺寸和安装尺寸与提供的安装图样相符 （2）稳压泵的型号、规格、流量和扬程符合设计要求，并应有产品合格证和安装使用说明书 （3）泵体、泵轴、叶轮等的材质应符合要求
消防水泵接合器	（1）查看消防水泵接合器的外观是否有瑕疵，油漆是否完整，形状尺寸和安装尺寸与提供的安装图样是否相符 （2）对照设计文件查看选择的消防水泵接合器的型号、名称是否准确、一致 （3）查看消防水泵接合器的设置条件是否具备，其设置位置是否是在室外便于消防车接近和使用的地点 （4）检查消防水泵接合器的外形与室外消火栓是否雷同，以免混淆而延误灭火 （5）检查消防水泵接合器组件（包括单向阀、安全阀、控制阀等）是否齐全

【考点五】管材、管件、阀门及其附件的现场检查【★★★】

（1）根据《消防给水及消火栓系统技术规范》第 12.2.5 条规定，管材、管件应进行现场外观检查，并应符合下列要求：

1）镀锌钢管应为内外壁热镀锌钢管，钢管内外表面的镀锌层不应有脱落、锈蚀等现象；球墨铸铁管球墨铸铁内涂水泥层和外涂防腐涂层不应脱落，不应有锈蚀等现象；钢丝网骨架塑料复合管管道壁厚度均匀，内外壁应无划痕，各种管材、管件应符合相应标准。

2）表面应无裂纹、缩孔、夹渣、折叠和重皮。

3）管材、管件不应有妨碍使用的凹凸不平的缺陷，其尺寸公差应符合《消防给水及消火栓系统技术规范》规定。

4）螺纹密封面应完整、无损伤、无毛刺。

5）非金属密封垫片应质地柔韧、无老化变质或分层现象，表面应无折损、皱纹等缺陷。

6）法兰密封面应完整光洁，没有毛刺及径向沟槽；螺纹法兰的螺纹应完整、无损伤。

7）不圆度应符合《消防给水及消火栓系统技术规范》规定。

8）球墨铸铁管承口的内工作面和插口的外工作面应光滑、轮廓清晰，不应有影响接口密封性的缺陷。

9）钢丝网骨架塑料（PE）复合管内外壁应光滑、无划痕，钢丝骨料与塑料应黏结牢固等。

检查数量：全数检查。

（2）根据《消防给水及消火栓系统技术规范》第12.2.6条规定，阀门及其附件的现场检验应符合下列要求：

1）阀门的商标、型号、规格等标志应齐全，阀门的型号、规格应符合设计要求。

2）阀门及其附件应配备齐全，没有加工缺陷和机械损伤。

3）阀门应有清晰的铭牌、安全操作指示标志、产品说明书和水流方向的永久性标志。

检查数量：全数检查。

【考点六】消防水泵的选择、安装及控制操作等要求【9 ★】

根据《消防给水及消火栓系统技术规范》的相关规定，消防水泵的选择、安装等要求如下。

项目	具体要求
选择和应用	（1）消防水泵的选择和应用应符合下列规定 1）消防水泵的性能应满足消防给水系统所需流量和压力的要求 2）消防水泵所配驱动器的功率应满足所选水泵流量扬程性能曲线上任何一点运行所需功率的要求 3）当采用电动机驱动的消防水泵时，应选择电动机干式安装的消防水泵 4）流量扬程性能曲线应为无驼峰、无拐点的光滑曲线，零流量时的压力不应大于设计工作压力的140%，且宜大于设计工作压力的120% 5）当出流量为设计流量的150%时，其出口压力不应低于设计工作压力的65% 6）泵轴的密封方式和材料应满足消防水泵在低流量时运转的要求 7）消防给水同一泵组的消防水泵型号宜一致，且工作泵不宜超过3台 8）多台消防水泵并联时，应校核流量叠加对消防水泵出口压力的影响 （2）消防水泵的主要材质应符合下列规定 1）水泵外壳宜为球墨铸铁 2）叶轮宜为青铜或不锈钢 （3）消防水泵机组应由水泵、驱动器和专用控制柜等组成；一组消防水泵可由同一消防给水系统的工作泵和备用泵组成
安装前检查	（1）消防水泵安装前应校核产品合格证，以及其型号、规格和性能与设计要求应一致，并应根据安装使用说明书安装 （2）消防水泵安装前应复核水泵基础混凝土强度、隔振装置、坐标、标高、尺寸和螺栓孔位置 （3）消防水泵安装前应复核消防水泵之间，以及消防水泵与墙或其他设备之间的间距，并应满足安装、运行和维护管理的要求
安装要求	（1）消防水泵吸水管上的控制阀应在消防水泵固定于基础上后再进行安装，其直径不应小于消防水泵吸水口直径，且不应采用没有可靠锁定装置的控制阀，控制阀应采用沟槽式或法兰式阀门

项目	具体要求
安装要求	（2）当消防水泵和消防水池位于独立的两个基础上且相互为刚性连接时，吸水管上应加设柔性连接管 （3）吸水管水平管段上不应有气囊和漏气现象。变径连接时，应采用偏心异径管件并应采用管顶平接 （4）消防水泵出水管上应安装消声止回阀、控制阀和压力表；系统的总出水管上还应安装压力表和低压压力开关；安装压力表时应加设缓冲装置。压力表和缓冲装置之间应安装旋塞；压力表量程在没有设计要求时，应为系统工作压力的 2 ~ 2.5 倍 （5）消防水泵的隔振装置、进出水管柔性接头的安装应符合设计要求，并应有产品说明和安装使用说明
控制与操作	（1）消防水泵不应设置自动停泵的控制功能，停泵应由具有管理权限的工作人员根据火灾扑救情况确定 （2）消防水泵应由水泵出水干管上设置的低压压力开关、高位消防水箱出水管上的流量开关，或报警阀压力开关等信号直接自动启动。消防水泵房内的压力开关宜引入控制柜内
调试要求	（1）自动直接启动或手动直接启动消防水泵时，消防水泵应在 55 s 内投入正常运行，且应无不良噪声和振动 （2）以备用电源切换方式或备用泵切换启动消防水泵时，消防水泵应分别在 1 min 或 2 min 内投入正常运行 （3）消防水泵安装后应进行现场性能测试，其性能应与生产厂商提供的数据相符，并应满足消防给水设计流量和压力的要求 （4）消防水泵零流量时的压力不应超过设计工作压力的 140%；当出流量为设计工作流量的 150% 时，其出口压力不应低于设计工作压力的 65%

【考点七】消防稳压泵和高位消防水箱的安装要求【7 ★】

根据《消防给水及消火栓系统技术规范》的相关规定，消防稳压泵的设计安装要求如下。

（1）稳压泵的设计流量应符合下列规定：

1）稳压泵的设计流量不应小于消防给水系统管网的正常泄漏量和系统自动启动流量。

2）消防给水系统管网的正常泄漏量应根据管道材质、接口形式等确定，当没有管网泄漏量数据时，稳压泵的设计流量宜按消防给水设计流量的 1% ~ 3% 计，且不宜小于 1 L/s。

3）消防给水系统所采用报警阀压力开关等自动启动流量应根据产品确定。

（2）稳压泵的设计压力应符合下列要求：

1）稳压泵的设计压力应满足系统自动启动和管网充满水的要求。

2）稳压泵的设计压力应保持系统自动启泵压力设置点处的压力在准工作状态时大于系统设置自动启泵压力值，且增加值宜为 0.07 ~ 0.1 MPa。

3）稳压泵的设计压力应保持系统最不利点处水灭火设施在准工作状态时的静水压力大于 0.15 MPa。

（3）设置稳压泵的临时高压消防给水系统应设置防止稳压泵频繁启停的技术措施，当采用气压水罐时，其调节容积应根据稳压泵启泵次数不大于 15 次 /h 计算确定，但有效储水容积不宜小于 150 L。

（4）稳压泵吸水管应设置明杆闸阀，稳压泵出水管应设置消声止回阀和明杆闸阀。

（5）稳压泵应设置备用泵。

（6）高位消防水箱的设置位置应高于其所服务的水灭火设施，且最低有效水位应满足水灭火设施最不利点处的静水压力，并应按下列规定确定：

1）一类高层公共建筑，不应低于 0.1 MPa，但当建筑高度超过 100 m 时，不应低于 0.15 MPa。

2）高层住宅、二类高层公共建筑、多层公共建筑，不应低于 0.07 MPa，多层住宅不宜低于 0.07 MPa。

3）工业建筑不应低于 0.1 MPa，当建筑体积小于 20 000 m^3 时，不宜低于 0.07 MPa。

4）自动喷水灭火系统等自动水灭火系统应根据喷头灭火需求压力确定，但最小不应小于 0.1 MPa。

5）当高位消防水箱不能满足上述第 1）款至第 4）款的静压要求时，应设稳压泵。

【考点八】消防水泵接合器的安装【★★★★】

项目	具体要求
消防水泵接合器的安装规定	（1）消防水泵接合器的安装应符合下列规定 1）消防水泵接合器的安装，应按接口、本体、连接管、止回阀、安全阀、放空管、控制阀的顺序进行，止回阀的安装方向应使消防用水能从消防水泵接合器进入系统；整体式消防水泵接合器的安装，应按其使用安装说明书进行 2）消防水泵接合器接口的位置应符合设计要求 3）消防水泵接合器永久性固定标志应能识别其所对应的消防给水系统或水灭火系统，当有分区时应有分区标识 4）地下消防水泵接合器应采用铸有"消防水泵接合器"标志的铸铁井盖，并在附近设置指示其位置的永久性固定标志 5）墙壁消防水泵接合器的安装应符合设计要求。设计无要求时，其安装高度距地面宜为 0.7 m；与墙面上的门、窗、孔、洞的净距离不应小于 2 m，且不应安装在玻璃幕墙下方 6）地下消防水泵接合器的安装，应使进水口与井盖底面的距离不大于 0.4 m，且不应小于井盖的半径 7）消火栓水泵接合器与消防通道之间不应设有妨碍消防车加压供水的障碍物 8）地下消防水泵接合器井的砌筑应有防水和排水措施 （2）消防水泵接合器应设在室外便于消防车使用的地点，且距室外消火栓或消防水池的距离不宜小于 15 m，并不宜大于 40 m

【考点九】消防水泵房的设计要求【★★★】

根据《消防给水及消火栓系统技术规范》第 5.5.9 条、第 5.5.12 条、第 5.5.13 条、第 5.5.14 条的规定，消防水泵房的设计要求如下：

（1）消防水泵房的设计应根据具体情况设计相应的采暖、通风和排水设施，在严寒、寒冷等冬季结冰地区采暖温度不应低于 10℃，当无人值守时不应低于 5℃。

（2）消防水泵房应符合下列规定：

1）独立建造的消防水泵房耐火等级不应低于二级。

2）附设在建筑物内的消防水泵房，不应设置在地下三层及以下，或室内地面与室外出入口地坪高差大于 10 m 的地下楼层。

3）附设在建筑物内的消防水泵房，应采用耐火极限不低于 2.00 h 的隔墙和耐火极限不低于 1.50 h 的楼板与其他部位隔开，其疏散门应直通安全出口，且开向疏散走道的门应采用甲级防火门。

（3）当采用柴油机消防水泵时宜设置独立消防水泵房，并应设置满足柴油机运行的通风、排烟和阻火设施。

（4）消防水泵房应采取防水淹没的技术措施。

【考点十】给水管网的连接方式及安装要求【★★★】

项目	具体要求
架空管道的连接方式	架空管道连接宜采用沟槽连接件（卡箍）、螺纹、法兰、卡压等方式，不宜采用焊接连接。当管径小于等于 DN50 mm 时，应采用螺纹和卡压连接；当管径大于 DN50 mm 时，应采用沟槽连接件连接、法兰连接；当安装空间较小时，应采用沟槽连接件连接
架空管道的安装	（1）架空管道的安装不应影响建筑功能的正常使用，不应影响和妨碍通行以及门窗等开启 （2）当设计无要求时，管道的中心线与梁、柱、楼板等的最小距离应符合规定 （3）消防给水管穿过地下室外墙、构筑物墙壁以及屋面等有防水要求处时，应设防水套管 （4）消防给水管穿过建筑物承重墙或基础时，应预留洞口，洞口高度应保证管顶上部净空不小于建筑物的沉降量，不宜小于 0.1 m，并应填充不透水的弹性材料 （5）消防给水管穿过墙体或楼板时应加设套管，套管长度不应小于墙体厚度，或应高出楼面或地面 50 mm；套管与管道的间隙应采用不燃材料填塞，管道的接口不应位于套管内 （6）消防给水管必须穿过伸缩缝及沉降缝时，应采用波纹管和补偿器等技术措施 （7）消防给水管可能发生冰冻时，应采取防冻技术措施 （8）消防给水管通过或敷设在有腐蚀性气体的房间内时，管外壁应刷防腐漆或缠绕防腐材料 （9）架空管道外应刷红色油漆或涂红色环圈标志，并注明管道名称和水流方向标识。红色环圈标志宽度不应小于 20 mm，间隔不宜大于 4 m，在一个独立的单元内环圈不宜少于 2 处
架空管道的支架、吊架安装	（1）架空管道每段管道设置的防晃支架不应少于 1 个；当管道改变方向时，应增设防晃支架；立管应在其始端和终端设防晃支架或采用管卡固定 （2）架空管道支架、吊架、防晃或固定支架的安装应固定牢固，其型式、材质及施工应符合设计要求 （3）设计的吊架在管道的每一支撑点处应能承受 5 倍于充满水的管重，且管道系统支撑点应支撑整个消防给水系统 （4）当管道穿梁安装时，穿梁处宜设置 1 个吊架 （5）下列部位应设置固定支架或防晃支架 1）配水管宜在中点设 1 个防晃支架，但当管径小于 DN50 mm 时可不设 2）配水干管及配水管、配水支管的长度超过 15 m，每 15 m 长度内应至少设 1 个防晃支架，但当管径不大于 DN40 mm 时可不设 3）管径大于 DN50 mm 的管道拐弯、三通及四通位置处应设 1 个防晃支架 4）防晃支架的强度应满足管道、配件及管内水的质量再加 50% 的水平方向推力时不损坏或不产生永久变形。当管道穿梁安装时，管道再用紧固件固定于混凝土结构上，可作为 1 个防晃支架处理 检查数量：按数量抽查 30%，不应少于 10 件

续表

项目	具体要求
消防给水系统阀门的安装	（1）各类阀门型号、规格及公称压力应符合设计要求 （2）阀门的设置应便于安装、维修和操作，且安装空间应能满足阀门完全启闭的要求，并应做出标志 （3）阀门应有明显的启闭标志 （4）消防给水系统干管与水灭火系统连接处应设置独立阀门，并应保证各系统独立使用

【考点十一】临时消防给水系统设计要求【★★★★】

《建设工程施工现场消防安全技术规范》规定：

（1）临时用房建筑面积之和大于 1 000 m² 或在建工程单体体积大于 10 000 m³ 时，应设置临时室外消防给水系统。当施工现场处于市政消火栓 150 m 保护范围内且市政消火栓的数量满足室外消防用水量要求时，可不设置临时室外消防给水系统。

（2）临时用房的临时室外消防用水量不应小于表 3-2-1 的规定。

表 3-2-1　　　　　临时用房的临时室外消防用水量

临时用房的建筑面积之和 /m²	火灾延续时间 /h	消火栓用水量 /（L/s）	每支水枪最小流量 /（L/s）
1 000＜面积≤5 000	1	10	5
面积＞5 000		15	5

（3）在建工程的临时室外消防用水量不应小于表 3-2-2 的规定。

表 3-2-2　　　　　在建工程的临时室外消防用水量

在建工程（单体）体积 /m³	火灾延续时间 /h	消火栓用水量 /（L/s）	每支水枪最小流量 /（L/s）
10 000＜体积≤30 000	1	15	5
体积＞30 000	2	20	5

（4）施工现场临时室外消防给水系统的设置应符合下列规定：

1）给水管网宜布置成环状。

2）临时室外消防给水干管的管径，应根据施工现场临时消防用水量和干管内水流速度计算确定，且不应小于 DN100 mm。

3）室外消火栓应沿在建工程、临时用房和可燃材料堆场及其加工场均匀布置，与在建工程、临时用房和可燃材料堆场及其加工场的外边线的距离不应小于 5 m。

4）消火栓的间距不应大于 120 m。

5）消火栓的最大保护半径不应大于 150 m。

（5）施工现场临时室内消防给水系统的设置应符合下列规定：

1）建筑高度大于 24 m 或单体体积超过 30 000 m³ 的在建工程，应设置临时室内消防给水系统。

2）在建工程的临时室内消防用水量不应小于表 3-2-3 的规定。

表 3-2-3   在建工程的临时室内消防用水量

建筑高度、在建工程体积/单体	火灾延续时间 /h	消火栓用水量 / （L/s）	每支水枪最小流量 / （L/s）
24 m＜建筑高度≤50 m 或 30 000 m³＜体积≤50 000 m³	1	10	5
建筑高度＞50 m 或体积＞50 000 m³	1	15	5

3）在建工程临时室内消防竖管的设置应符合下列规定：①消防竖管的设置位置应便于消防救援人员操作，其数量不应少于 2 根。当结构封顶时，应将消防竖管设置成环状。②消防竖管的管径应根据在建工程临时消防用水量、竖管内水流速度计算确定，且不应小于 DN100 mm。

【考点十二】消防给水系统试压和冲洗【6 ★】

《消防给水及消火栓系统技术规范》规定如下：

（1）消防给水及消火栓系统试压和冲洗应符合下列要求：

1）管网安装完毕后，应对其进行强度试验、冲洗和严密性试验。

2）强度试验和严密性试验宜用水进行。干式消火栓系统应做水压试验和气压试验。

3）系统试压完成后，应及时拆除所有临时盲板及试验用的管道，并应与记录核对无误，且应按要求填写记录。

4）管网冲洗应在试压合格后分段进行。冲洗顺序应先室外、后室内，先地下、后地上；室内部分的冲洗应按供水干管、水平管和立管的顺序进行。

5）系统试压前应具备下列条件。①埋地管道的位置及管道基础、支墩等经复查应符合设计要求；②试压用的压力表不应少于 2 只，精度不应低于 1.5 级，量程应为试验压力值的 1.5 ～ 2 倍；③试压冲洗方案已经批准；④对不能参与试压的设备、仪表、阀门及附件应加以隔离或拆除，加设的临时盲板应具有凸出于法兰的边耳，且应做明显标志，并记录临时盲板的数量。

6）系统试压过程中，当出现泄漏时，应停止试压，并应放空管网中的试验介质，消除缺陷后，应重新再试。

7）管网冲洗宜用水进行。冲洗前，应对系统的仪表采取保护措施。

8）冲洗前，应对管道防晃支架、吊架等进行检查，必要时应采取加固措施。

9）对不能经受冲洗的设备和冲洗后可能存留脏物、杂物的管段，应进行清理。

10）冲洗管道直径大于 DN100 mm 时，应对其死角和底部进行敲打，但不应损伤管道。

11）管网冲洗合格后，应按规范填写记录。

12）水压试验和水冲洗宜采用生活用水，不应使用海水或含有腐蚀性化学物质的水。

（2）压力管道水压强度试验的试验压力应符合表 3-2-4 的规定。

表 3-2-4　　　　　　　　　　　压力管道水压强度试验的试验压力

管材类型	系统设计工作压力 /MPa	试验压力 /MPa
钢管	≤ 1.0	$1.5p$，且不应小于 1.4
	> 1.0	$p+0.4$
球墨铸铁管	≤ 0.5	$2p$
	> 0.5	$p+0.5$
钢丝网骨架塑料管	p	$1.5p$，且不应小于 0.8

注：p 指系统设计工作压力。

（3）水压强度试验的测试点应设在系统管网的最低点。对管网注水时，应将管网内的空气排净，并应缓慢升压，达到试验压力后，稳压 30 min，管网应无泄漏、无变形，且压力降不应大于 0.05 MPa。

（4）水压严密性试验应在水压强度试验和管网冲洗合格后进行。试验压力应为系统设计工作压力，稳压 24 h，应无泄漏。

（5）水压试验时环境温度不宜低于 5℃，当低于 5℃时，水压试验应采取防冻措施。

（6）消防给水系统的水源干管、进户管和室内埋地管道应在回填前单独或与系统同时进行水压强度试验和水压严密性试验。

（7）气压严密性试验的介质宜采用空气或氮气，试验压力应为 0.28 MPa，且稳压 24 h，压力降不应大于 0.01 MPa。

（8）管网冲洗的水流流速、流量不应小于系统设计的水流流速、流量；管网冲洗宜分区、分段进行；水平管网冲洗时，其排水管位置应低于冲洗管网。

（9）管网冲洗的水流方向应与灭火时管网的水流方向一致。

（10）管网冲洗应连续进行。当出口处水的颜色、透明度与入口处水的颜色、透明度基本一致时，冲洗可结束。

（11）管网冲洗宜设临时专用排水管道，其排放应畅通和安全。排水管道的截面面积不应小于被冲洗管道截面面积的 60%。

（12）管网的地上管道与地下管道连接前，应在管道连接处加设堵头后，对地下管道进行冲洗。

（13）管网冲洗结束后，应将管网内的水排除干净。

（14）干式消火栓系统管网冲洗结束，管网内水排除干净后，宜采用压缩空气吹干。

【考点十三】消防给水及消火栓系统工程验收【★★★★】

（一）系统验收

（1）系统验收时，施工单位应提供下列资料：

1）竣工验收申请报告、设计文件、竣工资料。

2）消防给水及消火栓系统的调试报告。

3）工程质量事故处理报告。

4）施工现场质量管理检查记录。

5）消防给水及消火栓系统施工过程质量管理检查记录。

6）消防给水及消火栓系统质量控制检查资料。

（2）水源的检查验收应符合下列要求：

1）应检查室外给水管网的进水管管径及供水能力，检查高位消防水箱、高位消防水池和消防水池等的有效容积和水位测量装置等，并应符合设计要求。

2）当采用地表天然水源作为消防水源时，其水位、水量、水质等应符合设计要求。

3）应根据有效水文资料检查在天然水源枯水期最低水位、常水位和洪水位时确保消防用水符合设计要求的措施。

4）应根据地下水井抽水试验资料确定常水位、最低水位、出水量，其技术参数及水位测量装置等装备应符合设计要求。

（3）消防水泵房的验收应符合下列要求：

1）消防水泵房的建筑防火要求应符合设计要求和现行国家标准《建筑设计防火规范》的有关规定。

2）消防水泵房设置的应急照明、安全出口应符合设计要求。

3）消防水泵房的采暖通风、排水和防洪等应符合设计要求。

4）消防水泵房的设备进出和维修安装空间应满足设备要求。

5）消防水泵控制柜的安装位置和防护等级应符合设计要求。

（4）消防水泵的验收应符合下列要求：

1）消防水泵运转应平稳，无不良噪声的振动。

2）工作泵、备用泵、吸水管、出水管及出水管上的泄压阀、水锤消除设施、止回阀、信号阀等的型号、规格、数量，应符合设计要求；吸水管、出水管上的控制阀应锁定在常开位置，并应有明显标记。

3）消防水泵应采用自灌式引水方式，并应保证全部有效储水被有效利用。

4）分别开启系统中的每一个末端试水装置、试水阀和试验消火栓，水流指示器、压力开关、压力开关（管网）、高位消防水箱流量开关等信号的功能，均应符合设计要求。

5）打开消防水泵出水管上试水阀，当采用主电源启动消防水泵时，消防水泵应启动正常；关掉主电源，主、备用电源应能正常切换；备用泵启动和相互切换正常；消防水泵就地和远程启停功能应正常。

6）消防水泵停泵时，水锤消除设施后的压力不应超过消防水泵出口设计工作压力的 1.4 倍。

7）消防水泵启动控制应置于自动启动挡。

8）采用固定和移动式流量计和压力表测试消防水泵的性能，消防水泵性能应满足设计要求。

（5）稳压泵验收应符合下列要求：

1）稳压泵的型号、性能等应符合设计要求。

2）稳压泵的控制应符合设计要求，并应有防止稳压泵频繁启动的技术措施。

3）稳压泵在 1 h 内的启停次数应符合设计要求，并不宜大于 15 次 /h。

4）稳压泵供电应正常，自动手动启停应正常；关掉主电源，主、备用电源应能正常切换。

5）气压水罐的有效容积以及调节容积应符合设计要求，并应满足稳压泵的启停要求。

（6）减压阀的验收应符合下列要求：

1）减压阀的型号、规格、设计压力和设计流量应符合设计要求。

2）减压阀阀前应有过滤器，过滤器的过滤面积和孔径应符合设计要求和其他相关规定。

3）减压阀阀前阀后动静压力应符合设计要求。

4）减压阀处应有试验用压力排水管道。

5）减压阀在小流量、设计流量和设计流量的150%时不应出现噪声明显增加或管道喘振。

6）减压阀的水头损失应小于设计阀后静压和动压差。

（7）消防水池、高位消防水池和高位消防水箱的验收应符合下列要求：

1）设置位置应符合设计要求。

2）消防水池、高位消防水池和高位消防水箱的有效容积、水位等，应符合设计要求。

3）进出水管、溢流管、排水管等应符合设计要求，且溢流管应采用间接排水。

4）管道、阀门和进水浮球阀等应便于检修，人孔和爬梯位置应合理。

5）消防水池吸水井、吸（出）水管喇叭口等设置位置应符合设计要求。

（8）气压水罐的验收应符合下列要求：

1）气压水罐的有效容积、调节容积和稳压泵启泵次数应符合设计要求。

2）气压水罐气侧压力应符合设计要求。

（9）干式消火栓系统报警阀组的验收应符合下列要求：

1）报警阀组的各组件应符合产品标准要求。

2）打开系统流量压力检测装置放水阀，测试的流量、压力应符合设计要求。

3）水力警铃的设置位置应正确。测试时，水力警铃喷嘴处压力不应小于0.05 MPa，且距水力警铃3 m远处警铃声声强不应小于70 dB。

4）打开手动试水阀动作应可靠。

5）控制阀均应锁定在常开位置。

6）与空气压缩机或火灾自动报警系统的连锁控制应符合设计要求。

（10）管网的验收应符合下列要求：

1）管道的材质、管径、接头、连接方式及采取的防腐、防冻措施应符合设计要求，管道标识应符合设计要求。

2）管网排水坡度及辅助排水设施应符合设计要求。

3）系统中的试验消火栓、自动排气阀应符合设计要求。

4）管网不同部位安装的报警阀组、闸阀、止回阀、电磁阀、信号阀、水流指示器、减压孔板、节流管、减压阀、柔性接头、排水管、排气阀、泄压阀等，均应符合设计要求。

5）干式消火栓系统允许的最大充水时间不应大于5 min。

6）干式消火栓系统报警阀后的管道仅应设置消火栓和有信号显示的阀门。

7）架空管道的立管、配水支管、配水管、配水干管设置的支架应符合相关规定。

8）室外埋地管道应符合相关规定。

（11）消火栓的验收应符合下列要求：

1）消火栓的设置场所、位置、型号、规格应符合设计要求和其他相关规定。

2）室内消火栓的安装高度应符合设计要求。

3）消火栓的设置位置应符合设计要求，并应符合消防救援和火灾扑救工作的要求。

4）消火栓的减压装置和活动部件应灵活可靠，栓后压力应符合设计要求。

（12）消防水泵接合器数量及进水管位置应符合设计要求，消防水泵接合器应采用消防车车载消防水泵进行充水试验，且供水最不利点的压力、流量应符合设计要求；当有分区供水时，应确定消防车的最大供水高度和接力泵的设置位置的合理性。

（13）消防给水系统流量、压力的验收，应通过系统流量、压力检测装置和末端试水装置进行放水试验，系统流量、压力和消火栓充实水柱等应符合设计要求。

（14）控制柜的验收应符合下列要求：

1）控制柜的型号、规格、数量应符合设计要求。

2）控制柜的图样塑封后应牢固粘贴于柜门内侧。

3）控制柜的动作应符合设计要求和其他相关规定。

4）控制柜的质量应符合产品标准和其他相关要求。

5）主、备用电源自动切换装置的设置应符合设计要求。

（15）应进行系统模拟灭火功能试验，且应符合下列要求：

1）干式消火栓报警阀动作，水力警铃应鸣响压力开关动作。

2）流量开关、低压压力开关和报警阀压力开关等动作，应能自动启动消防水泵及与其连锁的相关设备，并应有反馈信号显示。

3）消防水泵启动后，应有反馈信号显示。

4）干式消火栓系统的干式报警阀的加速排气器动作后，应有反馈信号显示。

5）其他消防联动控制设备启动后，应有反馈信号显示。

（二）系统工程质量验收判定

系统工程质量缺陷划分为严重缺陷项（A）、重缺陷项（B）、轻缺陷项（C）。系统验收合格判定的条件为：A=0，且 B ≤ 2，且 B+C ≤ 6，否则为不合格。系统工程质量缺陷项目划分见表 3-2-5。

表 3-2-5 系统工程质量缺陷项目划分

缺陷分类	包含条款
严重缺陷项（A）	上述第（2）条，第（4）条第2）、7）款，第（5）条第1）款，第（6）条第1）、6）款，第（7）条第1）、2）、3）款，第（11）条第1）款，第（13）条，第（14）条，第（15）条第2）、3）款
重缺陷项（B）	上述第（3）条，第（4）条第1）、3）、4）、5）、6）、8）款，第（5）条第2）、3）、4）、5）款，第（6）条第2）、3）、4）、5）款，第（8）条第1款，第（9）条第1）、2）、3）、4）、6）款，第（10）条，第（11）条第3）、4）款，第（12）条，第（15）条第4）、5）款
轻缺陷项（C）	上述第（1）条，第（7）条第4）、5）款，第（8）条第2）款，第（9）条第5）款，第（11）条第2）款，第（15）条第1）款

【考点十四】消防给水系统的维护管理【★★★★】

（1）消防给水及消火栓系统应有管理、检查检测、维护保养的操作规程，并应保证系统处于准工作状态。

（2）维护管理人员应掌握和熟悉消防给水系统的原理、性能和操作与维护规程。

【考点十五】消防水源的维护管理【★★★】

《消防给水及消火栓系统技术规范》第14.0.3条规定，水源的维护管理应符合下列规定：

（1）每季度应监测市政给水管网的压力和供水能力。

（2）每年应对天然河湖等地表水消防水源的常水位、枯水位、洪水位，以及枯水位流量或蓄水量等进行一次检测。

（3）每年应对水井等地下水消防水源的常水位、最低水位、最高水位和出水量等进行一次测定。

（4）每月应对消防水池、高位消防水池、高位消防水箱等消防水源设施的水位等进行一次检测，消防水池（箱）玻璃水位计两端的角阀在不进行水位观察时应关闭。

（5）在冬季每天应对消防储水设施进行室内温度和水温检测，当结冰或室内温度低于5℃时，应采取确保不结冰和室温不低于5℃的措施。

《消防给水及消火栓系统技术规范》第14.0.10条规定，每年应检查消防水池、消防水箱等蓄水设施的结构材料是否完好，发现问题时应及时处理。

【考点十六】消防给水供水设施设备的维护管理【8★】

维护项目	维护内容
消防水泵和稳压泵等供水设施	消防水泵和稳压泵等供水设施的维护管理应符合下列规定 （1）每月应手动启动消防水泵运转一次，并应检查供电电源的情况 （2）每周应模拟消防水泵自动控制的条件自动启动消防水泵运转一次，且应自动记录自动巡检情况，每月应检测记录 （3）每日应对稳压泵的停泵启泵压力和启泵次数等进行检查和记录运行情况 （4）每日应对柴油机消防水泵的启动电池的电量进行检测，每周应检查储油箱的储油量，每月应手动启动柴油机消防水泵运行一次 （5）每季度应对消防水泵的出流量和压力进行一次试验 （6）每月应对气压水罐的压力和有效容积等进行一次检测
消火栓	每季度应对消火栓进行一次外观和漏水检查，发现有不正常的消火栓应及时更换
消防水泵接合器	每季度应对消防水泵接合器的接口及附件进行一次检查，并应保证接口完好、无渗漏、闷盖齐全

【考点十七】阀门及减压阀的维护管理【★★★★★】

（一）阀门的维护管理

依据《消防给水及消火栓系统技术规范》第14.0.6条规定，阀门的维护管理应符合下列规定：

（1）雨淋阀的附属电磁阀应每月检查并应作启动试验，动作失常时应及时更换。

（2）每月应对电动阀和电磁阀的供电和启闭性能进行检测。

（3）系统上所有的控制阀门均应采用铅封或锁链固定在开启或规定的状态，每月应对铅封、锁链进行一次检查，当有破坏或损坏时应及时修理更换。

（4）每季度应对室外阀门井中进水管上的控制阀门进行一次检查，并应核实其处于全开启状态。

（5）每天应对水源控制阀、报警阀组进行外观检查，并应保证系统处于无故障状态。

（6）每季度应对系统所有的末端试水阀和报警阀的放水试验阀进行一次放水试验，并应检查系统启动、报警功能以及出水情况是否正常。

（7）在市政供水阀门处于完全开启状态时，每月应对倒流防止器的压差进行检测，且应符合现行国家标准《减压型倒流防止器》和《双止回阀倒流防止器》等有关规定。

（二）减压阀的维护管理

依据《消防给水及消火栓系统技术规范》第 14.0.5 条规定，减压阀的维护管理应符合下列规定：

（1）每月应对减压阀组进行一次放水试验，并应检测和记录减压阀前后的压力，当不符合设计值时应采取满足系统要求的调试和维修等措施。

（2）每年应对减压阀的流量和压力进行一次试验。

第三章　消火栓系统

【考点一】消火栓的选择【★★★★】

《消防给水及消火栓系统技术规范》相关规定如下：

（1）市政消火栓和建筑室外消火栓应采用湿式消火栓系统。

（2）室内环境温度不低于4℃，且不高于70℃的场所，应采用湿式室内消火栓系统。

（3）室内环境温度低于4℃或高于70℃的场所，宜采用干式消火栓系统。

（4）建筑高度不大于27 m的多层住宅建筑设置室内湿式消火栓系统确有困难时，可设置干式消防竖管。

（5）严寒、寒冷等冬季结冰地区城市隧道及其他构筑物的消火栓系统，应采取防冻措施，并宜采用干式消火栓系统和干式室外消火栓系统。

（6）干式消火栓系统的充水时间不应大于5 min，并应符合下列规定：

1）在进水干管上宜设雨淋阀或电磁阀、电动阀等快速启闭装置，当采用电动阀时开启时间不应超过30 s。

2）当采用雨淋阀、电磁阀和电动阀时，应在消火栓箱处设置直接开启快速启闭装置的手动按钮。

3）在系统管道的最高处应设置快速排气阀。

【考点二】消火栓箱的检查【★★】

检查项目	检查内容
外观质量和标志	消火栓箱箱体应设耐久性铭牌，包括产品名称、产品型号、批准文件的编号、注册商标或厂名、生产日期、执行标准等内容 现场检查时可以用小刀轻刮箱体内外表面图层，查看是否经过防腐处理。此外，栓箱箱门正面应以直观、醒目、匀整的字体标注"消火栓"字样，且字体高不得小于100 mm、宽不得小于80 mm
器材的配置和性能	按照室内消火栓箱的产品检验报告，箱内消防器材的配置应该与报告一致，且栓箱内配置的消防器材（水枪、水带等）符合各产品现场检查的要求
箱门	消火栓箱应设置门锁或箱门关紧装置。设置门锁的栓箱，除箱门安装玻璃以及能被击碎的透明材料外，均应设置箱门紧急开启的手动机构，以保证在没有钥匙的情况下开启灵活、可靠，且箱门开启角度不得小于160°，无卡阻现象
水带安置	盘卷式栓箱的水带盘从挂臂上取出应无卡阻
材料	室内消火栓箱刮开箱体涂层，使用千分尺进行测量，箱体应使用厚度不小于1.2 mm的薄钢板或铝合金材料制造，箱门玻璃厚度不小于4 mm

【考点三】消防水带的检查【★★】

检查项目	检查内容
产品标识	对照水带的 3C 认证型式检验报告，看该产品名称、型号、规格是否一致。每根水带应以有色线作带身中心线，在端部附近中心线两侧须用不易脱落的油墨清晰地印上产品名称、设计工作压力、规格（公称内径及长度）、经线、纬线及衬里的材质、生产厂名、注册商标、生产日期等标识
织物层外观质量	合格水带的织物层应编织均匀，表面整洁，无跳双经、断双经、跳纬及划伤
水带长度	将整卷水带打开，用卷尺测量其总长度，测量时应不包括水带的接口。将测得的数据与有衬里消防水带的标称长度进行对比，如水带长度小于水带长度规格 1 m 以上的，则可以判该产品为不合格
压力试验	截取 1.2 m 长的水带，使用手动试压泵或电动试压泵平稳加压至试验压力，保压 5 min，检查是否有渗漏现象，有渗漏则不合格。在试验压力状态下，继续加压，升压至试样爆破，其爆破时压力不应小于水带工作压力的 3 倍。如常用 8 型水带的工作压力为 1.2 MPa，爆破压力不小于 3.6 MPa

【考点四】消防水枪的检查【★★★】

检查项目	检查内容
表面质量	合格消防水枪铸件表面应无结疤、裂纹及孔眼。使用小刀轻刮水枪铝制件表面，检查是否做过阳极氧化处理
抗跌落性能	将水枪以喷嘴垂直朝上、喷嘴垂直朝下（旋转开关处于关闭位置）以及水枪轴线处于水平（若有开关时，开关处于水枪轴线之下并处于关闭位置）三个位置，从离地（2±0.02）m 高处（从水枪的最低点算起）自由跌落到混凝土地面上。水枪在每个位置各跌落两次，然后再检查水枪。如消防接口跌落后出现断裂或不能正常操纵使用的，则判该产品为不合格
密封性能	封闭水枪的出水端，将水枪的进水端通过接口与手动试压泵或电动试压泵装置相连，排除枪体内的空气，然后缓慢加压至最大工作压力的 1.5 倍，保压 2 min，水枪不应出现裂纹、断裂或影响正常使用的残余变形

【考点五】消防接口的检查【★★】

检查项目	检查内容
外观	使用小刀轻刮接口表面，目测表面应进行过阳极氧化处理或静电喷塑防腐处理
抗跌落性能	内扣式接口以扣爪垂直朝下的位置，将接口的最低点离地面（1.5±0.05）m，然后自由跌落到混凝土地面上。反复进行 5 次后，检查接口是否断裂，是否能与相同口径的接口正常连接。如接口跌落后出现断裂或不能正常操纵使用的，则判该产品为不合格

续表

检查项目	检查内容
抗跌落性能	卡式接口和螺纹式接口以接口的轴线呈水平状态，将接口的最低点离地面（1.5±0.05）m，然后自由跌落到混凝土地面上。反复进行 5 次后，检查接口是否断裂，并进行操作。如消防接口跌落后出现断裂或不能正常操纵使用的，则判该产品为不合格
密封性能	封闭消防水枪的出水端，将消防水枪的进水端通过接口与手动试压泵或电动试压泵装置相连，排除枪体内的空气，然后缓慢加压至最大工作压力的 1.5 倍，保压 2 min，消防水枪不应出现裂纹、断裂或影响正常使用的残余变形

【考点六】市政和室外消火栓的安装及检测验收【★★★】

项目	内容
安装准备	（1）熟悉图样，结合现场情况复核管道的坐标、标高是否位置得当，如有问题，及时与设计人员研究解决 （2）检查预留及预埋是否正确，临时剔凿应与设计、土建协调好 （3）检查设备材料是否符合设计要求和质量标准 （4）安排合理的施工顺序，避免工种交叉作业干扰，影响施工
管道安装	（1）管道安装应根据设计要求使用管材，按压力要求选用管材 （2）管道在焊接前应清除接口处的浮锈、污垢及油脂 （3）室外消火栓安装前，管件内外壁均涂沥青冷底子油两遍、外壁须另加热沥青两遍、面漆一遍，埋入土中的法兰盘接口涂沥青冷底子油两遍，外壁须另加热沥青两遍、面漆一遍，并用沥青麻布包严，消火栓井内铁件也应涂热沥青防腐
栓体安装	（1）地上式室外消火栓安装时，消火栓顶距地面高为 0.64 m，立管应垂直、稳固，控制阀门井距消火栓不应超过 1.5 m，消火栓弯管底部应设支墩或支座 （2）地下式室外消火栓应安装在消火栓井内，消火栓井一般用 MU 7.5 红砖、M 7.5 水泥沙浆砌筑。消火栓井内径不应小于 1.5 m。井内应设爬梯以方便阀门的维修 （3）消火栓与主管连接的三通或弯头下部位应带底座，底座应加垫混凝土支墩，支墩与三通、弯头底部用 M 7.5 水泥沙浆抹成八字托座 （4）消火栓井内供水主管底部距井底不应小于 0.2 m，消火栓顶部至井盖底距离最小不应小于 0.2 m。冬季室外温度低于 −20℃的地区，地下式消火栓井口须作保温处理。安装室外地上式消火栓时，其放水口应用粒径为 20 ~ 30 mm 的卵石做渗水层，铺设半径为 500 mm，铺设厚度自地面下 100 mm 至槽底。铺设渗水层时，应保护好放水弯头，以免损坏
市政消火栓安装	市政消火栓宜采用地上式室外消火栓；在严寒、寒冷等冬季结冰地区宜采用干式地上式室外消火栓，严寒地区宜增设消防水鹤。当采用地下式室外消火栓时，地下消火栓井的直径不宜小于 1.5 m，且当地下式室外消火栓的取水口在冰冻线以上时，应采取保温措施
市政和室外消火栓的安装	（1）市政和室外消火栓的选型、规格应符合设计要求 （2）管道和阀门的施工和安装，应符合《给水排水管道工程施工及验收规范》《建筑给水排水及采暖工程施工质量验收规范》的有关规定 （3）地下式消火栓顶部进水口或顶部出水口应正对井口。顶部进水口或顶部出水口与消防井盖底面的距离不应大于 0.4 m，井内应有足够的操作空间，并应做好防水措施

续表

项目	内容
市政和室外消火栓的安装	（4）地下式室外消火栓应设置永久性固定标志 （5）当室外消火栓安装部位上方存在火灾时可能落物危险时，应采取防坠落物撞击的措施 （6）市政和室外消火栓安装位置应符合设计要求，且不应妨碍交通，在易碰撞的地点应设置防撞设施
检测验收	（1）室外消火栓的选型、规格、数量、安装位置应符合设计要求 （2）同一建筑物内设置的室外消火栓应采用统一规格的栓口及配件 （3）室外消火栓应设置明显的永久性固定标志 （4）室外消火栓水量及压力应满足要求

【考点七】室内消火栓的安装【★★】

项目	内容
安装准备	（1）消火栓系统管材应根据设计要求选用，一般采用碳素钢管或无缝钢管，管材不得有弯曲、锈蚀、重皮及凹凸不平等现象 （2）消火栓箱体的规格类型应符合设计要求，箱体表面平整、光洁。金属箱体无锈蚀、划伤，箱门开启灵活。箱体方正，箱内配件齐全。栓阀外形规矩，无裂纹，启闭灵活，关闭严密，密封填料完好，有产品出厂合格证
管道安装	（1）管道在焊接前应清除接口处的浮锈、污垢及油脂 （2）当管子公称直径≤100 mm 时，应采用螺纹连接；当管子公称直径>100 mm 时，可采用焊接或法兰连接。连接后均不得减少管道的通水横断面面积 （3）管道安装必须按图样设计要求的轴线位置和标高进行定位放线。安装顺序一般是主干管、干管、分支管、横管、垂直管 （4）室内与走廊必须按图样设计要求的天花高度，首先让主干管紧贴梁底走管，干管、分支管紧贴梁底或楼板底走管，横管、垂直管根据图样及结合现场实际情况按规范布置，尽量做到美观合理 （5）管井的消防立管安装采用从下至上的安装方法，即管道从管井底部逐层驳接安装，直至立管全部安装完，并且固定至各层支架上 （6）管道穿梁及地下室剪力墙、水池等，应装设预埋套管 （7）当管道壁厚≤4 mm、直径≤50 mm 时应采用气焊；当壁厚≥4.5 mm、直径>70 mm 时采用电焊 （8）不同管径的管道焊接，连接时如两管径相差不超过小管径的15%，可将大管端部缩口与小管对焊。如果两管相差超过小管径的15%，应采用变径管件焊接 （9）管道对口焊缝上不得开口焊接支管，焊口不得安装在支吊架位置上。管道穿墙处不得有接口，管道穿过伸缩缝处应有抗变形措施。碳素钢管开口焊接时要错开焊缝，并使焊缝朝向易观察和维修的方向。管道焊接时先点焊三点以上，然后检查预留口位置、方向、变径等无误后，找直、找正再焊接，紧固卡件，拆掉临时固定件。管网安装完毕后，应对其进行强度试验、冲洗和严密性试验。水压强度试验的测试点应设在系统管网的最低点。对管网注水时，应将管网内的空气排净，并应缓慢升压，达到试验压力后稳压 30 min，管网应无泄漏、无变形，且压力降不应大于 0.05 MPa

续表

项目	内容
管道安装	（10）管网冲洗应在试压合格后分段进行。冲洗顺序应先室外、后室内，先地下、后地上。室内部分的冲洗应按配水干管、配水管、配水支管的顺序进行；管网冲洗结束后，应将管网内的水排除干净 （11）水压严密性试验应在水压强度试验和管网冲洗合格后进行。试验压力应为设计工作压力，稳压 24 h 应无泄漏
箱体及配件安装	（1）消火栓箱体要符合设计要求（其材质有铁和铝合金等）。产品均应有质量合格证明文件方可使用 （2）消火栓支管要以栓阀的坐标、标高来定位，然后稳固消火栓箱，箱体找正稳固后再把栓阀安装好。当栓阀侧装在箱内时应在箱门开启的一侧，箱门开关应灵活 （3）消火栓箱体安装在轻体隔墙上应有加固措施。箱体配件安装应在交工前进行。消防水带应折好放在挂架上或卷实、盘紧放在箱内；消防水枪要竖放在箱体内侧，自救式水枪和软管应放在挂卡上或放在箱底部。消防水带与水枪、快速接头的连接，一般用 14# 铅丝绑扎两道，每道不少于两圈；使用卡箍时，在里侧加一道铅丝。设有电控按钮时，应注意与电气专业配合施工 （4）管道支架、吊架的材料选择和安装间距，必须严格按照规定要求和施工图样的规定，接口缝距支架、吊架连接不应小于 50 mm，焊缝不得放在墙内 （5）阀门的安装应紧固、严密，与管道中心垂直，操作机构灵活准确
室内消火栓及消防软管卷盘的安装	（1）室内消火栓及消防软管卷盘的选型、规格应符合设计要求 （2）同一建筑物内设置的消火栓、消防软管卷盘应采用统一规格的栓口、消防水枪和水带及配件 （3）试验用消火栓栓口处应设置压力表 （4）当消火栓设置减压装置时，减压装置须符合设计要求，且安装时应有防止沙石等杂物进入栓口的措施 （5）室内消火栓及消防软管卷盘应设置明显的永久性固定标志。当室内消火栓因美观要求需要隐蔽安装时，应有明显的标志，并应便于开启使用 （6）消火栓栓口出水方向宜向下或与设置消火栓的墙面成 90° 角，栓口不应安装在门轴侧 （7）消火栓栓口中心距地面应为 1.1 m，特殊地点的高度可特殊对待，允许偏差 ±20 mm

【考点八】消火栓箱的检测验收【★★】

（1）栓口出水方向宜向下或与设置消火栓的墙面成 90° 角，栓口不应安装在门轴侧。

（2）如设计未要求，栓口中心距地面应为 1.1 m，但每栋建筑物应一致，允许偏差 ±20 mm。

（3）阀门的设置位置应便于操作使用，阀门的中心距箱侧面为 140 mm，距箱后内表面为 100 mm，允许偏差 ±5 mm。

（4）室内消火栓箱的安装应平正、牢固，暗装的消火栓箱不能破坏隔墙的耐火等级。

（5）消火栓箱体安装的垂直度允许偏差为 ±3 mm。

（6）消火栓箱门的开启角度不应小于 160°。

（7）不论消火栓箱的安装形式如何（明装、暗装、半暗装），不能影响疏散宽度。

【考点九】消火栓的调试和测试【★★★】

《消防给水及消火栓系统设计规范》第 13.1.8 条规定，消火栓的调试和测试应符合下列规定：

（1）试验消火栓动作时，应检测消防水泵是否在规定的时间内自动启动。

（2）试验消火栓动作时，应测试其出流量、压力和充实水柱的长度，并应根据消防水泵的性能曲线核实消防水泵供水能力。

（3）应检查旋转型消火栓的性能能否满足其性能要求。

（4）应采用专用检测工具，测试减压稳压型消火栓的阀后动静压是否满足设计要求。

【考点十】减压阀的调试【★★★】

（1）减压阀的水头损失计算应符合下列要求：

1）应根据产品技术参数确定，当无资料时，减压阀阀前阀后静压与动压差应按不小于 0.1 MPa 计算。

2）减压阀串联减压时，应计算第一级减压阀的水头损失对第二级减压阀出水动压的影响。

（2）减压阀调试应符合下列要求：

1）减压阀的阀前阀后动静压力应满足设计要求。

2）减压阀的出流量应满足设计要求，当出流量为设计流量的 150% 时，阀后动压不应小于额定设计工作压力的 65%。

3）减压阀在小流量、设计流量和设计流量的 150% 时不应出现噪声明显增加现象。

4）测试减压阀的阀后动静压差应符合设计要求。

【考点十一】消火栓的检测验收【7★】

消火栓的现场检验应符合下列要求：

（1）消火栓、消防水带、消防水枪的商标、制造厂等标志应齐全。

（2）消火栓、消防水带、消防水枪的型号、规格等技术参数应符合设计要求。

（3）消火栓外观应无加工缺陷和机械损伤；铸件表面应无结疤、毛刺、裂纹和缩孔等缺陷；铸铁阀体外部应涂红色油漆，内表面应涂防锈漆，手轮应涂黑色油漆；外部漆膜应光滑、平整、色泽一致，应无气泡、流痕、皱纹等缺陷，并应无明显碰、划等现象。

（4）消火栓螺纹密封面应无伤痕、毛刺、缺丝或断丝现象。

（5）消火栓的螺纹出水口和快速连接卡扣应无缺陷和机械损伤，并应能满足使用功能的要求。

（6）消火栓阀杆升降或开启应平稳、灵活，不应有卡涩和松动现象。

（7）旋转型消火栓的内部构造应合理，转动部件应为铜或不锈钢，并应保证旋转可靠，无卡涩和漏水现象。

（8）减压稳压消火栓应保证可靠、无堵塞现象。

（9）活动部件应转动灵活，材料应耐腐蚀，不应卡涩或脱扣。

（10）消火栓固定接口应进行密封性能试验，以无渗漏、无损伤为合格。试验数量宜从每批中抽查 1%，但不应少于 5 个，应缓慢而均匀地升压至 1.6 MPa，保压 2 min。当两个及两个以上不合格时，不应使用该批消火栓。当仅有 1 个不合格时，应再抽查 2%，但不应少于

10个，并重新进行密封性能试验；当仍有不合格时，不应使用该批消火栓。

（11）消防水带的织物层应编织均匀，表面整洁；无跳双经、断双经、跳纬及划伤，衬里（或覆盖层）的厚度应均匀，表面应光滑平整、无折皱或其他缺陷。

外观和一般检查数量：全数检查。

【考点十二】消火栓系统的维护管理【★★★★】

（一）室外消火栓系统的维护管理

项目	频次	维护内容
地下式消火栓	应每季度进行一次检查保养	（1）用专用扳手转动消火栓启动杆，观察其灵活性。必要时加注润滑油 （2）检查橡胶垫圈等密封件有无损坏、老化或丢失等情况 （3）检查栓体外表油漆有无脱落、锈蚀，如有应及时修补 （4）入冬前检查消火栓的防冻设施是否完好 （5）重点部位消火栓，每年应逐一进行一次出水试验，出水压力应满足压力要求。在检查中可使用压力表测试管网压力，或者连接水带进行射水试验，检查管网压力是否正常 （6）随时消除消火栓井周围及井内积存的杂物 （7）地下式消火栓应有明显标志，要保持室外消火栓配套器材和标志的完整、有效
地上式消火栓	—	（1）用专用扳手转动消火栓启动杆，检查其灵活性，必要时加注润滑油 （2）检查出水口闷盖是否密封，有无缺损 （3）检查栓体外表油漆有无剥落、锈蚀，如有应及时修补 （4）每年开春后、入冬前对地上式消火栓逐一进行出水试验，出水压力应满足压力要求。在检查中可使用压力表测试管网压力，或者连接水带进行射水试验，检查管网压力是否正常 （5）定期检查消火栓前端阀门井 （6）保持配套器材的完备、有效，无遮挡 室外消火栓系统的检查除上述内容外，还应包括与有关单位联合进行的消防水泵、消防水池的一般性检查，如经常检查消防水泵各种闸阀是否处于正常状态，消防水池水位是否符合要求

（二）室内消火栓系统的维护管理

项目	频次	维护内容
室内消火栓	每半年至少进行一次全面的检查维修	（1）检查消火栓和消防卷盘供水闸阀是否渗漏水，若渗漏水应及时更换密封圈 （2）对消防水枪、水带、消防卷盘等进行检查，全部附件应齐全完好，卷盘转动灵活 （3）检查报警按钮、指示灯及控制线路，应功能正常、无故障 （4）消火栓箱及箱内装配的部件外观无破损、涂层无脱落，箱门玻璃完好无缺 （5）对消火栓、供水阀门及消防卷盘等所有转动部位应定期加注润滑油

续表

项目	频次	维护内容
供水管路	室外阀门井中，进水管上的控制阀门应每个季度检查一次，核实其处于全开启状态 系统上所有的控制阀门均应采用铅封或锁链固定在开启或规定的状态。每月应对铅封、锁链进行一次检查，当有破坏或损坏时应及时修理更换	（1）对管路进行外观检查，若有腐蚀、机械损伤等，应及时修复 （2）检查阀门是否漏水，若有漏水，应及时修复 （3）室内消火栓设备管路上的阀门为常开阀，平时不得关闭，应检查其开启状态 （4）检查管路的固定是否牢固，若有松动，应及时加固

【考点十三】消火栓外观和漏水维护管理【★★★】

《消防给水及消火栓系统技术规范》第 14.0.7 条规定，每季度应对消火栓进行一次外观和漏水检查，发现有不正常的消火栓应及时更换。

第四章 自动喷水灭火系统

【考点一】自动喷水灭火系统的构成及分类【★★★★★】

自动喷水灭火系统按照其洒水喷头的形式，分为闭式自动喷水灭火系统和开式自动喷水灭火系统。

（1）闭式自动喷水灭火系统按照系统的用途和组件配置，通常分为湿式自动喷水灭火系统、干式自动喷水灭火系统和预作用自动喷水灭火系统。

1）湿式自动喷水灭火系统：准工作状态时配水管道内充满用于启动系统的有压水的闭式系统。环境温度不低于4℃且不高于70℃的场所，应采用湿式自动喷水灭火系统。

2）干式自动喷水灭火系统：准工作状态时配水管道内充满用于启动系统的有压气体的闭式系统。环境温度低于4℃或高于70℃的场所，应采用干式自动喷水灭火系统。

3）预作用自动喷水灭火系统：准工作状态时配水管道内不充水，发生火灾时由火灾自动报警系统、充气管道上的压力开关联锁控制预作用装置和启动消防水泵，向配水管道供水的闭式系统。具有下列要求之一的场所，应采用预作用自动喷水灭火系统：①系统处于准工作状态时严禁误喷的场所；②系统处于准工作状态时严禁管道充水的场所；③用于替代干式自动喷水灭火系统的场所。

（2）开式自动喷水灭火系统按照系统用途和组件配置，通常分为雨淋系统和水幕系统。

1）雨淋系统：由开式洒水喷头、雨淋报警阀组等组成，发生火灾时由火灾自动报警系统或传动管控制，自动开启雨淋报警阀组和启动消防水泵用于灭火的开式系统。

2）水幕系统：由开式洒水喷头或水幕喷头、雨淋报警阀组或感温雨淋报警阀等组成，用于防火分隔或防护冷却的开式系统。

（3）自动喷水灭火系统应有下列组件、配件和设施：

1）应设有洒水喷头、报警阀组、水流报警装置等组件和末端试水装置，以及管道、供水设施等。

2）控制管道静压的区段宜分区供水或设减压阀，控制管道动压的区段宜设减压孔板或节流管。

3）应设有泄水阀（或泄水口）、排气阀（或排气口）和排污口。

4）干式系统和预作用系统的配水管道应设快速排气阀。有压充气管道的快速排气阀入口前应设电动阀。

【考点二】自动喷水灭火系统喷头的选型【★★★★★】

（1）湿式自动喷水灭火系统的洒水喷头选型应符合下列规定：

1）不做吊顶的场所，当配水支管布置在梁下时，应采用直立型洒水喷头。

2）吊顶下布置的洒水喷头，应采用下垂型洒水喷头或吊顶型洒水喷头。

3）顶板为水平面的轻危险级、中危险级Ⅰ级住宅建筑、宿舍、旅馆建筑客房、医疗建筑病房和办公室，可采用边墙型洒水喷头。

4）易受碰撞的部位，应采用带保护罩的洒水喷头或吊顶型洒水喷头。

5）顶板为水平面，且无梁、通风管道等障碍物影响喷头洒水的场所，可采用扩大覆盖面积洒水喷头。

6）住宅建筑和宿舍、公寓等非住宅类居住建筑宜采用家用喷头。

7）不宜选用隐蔽式洒水喷头；确需采用时，应仅适用于轻危险级和中危险级Ⅰ级场所。

（2）干式自动喷水灭火系统、预作用自动喷水灭火系统应采用直立型洒水喷头或干式下垂型洒水喷头。

（3）水幕系统的喷头选型应符合下列规定：

1）防火分隔水幕应采用开式洒水喷头或水幕喷头。

2）防护冷却水幕应采用水幕喷头。

（4）自动喷水防护冷却系统可采用边墙型洒水喷头。

（5）当采用快速响应洒水喷头时，系统应为湿式自动喷水灭火系统。下列场所宜采用快速响应洒水喷头：

1）公共娱乐场所、中庭环廊。

2）医院、疗养院的病房及治疗区域，老年人、少儿、残疾人的集体活动场所。

3）超出消防水泵接合器供水高度的楼层。

4）地下商业场所。

（6）同一隔间内应采用相同热敏性能的洒水喷头。

（7）雨淋系统的防护区内应采用相同的洒水喷头。

【考点三】自动喷水灭火系统喷头的现场检验要求【9★】

（1）《自动喷水灭火系统施工及验收规范》第3.2.7条规定，喷头的现场检验必须符合下列要求：

1）喷头的商标、型号、公称动作温度、响应时间指数（RTI）、制造厂及生产日期等标志应齐全。

2）喷头的型号、规格等应符合设计要求。

3）喷头外观应无加工缺陷和机械损伤。

4）喷头螺纹密封面应无伤痕、毛刺、缺丝或断丝现象。

5）闭式喷头应进行密封性能试验，以无渗漏、无损伤为合格。

6）喷头的选型还需要考虑场所净空高度，民用建筑中净空高度大于12 m小于等于18 m的场所应采用非仓库型特殊应用喷头。

试验数量应从每批中抽查1%，并不得少于5只，试验压力应为3.0 MPa，保压时间不得少于3 min。当两只及两只以上不合格时，不得使用该批喷头。当仅有一只不合格时，应再抽查2%，并不得少于10只，重新进行密封性能试验，当仍有不合格时，亦不得使用该批喷头。

（2）《自动喷水灭火系统 第1部分：洒水喷头》第5.2条规定了公称动作温度和颜色标志。闭式洒水喷头的公称动作温度和颜色标志见表3-4-1。玻璃球洒水喷头的公称动作温度分为13挡，应在玻璃球工作液中做出相应的颜色标志。易熔元件洒水喷头的公称动作温度分为7挡，应在喷头轭臂或相应的位置做出颜色标志。

表 3-4-1　　　　　　　　　　　公称动作温度和颜色标志

玻璃球洒水喷头		易熔元件洒水喷头	
公称动作温度 /℃	液体色标	公称动作温度 /℃	色标
57	橙	57 ~ 77	需标志
68	红	80 ~ 107	白
79	黄	121 ~ 149	蓝
93	绿	163 ~ 191	红
107	绿	204 ~ 246	绿
121	蓝	260 ~ 302	橙
141	蓝	320 ~ 343	橙
163	紫	–	–
182	紫		
204	黑		
227	黑		
260	黑		
343	黑		

【考点四】自动喷水灭火系统报警阀组现场检查内容及要求【★★★★】

为了保证报警阀组及其附件的安装质量和基本性能要求，报警阀组到场后，重点检查（验）其附件配置、外观标识、外观质量、渗漏试验和报警阀结构等内容。

检查项目	检查要求
报警阀组外观检查	（1）报警阀的商标、型号、规格等标志齐全，阀体上有水流指示方向的永久性标志 （2）报警阀的型号、规格符合经消防设计审查合格或者备案的消防设计文件要求 （3）报警阀组及其附件配备齐全，表面无裂纹，无加工缺陷和机械损伤
报警阀结构检查	（1）阀体上设有放水口，放水口的公称直径不小于 20 mm （2）阀体的阀瓣组件的供水侧，设有在不开启阀门的情况下测试报警装置的测试管路 （3）干式报警阀组、雨淋报警阀组设有自动排水阀 （4）阀体内清洁、无异物堵塞，报警阀阀瓣开启后能够复位
报警阀组操作性能检验	（1）报警阀阀瓣以及操作机构动作灵活，无卡涩现象 （2）水力警铃的铃锤转动灵活，无阻滞现象 （3）水力警铃传动轴密封性能良好，无渗漏水现象 （4）进口压力为 0.14 MPa、排水流量不大于 15 L/min 时，不报警；流量为 15 ~ 60 L/min 时，可报可不报；流量大于 60 L/min 时，必须报警
报警阀渗漏试验	测试报警阀密封性，试验压力为额定工作压力 2 倍的静水压力，保压时间不小于 5 min 后，阀瓣处无渗漏

【考点五】自动喷水灭火系统其他组件的现场检查【★★★】

检查项目	检查内容
外观检查	（1）压力开关、水流指示器、末端试水装置等有清晰的铭牌、安全操作指示标识和产品说明书 （2）水流指示器上有水流方向的永久性标志，末端试水装置的试水阀上有明显的启闭状态标识 （3）各组件不得有结构松动、明显的加工缺陷，表面不得有明显锈蚀、涂层剥落、起泡、毛刺等缺陷；水流指示器桨片完好无损
功能检查	（1）水流指示器检查要求 1）检查水流指示器灵敏度，试验压力为 0.14 ~ 1.2 MPa，流量不大于 15 L/min 时，水流指示器不报警；流量为 15 ~ 37.5 L/min 任一数值时可报警可不报警；到达 37.5 L/min 时一定要报警 2）具有延迟功能的水流指示器，检查桨片动作后报警延迟时间在 2 ~ 90 s，且不可调节 （2）压力开关检查要求：测试压力开关动作情况，检查其常开或者常闭触点通断情况，动作可靠、准确 （3）末端试水装置检查要求 1）测试末端试水装置密封性能，试验压力为额定工作压力的 1.1 倍，保压时间为 5 min，末端试水装置试水阀关闭，测试结束时末端试水装置各组件无渗漏 2）末端试水装置手动（电动）操作方式灵活，便于开启，信号反馈装置能够在末端试水装置开启后输出信号。试水阀关闭后，末端试水装置无渗漏

【考点六】自动喷水灭火系统喷头安装及质量检测要求【★★★】

依据《自动喷水灭火系统施工及验收规范》的相关规定，自动喷水灭火系统喷头安装及质量检测要求如下：

（1）喷头安装必须在系统试压、冲洗合格后进行。

（2）喷头安装时，不应对喷头进行拆装、改动，并严禁给喷头、隐蔽式喷头的装饰盖板附加任何装饰性涂层。

（3）喷头安装应使用专用扳手，严禁利用喷头的框架施拧；喷头的框架、溅水盘产生变形或释放元件损伤时，应采用型号、规格相同的喷头更换。

（4）安装在易受机械损伤处的喷头，应加设喷头防护罩。

（5）喷头安装时，溅水盘与吊顶、门、窗、洞口或障碍物的距离应符合设计要求。检查数量：抽查 20%，且不得少于 5 处。

（6）安装前检查喷头的型号、规格、使用场所应符合设计要求。系统采用隐蔽式喷头时，配水支管的标高和吊顶的开口尺寸应准确控制。

（7）当喷头的公称直径小于 10 mm 时，应在系统配水干管或配水管上安装过滤器。

（8）当喷头溅水盘高于附近梁底或高于宽度小于 1.2 m 的通风管道、排管、桥架腹面时，喷头溅水盘高于梁底、通风管道、排管、桥架腹面的最大垂直距离应符合《自动喷水灭火系统施工及验收规范》的规定。

（9）当梁、通风管道、排管、桥架宽度大于 1.2 m 时，增设的喷头应安装在其腹面以下部位。

（10）当喷头安装在不到顶的隔断附近时，喷头与隔断的水平距离和最小垂直距离应符合规定。

【考点七】自动喷水灭火系统报警阀组安装与检测要求【★★★★★】

（1）报警阀组的安装应在供水管网试压、冲洗合格后进行。安装时，应先安装水源控制阀、报警阀，然后进行报警阀辅助管道的连接。水源控制阀、报警阀与配水干管的连接，应使水流方向一致。报警阀组安装的位置应符合设计要求；当设计无要求时，报警阀组应安装在便于操作的明显位置，距室内地面高度宜为 1.2 m，两侧与墙的距离不应小于 0.5 m，正面与墙的距离不应小于 1.2 m，报警阀组凸出部位之间的距离不应小于 0.5 m。室内安装报警阀组时，室内地面应有排水设施，排水能力应满足报警阀调试、验收和利用试水阀门泄空系统管道的要求。

（2）报警阀组附件的安装应符合下列要求：

1）压力表应安装在报警阀上便于观测的位置。

2）排水管和试验阀应安装在便于操作的位置。

3）水源控制阀安装应便于操作，且应有明显开、关标志和可靠的锁定设施。

（3）水力警铃应安装在公共通道或值班室附近的外墙上，且应安装检修、测试用的阀门。水力警铃和报警阀的连接应采用热镀锌钢管，当镀锌钢管的公称直径为 20 mm 时，其长度不宜大于 20 m；安装后的水力警铃启动时，警铃声强度应不小于 70 dB。

（4）排气阀的安装应在系统管网试压和冲洗合格后进行；排气阀应安装在配水干管顶部、配水管的末端，且应确保无渗漏。

除按照上述报警阀组安装的共性要求进行安装、技术检测外，报警阀组还需符合下列要求：

报警阀组	要求
湿式报警阀组	湿式报警阀组的安装应符合下列要求 （1）应使报警阀前后的管道能快速充满水；压力波动时，水力警铃不应发生误报警 （2）报警水流通路上的过滤器应安装在延迟器前，且便于排渣操作的位置
干式报警阀组	干式报警阀组的安装应符合下列要求 （1）应安装在不发生冰冻的场所 （2）安装完成后，应向报警阀气室注入高度为 50 ~ 100 mm 的清水 （3）充气连接管接口应在报警阀气室充注水位以上部位，且充气连接管的直径不应小于 15 mm；止回阀、截止阀应安装在充气连接管上 （4）气源设备的安装应符合设计要求和国家现行有关标准规定 （5）安全排气阀应安装在气源与报警阀之间，且应靠近报警阀 （6）加速器应安装在靠近报警阀的位置，且应有防止水进入加速器的措施 （7）低气压预报警装置应安装在配水干管一侧 （8）下列部位应安装压力表 　1）报警阀充水一侧和充气一侧 　2）空气压缩机的气泵和储气罐上 　3）加速器上 （9）管网充气压力应符合设计要求

续表

报警阀组	要求
雨淋报警阀组	雨淋报警阀组的安装应符合下列要求 （1）雨淋报警阀组可采用电动开启、传动管开启或手动开启，开启控制装置的安装应安全可靠。水传动管的安装应符合湿式系统有关要求 （2）预作用系统雨淋报警阀组后的管道若需充气，其安装应按干式报警阀组有关要求进行 （3）雨淋报警阀组的观测仪表和操作阀门的安装位置应符合设计要求，并应便于观测和操作 （4）雨淋报警阀组手动开启装置的安装位置应符合设计要求，且在发生火灾时应能安全开启和便于操作 （5）压力表应安装在雨淋阀的水源一侧

【考点八】自动喷水灭火系统水流报警装置安装与技术检测【★★★】

项目	要求
水流指示器	（1）水流指示器的安装应符合下列要求 1）水流指示器的安装应在管道试压和冲洗合格后进行，水流指示器的型号、规格应符合设计要求 2）水流指示器应使电气元件部位竖直安装在水平管道上侧，其动作方向应与水流方向一致；安装后的水流指示器桨片、膜片应动作灵活，不应与管壁发生碰擦 （2）信号阀应安装在水流指示器前的管道上，与水流指示器之间的距离不宜小于 300 mm
压力开关	压力开关应竖直安装在通往水力警铃的管道上，且不应在安装中拆装改动。管网上压力控制装置的安装应符合设计要求

【考点九】自动喷水灭火系统试压、冲洗【★★★】

（一）系统试压、冲洗基本要求

（1）管网安装完毕后，必须对其进行强度试验、严密性试验和冲洗。

（2）强度试验和严密性试验宜用水进行。干式喷水灭火系统、预作用喷水灭火系统应进行水压试验和气压试验。

（3）系统试压前应具备下列条件：

1）埋地管道的位置及管道基础、支墩等经复查应符合设计文件要求。

2）试压用的压力表不应少于 2 只，精度不应低于 1.5 级，量程应为试验压力值的 1.5 ~ 2 倍。

3）试压冲洗方案已经批准。

4）对不能参与试压的设备、仪表、阀门及附件应加以隔离或拆除；加设的临时盲板应具有凸出于法兰的边耳，且应做明显标志，并记录临时盲板的数量、位置。

（二）水压试验

自动喷水灭火系统的水源干管、进户管和室内埋地管道，应在回填前单独或与系统一起进行水压强度试验和水压严密性试验。

1. 水压试验条件

（1）当系统设计工作压力不大于 1.0 MPa 时，水压强度试验压力应为设计工作压力的

1.5 倍，且不应低于 1.4 MPa；当系统设计工作压力＞1.0 MPa 时，水压强度试验压力应为该工作压力加 0.4 MPa。

（2）水压试验时环境温度不宜低于 5℃；当低于 5℃时，水压试验应采取防冻措施。

2. 水压强度试验要求

（1）水压强度试验的测试点应设在系统管网的最低点。管网注水时，应将管网内的空气排净，并应缓慢升压。达到试验压力后稳压 30 min 后，管网应无泄漏、无变形，且压力降不应大于 0.05 MPa。

（2）系统试压过程中出现泄漏时应停止试压，并放空管网中的试验介质，消除缺陷后重新再试。

3. 水压严密性试验

水压严密性试验应在水压强度试验和管网冲洗合格后进行。试验压力应为设计工作压力，稳压 24 h，管网应无泄漏。

（三）气压试验

气压严密性试验压力应为 0.28 MPa，且稳压 24 h，压力降不应大于 0.01 MPa。气压试验的介质宜采用空气或氮气。

（四）管网冲洗

（1）管网冲洗应在试压合格后分段进行。冲洗顺序应先室外、后室内，先地下、后地上；室内部分的冲洗应按配水干管、配水管、配水支管的顺序进行。

（2）水压试验和水冲洗宜采用生活用水，不得使用海水或含有腐蚀性化学物质的水。

（3）管网冲洗结束后，应将管网内的冲洗用水排净，必要时可采用压缩空气吹干。

【考点十】自动喷水灭火系统调试与联动试验【9 ★】

系统调试应包括水源测试、消防水泵调试、稳压泵调试、报警阀调试、排水设施调试、联动试验等内容。

调试过程中，系统排出的水应通过排水设施全部排走。

（一）系统调试准备

《自动喷水灭火系统施工及验收规范》第 7.1.2 条规定，系统调试应具备下列条件：

（1）消防水池、消防水箱已储存设计要求的水量。

（2）系统供电正常。

（3）消防气压给水设备的水位、气压符合消防设计要求。

（4）湿式喷水灭火系统管网内已充满水，干式、预作用喷水灭火系统管网内的气压符合设计要求，阀门均无泄漏。

（5）与系统配套的火灾自动报警系统调试完毕，处于工作状态。

（二）系统调试要求及功能性检测

1. 报警阀组调试要求

（1）湿式报警阀调试时，从试水装置处放水，当湿式报警阀进水压力大于 0.14 MPa、放水流量大于 1 L/s 时，报警阀应及时启动；带延迟器的水力警铃应在 5 ~ 90 s 内发出报警铃声，不带延迟器的水力警铃应在 15 s 内发出报警铃声；压力开关应及时动作，启动消防泵并反馈信号。

（2）干式报警阀调试时，开启系统试验阀，报警阀的启动时间、启动点压力、水流到试验装置出口所需时间，均应符合设计要求。

（3）雨淋报警阀调试宜利用检测、试验管道进行供水。自动和手动方式启动的雨淋报警阀，应在联动信号发出或者手动控制操作后 15 s 内启动；当公称直径大于 200 mm 的雨淋阀调试时，应在 60 s 内启动。雨淋报警阀调试时，当报警水压为 0.05 MPa 时，水力警铃应发出报警铃声。

2. 报警阀组联动试验要求

（1）湿式系统的联动试验，启动 1 只喷头或以 0.94 ～ 1.5 L/s 的流量从末端试水装置处放水时，水流指示器、报警阀、压力开关、水力警铃和消防水泵等应及时动作，并发出相应的信号。

（2）预作用系统、雨淋系统、水幕系统的联动试验，可采用专用测试仪表或其他方式对火灾自动报警系统的各种探测器输入模拟火灾信号，火灾自动报警控制器应发出声光报警信号，并启动自动喷水灭火系统；采用传动管启动的雨淋系统、水幕系统联动试验时，启动 1 只喷头，雨淋报警阀打开，压力开关动作，水泵启动。

（3）干式系统的联动试验，启动 1 只喷头或模拟 1 只喷头的排气量排气，报警阀应及时启动，压力开关、水力警铃动作并发出相应信号。

【考点十一】自动喷水灭火系统竣工验收【★★★★★】

（一）系统验收

（1）系统验收时，施工单位应提供下列资料：

1）竣工验收申请报告、设计变更通知书、竣工图。

2）工程质量事故处理报告。

3）施工现场质量管理检查记录。

4）自动喷水灭火系统施工过程质量管理检查记录。

5）自动喷水灭火系统质量控制检查资料。

6）系统试压、冲洗记录。

7）系统调试记录。

（2）系统供水水源的检查验收应符合下列要求：

1）应检查室外给水管网的进水管管径及供水能力，检查高位消防水箱和消防水池容量，均应符合设计要求。

2）当采用天然水源做系统的供水水源时，其水量、水质应符合设计要求，并应检查枯水期最低水位时确保消防用水的技术措施。

3）消防水池水位显示装置、最低水位装置应符合设计要求。

4）高位消防水箱、消防水池的有效消防容积，应按出水管或吸水管喇叭口（或防止旋流器淹没深度）的最低标高确定。

（3）消防泵房的验收应符合下列要求：

1）消防泵房的建筑防火要求应符合相应的建筑设计防火规范的规定。

2）消防泵房设置的应急照明、安全出口应符合设计要求。

3）备用电源、自动切换装置的设置应符合设计要求。

（4）消防水泵的验收应符合下列要求：

1）工作泵、备用泵、吸水管、出水管及出水管上的阀门、仪表的型号、规格、数量，应符合设计要求；吸水管、出水管上的控制阀应锁定在常开位置，并有明显标记。

2）消防水泵应采用自灌式引水或其他可靠的引水措施。

3）分别开启系统中的每一个末端试水装置和试水阀，水流指示器、压力开关等信号装置的功能均应符合设计要求。湿式自动喷水灭火系统的最不利点做末端放水试验时，自放水开始至水泵启动时间不应超过 5 min。

4）打开消防水泵出水管上试水阀，当采用主电源启动消防水泵时，消防水泵应启动正常；关掉主电源，主、备用电源应能正常切换。备用电源切换时，消防水泵应在 1 min 或 2 min 内投入正常运行。自动或手动启动消防水泵时应在 55 s 内投入正常运行。

5）消防水泵停泵时，水锤消除设施后的压力不应超过消防水泵出口额定压力的 1.3 ~ 1.5 倍。

6）对消防气压给水设备，当系统气压下降到设计最低压力时，通过压力变化信号应能启动稳压泵。

7）消防水泵启动控制应置于自动启动挡，消防水泵应互为备用。

（5）报警阀组的验收应符合下列要求：

1）报警阀组的各组件应符合产品标准要求。

2）打开系统流量压力检测装置放水阀，测试的流量、压力应符合设计要求。

3）水力警铃的设置位置应正确。测试时，水力警铃喷嘴处压力不应小于 0.05 MPa，且距水力警铃 3 m 远处警铃声声强不应小于 70 dB。

4）打开手动试水阀或电磁阀时，雨淋阀组动作应可靠。

5）控制阀均应锁定在常开位置。

6）空气压缩机或水灾自动报警系统的联动控制，应符合设计要求。

7）打开末端试（放）水装置，当流量达到报警阀动作流量时，湿式报警阀和压力开关应及时动作，带延迟器的报警阀应在 90 s 内压力开关动作，不带延迟器的报警阀应在 15 s 内压力开关动作。雨淋报警阀动作后 15 s 内压力开关动作。

（6）管网的验收应符合下列要求：

1）管道的材质、管径、接头、连接方式及采取的防腐、防冻措施，应符合设计规范及设计要求。

2）管网排水坡度及辅助排水设施应符合相关规定。

3）系统中的末端试水装置、试水阀、排气阀应符合设计要求。

4）管网不同部位安装的报警阀组、闸阀、止回阀、电磁阀、信号阀、水流指示器、减压孔板、节流管、减压阀、柔性接头、排水管、排气阀、泄压阀等，均应符合设计要求。其中，报警阀组、压力开关、止回阀、减压阀、泄压阀、电磁阀应全数检查，合格率应为 100%；闸阀、信号阀、水流指示器、减压孔板、节流管、柔性接头、排气阀等应抽查设计数量的 30%，数量均不少于 5 个，合格率应为 100%。

5）干式系统、由火灾自动报警系统和充气管道上设置的压力开关开启预作用装置的预作用系统，其配水管道充水时间不宜大于 1 min；雨淋系统和仅由水灾自动报警系统联动开启预作用装置的预作用系统，其配水管道充水时间不宜大于 2 min。

（7）喷头的验收应符合下列要求：

1）喷头设置场所、型号、规格、公称动作温度、响应时间指数应符合设计要求。检查时，应抽查设计喷头数量的 10%，总数不少于 40 个，合格率应为 100%。

2）喷头安装间距，喷头与楼板、墙、梁等障碍物的距离应符合设计要求。检查时，应抽查设计喷头数量的 5%，总数不少于 20 个，距离偏差 ±15 mm，合格率不小于 95% 时为合格。

3）有腐蚀性气体的环境和有冰冻危险场所安装的喷头，应采取防护措施。

4）有碰撞危险场所安装的喷头应加设防护罩。

5）各种不同规格的喷头均应有一定数量的备用品，其数量不应小于安装总数的 1%，且每种备用喷头不应少于 10 个。

（8）消防水泵接合器数量及进水管位置应符合设计要求，消防水泵接合器应进行充水试验，且系统最不利点的压力、流量应符合设计要求。

（9）系统流量、压力的验收，应通过系统流量、压力检测装置进行放水试验，系统流量、压力应符合设计要求。

（10）系统应进行系统模拟灭火功能试验，且应符合下列要求：

1）报警阀动作，水力警铃应鸣响。

2）水流指示器动作，应有反馈信号显示。

3）压力开关动作，应启动消防水泵及与其联动的相关设备，并应有反馈信号显示。

4）电磁阀打开，雨淋阀应开启，并应有反馈信号显示。

5）消防水泵启动后，应有反馈信号显示。

6）加速器动作后，应有反馈信号显示。

7）其他消防联动控制设备启动后，应有反馈信号显示。

（二）系统工程质量验收判定

系统工程质量缺陷划分为严重缺陷项（A）、重缺陷项（B）、轻缺陷项（C）。系统验收合格判定的条件为：A=0，且 B ≤ 2，且 B+C ≤ 6，否则为不合格。系统工程质量缺陷项目划分见表 3-4-2。

表 3-4-2   系统工程质量缺陷项目划分

缺陷分类	包含条款
严重缺陷项（A）	上述第（2）条第 1）、2）款，第（4）条第 4）款，第（6）条第 1）款，第（7）条第 1）款，第（9）条，第（10）条第 3）、4）款
重缺陷项（B）	上述第（3）条第 1）、2）、3）款，第（4）条第 1）、2）、3）、5）、6）款，第（5）条第 1）、2）、3）、4）、6）款，第（6）条第 4）、5）款，第（7）条第 2）款，第（8）条，第（10）条第 5）、6）、7）款
轻缺陷项（C）	上述第（1）条第 1）、2）、3）、4）、5）款，第（4）条第 7）款，第（5）条第 5）款，第（6）条第 2）、3）、6）款，第（7）条第 3）、4）、5）款，第（10）条第 1）、2）款

【考点十二】末端试水装置设置要求【★★★★】

（1）每个报警阀组控制的最不利点洒水喷头处应设末端试水装置，其他防火分区、楼层均应设直径为 25 mm 的试水阀。

（2）末端试水装置应由试水阀、压力表以及试水接头组成。试水接头出水口的流量系数，应等同于同楼层或防火分区内的最小流量系数洒水喷头。末端试水装置的出水，应采取孔口出流的方式排入排水管道，排水立管宜设伸顶通气管，且管径不应小于 75 mm。

（3）末端试水装置和试水阀应有标识，距地面的高度宜为 1.5 m，并应采取不被挪作他用的措施。

【考点十三】自动喷水灭火系统巡查内容及周期【★★★★】

（一）自动喷水灭火系统巡查内容

（1）喷头外观及与周边障碍物或保护对象的距离。

（2）报警阀组外观、试验阀门状况、排水设施状况、压力显示值。

（3）充气设备及控制装置、排气设备及控制装置、火灾探测传动及现场手动控制装置外观及运行状况。

（4）楼层或区域末端试验阀门处压力值及现场环境，系统末端试水装置外观及现场环境。

（二）自动喷水灭火系统巡查周期

建筑管理使用单位至少每日组织一次系统全面巡查。

【考点十四】自动喷水灭火系统维护频次及要求【9★】

维护频次	维护项目	维护依据
每年	水源的供水能力	每年应对水源的供水能力进行一次测定
	消防储水设备	每年应对消防储水设备进行检查，修补缺损和重新油漆
每季度	末端试水阀和报警阀旁的放水试验阀	每个季度应对系统所有的末端试水阀和报警阀旁的放水试验阀进行一次放水试验，检查系统启动、报警功能以及出水情况是否正常
	室外阀门井中，进水管上的控制阀门	室外阀门井中，进水管上的控制阀门应每个季度检查一次，核实其处于全开启状态
每月	消防水泵或内燃机驱动的消防水泵	消防水泵或内燃机驱动的消防水泵应每月启动运转一次。当消防水泵为自动控制启动时，应每月模拟自动控制的条件启动运转一次
	电磁阀的启动试验	电磁阀应每月检查并做启动试验，动作失常时应及时更换
	控制阀门上的铅封、锁链	系统上所有的控制阀门均应采用铅封或锁链固定在开启或规定的状态。每月应对铅封、锁链进行一次检查，当有破坏或损坏时应及时修理更换
	消防水池、消防水箱及消防气压给水设备	消防水池、消防水箱及消防气压给水设备应每月检查一次，并应检查其消防储备水位及消防气压给水设备的气体压力。同时，应采取措施保证消防用水不作他用，并每月对该措施进行检查，发现故障及时进行处理
	消防水泵接合器的接口及附件	消防水泵接合器的接口及附件应每月检查一次，并保证接口完好、无渗漏、闷盖齐全

续表

维护频次	维护项目	维护依据
每月	水流指示器	每月应利用末端试水装置对水流指示器进行试验
	喷头的外观及备用数量	每月应对喷头进行一次外观及备用数量检查，发现有不正常的喷头应及时更换；当喷头上有异物时应及时清除。更换或安装喷头均应使用专用扳手
每日	电源	每日应对电源进行检查
	水源控制阀、报警阀组的外观	维护管理人员每日应对水源控制阀、报警阀组进行外观检查，并保证系统处于无故障状态
	设置储水设备的房间（寒冷季节）	寒冷季节，消防储水设备的任何部位均不得结冰。每日应检查设置储水设备的房间，保持室温不低于5℃

【考点十五】湿式报警阀组常见故障分析、处理【6 ★】

常见故障	故障原因分析	故障处理
报警阀组漏水	排水阀门未完全关闭	关紧排水阀门
	阀瓣密封垫老化或者损坏	更换阀瓣密封垫
	系统侧管道接口渗漏	检查系统侧管道接口渗漏点，密封垫老化、损坏的，更换密封垫；密封垫错位的，重新调整密封垫位置；管道接口锈蚀、磨损严重的，更换管道接口相关部件
	报警管路测试控制阀渗漏	更换报警管路测试控制阀
	阀瓣组件与阀座之间因变形或者污垢、杂物阻挡出现不密封状态	先放水冲洗阀体、阀座，存有污垢、杂物时，经冲洗后渗漏减少或者停止；否则，关闭进水口侧和系统侧控制阀，卸下阀板，仔细清洁阀板上的杂质；拆卸报警阀阀体，检查阀瓣组件、阀座，存在明显变形、损伤、凹痕的，更换相关部件
报警阀启动后报警管路不排水	报警管路控制阀关闭	开启报警管路控制阀
	报警管路过滤器被堵塞	报警管路过滤器被堵塞的，卸下过滤器，冲洗干净后重新安装回原位
报警管路误报警	未按照安装图样安装或者未按照调试要求进行调试	按照安装图样核对报警阀组组件安装情况，重新对报警阀组伺应状态进行调试
	报警阀组渗漏，水通过报警管路流出	按照"报警阀组漏水"故障查找渗漏原因，进行相应处理
	延迟器下部孔板溢出水孔堵塞，发生报警或者缩短延迟时间	延迟器下部孔板溢出水孔堵塞，卸下筒体，拆下孔板进行清洗

续表

常见故障	故障原因分析	故障处理
水力警铃工作不正常（不响、响度不够、不能持续报警）	产品质量问题或者安装调试不符合要求	属于产品质量问题的，更换水力警铃；安装缺少组件或者未按照图样安装的，重新进行安装调试
	报警阀至水力警铃的管路阻塞或者铃锤机构被卡住	拆下喷嘴、叶轮及铃锤组件，进行冲洗，重新装好使叶轮转动灵活；清理管路堵塞处
开启测试阀，消防水泵不能正常自动启动	流量开关或压力开关设定值不正确	将流量开关或者压力开关内的调压螺母调整到规定值
	控制柜控制回路或电气元件损坏	检修控制柜控制回路或更换电气元件
	水泵控制柜未设定在"自动"状态	将控制模式设定为"自动"状态

【考点十六】预作用装置常见故障分析、处理【★★】

常见故障	故障原因分析	故障处理
报警阀漏水	排水控制阀门未关紧	关紧排水控制阀门
	阀瓣密封垫老化或者损坏	更换阀瓣密封垫
	复位杆未复位或者损坏	重新复位复位杆，或者更换复位装置
压力表读数不在正常范围	预作用装置前的供水控制阀未打开	完全开启报警阀前的供水控制阀
	压力表管路堵塞	拆卸压力表及其管路，疏通压力表管路
	预作用装置的报警阀体漏水	按照湿式报警阀组渗漏的原因进行检查、分析，查找预作用装置的报警阀体的漏水部位，进行修复或者组件更换
	压力表管路控制阀未打开或者开启不完全	完全开启压力表管路控制阀
系统管道内有积水	复位或者试验后，未将管道内的积水排完	开启排水控制阀，完全排除系统内积水

【考点十七】雨淋报警阀组常见故障分析、处理【★★★】

常见故障	故障原因分析	故障处理
自动滴水阀漏水	安装调试或者平时定期试验、实施灭火后，没有将系统侧管道内的余水排净	开启放水控制阀，排除系统侧管道内的余水
	雨淋报警阀隔膜球面中线密封处因施工遗留的杂物、不干净消防用水中的杂质等导致球状密封面不能完全密封	启动雨淋报警阀，采用洁净水流冲洗遗留在密封面处的杂质
复位装置不能复位	水质过脏，有细小杂质进入复位装置密封面	拆下复位装置，用清水冲洗干净后重新安装，调试到位
长期无故报警	误将试验管路控制阀常开	关闭试验管路控制阀
系统测试不报警	消防用水中的杂质堵塞了报警管道上过滤器的滤网	拆下过滤器，用清水将滤网冲洗干净后，重新安装到位
	水力警铃进水口处喷嘴被堵塞、未配置铃锤或者铃锤卡死	检查水力警铃的配件，配齐组件；有杂物卡阻、堵塞的部件进行冲洗后重新装配到位
雨淋报警阀不能进入伺应状态	复位装置存在问题	修复或者更换复位装置
	未按照安装调试说明书将报警阀组调试到伺应状态（隔膜室控制阀、复位球阀未关闭）	按照安装调试说明书将报警阀组调试到伺应状态（开启隔膜室控制阀、复位球阀）
	消防用水水质存在问题，杂质堵塞了隔膜室管道上的过滤器	将供水控制阀关闭，拆下过滤器的滤网，用清水冲洗干净后，重新安装到位
传动管喷头被堵塞	消防用水水质存在问题，如有杂物等	对水质进行检测，清理不干净、影响系统正常使用的消防用水
	管道过滤器不能正常工作	检查管道过滤器，清除滤网上的杂质；更换过滤器

【考点十八】水流指示器常见故障分析、处理【★★★】

常见故障	故障原因分析	故障处理
打开末端试水装置，达到规定流量时水流指示器不动作，或者关闭末端试水装置后，水流指示器反馈信号仍然显示为动作信号	桨片被管腔内杂物卡阻	清除水流指示器管腔内的杂物
	调整螺母与触头未调试到位	将调整螺母与触头调试到位
	电路接线脱落	检查并重新将脱落电路接线接通

第五章　水喷雾灭火系统

【考点一】水喷雾灭火系统喷头工作压力及选型【★★★★】

（1）水雾喷头的工作压力，当用于灭火时不应小于 0.35 MPa；当用于防护冷却时不应小于 0.2 MPa，但对于甲、乙、丙类液体储罐不应小于 0.15 MPa。

（2）水雾喷头的选型应符合下列要求：

1）扑救电气火灾，应选用离心雾化型水雾喷头。

2）室内粉尘场所设置的水雾喷头应带防尘帽，室外设置的水雾喷头宜带防尘帽。

3）离心雾化型水雾喷头应带柱状过滤网。

【考点二】水喷雾灭火系统喷头安装【★★★】

喷头的安装应符合下列规定：

（1）喷头的型号、规格应符合设计要求，并应在系统试压、冲洗、吹扫合格后进行安装。

（2）喷头应安装牢固、规整，安装时不得拆卸或损坏喷头上的附件。

（3）顶部设置的喷头应安装在被保护物的上部，室外安装坐标偏差不应大于 20 mm，室内安装坐标偏差不应大于 10 mm；标高的允许偏差，室外安装为 ±20 mm，室内安装为 ±10 mm。

（4）侧向安装的喷头应安装在被保护物体的侧面并应对准被保护物体，其距离偏差不应大于 20 mm。

（5）喷头与吊顶、门、窗、洞口或障碍物的距离应符合设计要求。

【考点三】水喷雾灭火系统雨淋报警阀组安装【★★】

（1）报警阀组安装前应对供水管网试压、冲洗合格。安装顺序应先安装水源控制阀、报警阀，然后进行报警阀辅助管道的连接。水源控制阀、报警阀与配水干管的连接，应使水流方向一致。报警阀组安装的位置应符合设计要求；当设计无要求时，宜靠近保护对象附近并便于操作的地点。距室内地面高度宜为 1.2 m，两侧与墙的距离不应小于 0.5 m，正面与墙的距离不应小于 1.2 m；报警阀组凸出部位之间的距离不应小于 0.5 m。安装报警阀组的室内地面应有排水设施。

（2）报警阀组安装应注意以下几点：

1）报警阀组可采用电动开启、传动管开启或手动开启，开启控制装置的安装应安全可靠。

2）报警阀组的观测仪表和操作阀门的安装位置应便于观测和操作。

3）报警阀组手动开启装置的安装位置应在发生火灾时能安全开启和便于操作。

4）压力表应安装在报警阀的水源一侧。

【考点四】管道的安装和水压试验【6★】

（一）管道的安装

管道的安装应符合下列规定：

（1）水平管道安装时，其坡度、坡向应符合设计要求。

（2）立管应用管卡固定在支架上，其间距不应大于设计值。

（3）埋地管道安装应符合下列要求：

1）埋地管道的基础应符合设计要求。

2）埋地管道安装前应做好防腐，安装时不应损坏防腐层。

3）埋地管道采用焊接时，焊缝部位应在试压合格后进行防腐处理。

4）埋地管道在回填前应进行隐蔽工程验收，合格后应及时回填，分层夯实。

（4）管道支架、吊架应安装平整牢固，管墩的砌筑应规整，其间距应符合设计要求。

（5）管道支架、吊架与水雾喷头之间的距离不应小于 0.3 m，与末端水雾喷头之间的距离不宜大于 0.5 m。

（6）管道安装前应分段进行清洗。施工过程中，应保证管道内部清洁，不得留有焊渣、焊瘤、氧化皮、杂质或其他异物。

（7）同排管道法兰的间距应方便拆装，且不宜小于 100 mm。

（8）管道穿过墙体、楼板处应使用套管，其中，穿过墙体的套管长度不应小于该墙体的厚度，穿过楼板的套管长度应高出楼地面 50 mm，底部应与楼板底面相平；管道与套管间的空隙应采用防火封堵材料填塞密实；管道穿过建筑物的变形缝时，应采取保护措施。

（9）管道焊接的坡口形式、加工方法和尺寸等均应符合规定，管道之间或与管接头之间的焊接应采用对口焊接。

（10）管道采用沟槽式连接时，管道末端的沟槽尺寸应满足现行国家标准的规定。

（11）对于镀锌钢管，应在焊接后再镀锌，且不得对镀锌后的管道进行气割作业。

（12）雨淋报警阀前的管道应设置可冲洗的过滤器，过滤器滤网应采用耐腐蚀金属材料，其网孔基本尺寸应为 0.6 ~ 0.71 mm。

（13）过滤器与雨淋报警阀之间及雨淋报警阀后的管道，应采用内外热浸镀锌钢管、不锈钢管或铜管；需要进行弯管加工的管道应采用无缝钢管。

（二）管道安装完毕后的水压试验

（1）管道安装完毕应进行水压试验，并应符合下列规定：

1）试验宜采用清水进行，试验时，环境温度不宜低于 5℃，当环境温度低于 5℃时，应采取防冻措施。

2）试验压力应为设计压力的 1.5 倍。

3）试验的测试点宜设在系统管网的最低点，对不能参与试压的设备、阀门及附件，应加以隔离或拆除。

4）试验合格后，应按规定记录。

（2）检查数量：全数检查。

（3）检查方法：管道充满水，排净空气，用试压装置缓慢升压，当压力升至试验压力后，稳压 10 min，管道无损坏、变形，再将试验压力降至设计压力，稳压 30 min，以压力不降、无渗漏为合格。

【考点五】水喷雾灭火系统调试【★★★★】

（1）雨淋报警阀调试宜利用检测、试验管道进行。自动和手动方式启动的雨淋报警阀应在

15 s 之内启动；公称直径大于 200 mm 的雨淋报警阀调试时，应在 60 s 之内启动；雨淋报警阀调试时，当报警水压为 0.05 MPa 时，水力警铃应发出报警铃声。

（2）联动试验应符合下列规定：

1）采用模拟火灾信号启动系统，相应的分区雨淋报警阀（或电动控制阀、气动控制阀）、压力开关和消防水泵及其他联动设备均应能及时动作并发出相应的信号。

2）采用传动管启动的系统，启动 1 只喷头，相应的分区雨淋报警阀、压力开关和消防水泵及其他联动设备均应能及时动作并发出相应的信号。

3）系统的响应时间、工作压力和流量应符合设计要求。

（3）检查数量：全数检查。

（4）检查方法：当为手动控制时，以手动方式进行 1 ～ 2 次试验；当为自动控制时，以自动和手动方式各进行 1 ～ 2 次试验，并用压力表、流量计、秒表计量。

【考点六】水喷雾灭火系统验收【★★】

项目	内容
雨淋报警阀组	（1）雨淋报警阀组的验收应符合下列规定 1）雨淋报警阀组的各组件应符合国家现行相关产品标准的要求 2）打开手动试水阀或电磁阀时，相应雨淋报警阀动作应可靠 3）打开系统流量压力检测装置放水阀，测试的流量、压力应符合设计要求 4）水力警铃的安装位置正确。测试时，水力警铃喷嘴处压力不应小于 0.05 MPa，且距水力警铃 3 m 远处警铃声强不应小于 70 dB 5）控制阀均应锁定在常开位置 6）与火灾自动报警系统和手动启动装置的联动控制应符合设计要求 （2）雨淋报警阀组宜设置在温度不低于 4℃ 且有排水设施的室内。设置在室内的雨淋报警阀宜距地面 1.2 m，两侧与墙的距离不应小于 0.5 m，正面与墙的距离不应小于 1.2 m，雨淋报警阀凸出部位之间的距离不应小于 0.5 m
管网	管网的验收应符合下列规定 （1）管道的材质、管径、接头、连接方式、安装位置及采取的防腐、防冻措施应符合设计要求和《水喷雾灭火系统技术规范》第 8.3.14 条的规定 （2）管网排水坡度及辅助排水设施应符合设计要求 （3）管网上的控制阀、压力信号反馈装置、止回阀、试水阀、泄压阀等的规格和安装位置均应符合设计要求 （4）管墩和管道支架、吊架的固定方式和间距应符合设计要求
喷头	喷头的验收应符合下列规定 （1）喷头设置场所、型号、规格等应符合设计要求 （2）喷头的安装位置、安装高度、间距及与梁等障碍物的距离偏差均应符合设计要求和《水喷雾灭火系统技术规范》第 8.3.18 条的规定 （3）不同型号、规格的喷头的备用量不应小于其实际安装总数的 1%，且每种备用喷头不应少于 10 个
水泵接合器数量及进水管位置	水泵接合器数量及进水管位置应符合设计要求，消防水泵接合器应进行充水试验，且系统最不利点的压力、流量应符合设计要求

【考点七】水喷雾灭火系统维护管理【★★】

维护频次	维护内容
每日	（1）应对水源控制阀、雨淋报警阀进行外观检查，阀门外观应完好，启闭状态应符合设计要求 （2）寒冷季节应检查消防储水设施是否有结冰现象，储水设施的任何部位均不得结冰
每周	每周应对消防水泵和备用动力进行一次启动试验。当消防水泵为自动控制启动时，应每周模拟自动控制的条件启动运转一次
每月	（1）检查电磁阀并进行启动试验，动作失常时应及时更换 （2）检查手动控制阀门的铅封、锁链，当有破坏或损坏时应及时修理更换。系统上所有手动控制阀门均应采用铅封或锁链固定在开启或规定的状态 （3）检查消防水池（罐）、消防水箱及消防气压给水设备，确保消防储备水位及消防气压给水设备的气体压力符合设计要求 （4）检查保证消防用水不作他用的技术措施，发现故障及时进行处理 （5）检查消防水泵接合器的接口及附件，保证接口完好、无渗漏、闷盖齐全 （6）检查喷头，当喷头上有异物时应及时清除
每季度	（1）对系统进行一次放水试验，检查系统启动、报警功能以及出水情况是否正常 （2）检查室外阀门井中进水管上的控制阀门，核实其处于全开启状态
每年	（1）对消防储水设备进行检查，修补缺损和重新油漆 （2）对水源的供水能力进行一次测定
其他	（1）消防水池（罐）、消防水箱、消防气压给水设备内的水，应根据当地环境、气候条件及时更换 （2）钢板消防水箱和消防气压给水设备的玻璃水位计两端的角阀在不进行水位观察时应关闭

第六章　细水雾灭火系统

【考点一】细水雾灭火系统泵组及泵组控制柜的安装要求【★★】

（1）泵组的安装除应符合《机械设备安装工程施工及验收通用规范》和《风机、压缩机、泵安装工程施工及验收规范》的有关规定外，尚应符合下列规定：

1）系统采用柱塞泵时，泵组安装后应充装润滑油并检查曲轴箱内油位。

2）泵组吸水管上的变径处应采用偏心大小头连接。

（2）泵组控制柜的安装应符合下列规定：

1）控制柜基座的水平度偏差不应大于 ±2 mm/m，并应采取防腐及防水措施。

2）控制柜与基座应采用直径不小于12 mm的螺栓固定，每个控制柜不应少于4只螺栓。

3）做控制柜的上下进出线口时，不应破坏控制柜的防护等级。

【考点二】细水雾灭火系统喷头的安装要求【★★★】

《细水雾灭火系统技术规范》第4.3.11条规定，喷头的安装应在管道试压、吹扫合格后进行，并应符合下列规定：

（1）应根据设计文件逐个核对其生产厂标志、型号、规格和喷孔方向，不得对喷头进行拆装、改动。

（2）应采用专用扳手安装。

（3）喷头安装高度、间距，与吊顶、门、窗、洞口、墙或障碍物的距离应符合设计要求。

（4）不带装饰罩的喷头，其连接管管端螺纹不应露出吊顶；带装饰罩的喷头应紧贴吊顶；带有外置式过滤网的喷头，其过滤网不应伸入支干管内。

（5）喷头与管道的连接宜采用端面密封或O形圈密封，不应采用聚四氟乙烯、麻丝、黏结剂等作密封材料。

【考点三】细水雾灭火系统控制阀组的安装要求【★★】

《细水雾灭火系统技术规范》第4.3.6条规定，阀组的安装应符合下列规定：

（1）应按设计要求确定阀组的观测仪表和操作阀门的安装位置，并应便于观测和操作。阀组上的启闭标志应便于识别，控制阀上应设置标明所控制防护区的永久性标志牌。

（2）分区控制阀的安装高度宜为1.2～1.6 m，操作面与墙或其他设备的距离不应小于0.8 m，并应满足安全操作要求。

（3）分区控制阀应有明显启闭标志和可靠的锁定设施，并应具有启闭状态的信号反馈功能。

（4）闭式系统试水阀的安装位置应便于安全检查、试验。

【考点四】细水雾灭火系统调试与现场功能测试【★★★★】

（1）系统调试前，应具备下列条件：

1）系统及与系统联动的火灾报警系统或其他装置、电源等均应处于准工作状态，现场安全条件应符合调试要求。

2）系统调试时所需的检查设备应齐全，调试所需仪器、仪表应经校验合格并与系统连接和固定。

3）应具备经监理单位批准的调试方案。

（2）泵组调试应符合下列规定：

1）以自动或手动方式启动泵组时，泵组应立即投入运行。

2）以备用电源切换方式或备用泵切换启动泵组时，泵组应立即投入运行。

3）采用柴油泵作为备用泵时，柴油泵的启动时间不应大于 5 s。

4）控制柜应进行空载和加载控制调试，控制柜应能按其设计功能正常动作和显示。

（3）分区控制阀调试应符合下列规定：

1）对于开式系统，分区控制阀应能在接到动作指令后立即启动，并发出相应的阀门动作信号。

2）对于闭式系统，当分区控制阀采用信号阀时，应能反馈阀门的启闭状态和故障信号。

（4）系统应进行联动试验，对于允许喷雾的防护区或保护对象，应至少在一个防护区进行实际细水雾喷放试验；对于不允许喷雾的防护区或保护对象，应进行模拟细水雾喷放试验。

（5）开式系统的联动试验应符合下列规定：

1）进行实际细水雾喷放试验时，可采用模拟火灾信号启动系统，分区控制阀、泵组或瓶组应能及时动作并发出相应的动作信号，系统的动作信号反馈装置应能及时发出系统启动的反馈信号，相应防护区或保护对象保护面积内的喷头应喷出细水雾，相应场所入口处的警示灯应动作。

2）进行模拟细水雾喷放试验时，应手动开启泄放试验阀；采用模拟火灾信号启动系统时，泵组或瓶组应能及时动作并发出相应的动作信号，系统的动作信号反馈装置应能及时发出系统启动的反馈信号，相应场所入口处的警示灯应动作。

（6）闭式系统的联动试验可利用试水阀放水进行模拟。打开试水阀后，泵组应能及时启动并发出相应的动作信号；系统的动作信号反馈装置应能及时发出系统启动的反馈信号。

（7）当系统需与火灾自动报警系统联动时，可利用模拟火灾信号进行试验。在模拟火灾信号下，火灾报警装置应能自动发出报警信号，系统应动作，相关联动控制装置应能发出自动关断指令，火灾时需要关闭的相关可燃气体或液体供给源等设施应能联动关断。

【考点五】细水雾灭火系统验收【★★★】

（一）主要组件的验收

（1）系统验收时，应提供下列资料：

1）验收申请报告、设计施工图、设计变更文件、竣工图。

2）主要系统组件和材料符合国家标准的有效证明文件和产品出厂合格证。

3）系统及其主要组件的安装使用和维护说明书。

4）施工单位的有效从业文件和施工现场质量管理检查记录。

5）系统施工过程质量检查记录、施工事故处理报告。

6）系统试压记录、管网冲洗记录和隐蔽工程验收记录。

（2）泵组系统水源的验收应符合下列规定：

1）进（补）水管管径及供水能力、储水箱的容量，均应符合设计要求。

2）水质应符合设计规定的标准。

3）过滤器的设置应符合设计要求。

（3）泵组的验收应符合下列规定：

1）工作泵、备用泵、吸水管、出水管、出水管上的安全阀、止回阀、信号阀等的型号、规格、数量应符合设计要求；吸水管、出水管上的检修阀应锁定在常开位置，并应有明显标记。

2）水泵的引水方式应符合设计要求。

3）水泵的压力和流量应满足设计要求。

4）泵组在主电源下应能在规定时间内正常启动。

5）当系统管网中的水压下降到设计最低压力时，稳压泵应能自动启动。

6）泵组应能自动启动和手动启动。

7）控制柜的型号、规格、数量应符合设计要求；控制柜的图样塑封后应牢固粘贴于柜门内侧。

（4）储气瓶组和储水瓶组的验收应符合下列规定：

1）瓶组的数量、型号、规格、安装位置、固定方式和标志，应符合设计要求和其他相关规定。

2）储水容器内水的充装量和储气容器内氮气或压缩空气的储存压力应符合设计要求。

3）瓶组的机械应急操作处的标志应符合设计要求。应急操作装置应有铅封的安全销或保护罩。

（5）控制阀的验收应符合下列规定：

1）控制阀的型号、规格、安装位置、固定方式和启闭标识等，应符合设计要求和其他相关规定。

2）开式系统分区控制阀组应能采用手动和自动方式可靠动作。

3）闭式系统分区控制阀组应能采用手动方式可靠动作。

4）分区控制阀前后的阀门均应处于常开位置。

（6）管网的验收应符合下列规定：

1）管道的材质与规格、管径、连接方式、安装位置及采取的防冻措施应符合设计要求和其他相关规定。

2）管网上的控制阀、动作信号反馈装置、止回阀、试水阀、安全阀、排气阀等，其规格和安装位置均应符合设计要求。

3）管道支架、吊架的固定方式、间距及其与管道间的防电化学腐蚀措施应符合设计要求。

（7）喷头的验收应符合下列规定：

1）喷头的数量、型号、规格以及闭式喷头的公称动作温度等应符合设计要求。

2）喷头的安装位置、安装高度、间距及与墙体、梁等障碍物的距离，均应符合设计要求和其他有关规定，距离偏差不应大于 ±15 mm。

3）不同型号、规格喷头的备用量不应小于其实际安装总数的 1%，且每种备用喷头数不应少于 5 只。

（8）每个系统应进行模拟联动功能试验，并应符合下列规定：

1）动作信号反馈装置应能正常动作，并应能在动作后启动泵组或开启瓶组及与其联动的相关设备，可正确发出反馈信号。

2）开式系统的分区控制阀应能正常开启，并可正确发出反馈信号。

3）系统的流量、压力均应符合设计要求。

4）泵组或瓶组及其他消防联动控制设备应能正常启动，并应有反馈信号显示。

5）主、备用电源应能在规定时间内正常切换。

（9）开式系统应进行冷喷试验，除应符合上述第（8）条的规定外，其响应时间应符合设计要求。

（二）系统工程质量验收判定

系统工程质量验收合格与否，应根据其质量缺陷项情况进行判定。系统工程质量缺陷项目应按表 3-6-1 划分为严重缺陷项、一般缺陷项和轻度缺陷项。

表 3-6-1　　　　　　　　　　　　系统工程质量缺陷项目划分

缺陷分类	包含条款
严重缺陷项	上述第（1）条，第（2）条，第（3）条第 4）、6）款，第（5）条第 3）款，第（6）条第 1）款，第（7）条第 1）款，第（8）条，第（9）条
一般缺陷项	上述第（3）条第 1）、2）、3）、5）、7）款，第（4）条第 2）款，第（5）条第 1）、2）款，第（6）条第 2）款，第（7）条第 2）款
轻度缺陷项	上述第（4）条第 1）、3）款，第（5）条第 4）款，第（6）条第 3）款，第（7）条第 3）款

当无严重缺陷项，或一般缺陷项不多于 2 项，或一般缺陷项与轻度缺陷项之和不多于 6 项时，可判定系统验收为合格；当有严重缺陷项，或一般缺陷项大于等于 3 项，或一般缺陷项与轻度缺陷项之和大于等于 7 项时，应判定为不合格。

【考点六】细水雾灭火系统维护检查【★★】

维护频次	维护内容
每日	每日应对系统的下列项目进行一次检查 （1）检查控制阀等各种阀门的外观及启闭状态是否符合设计要求 （2）检查系统主、备用电源的接通情况 （3）寒冷和严寒地区，应检查设置储水设备的房间温度，房间温度不应低于 5℃ （4）检查报警控制器、水泵控制柜（盘）的控制面板及显示信号状态 （5）检查系统的标志和使用说明等标识是否正确、清晰、完整，并处于正确位置

维护频次	维护内容
每月	每月应对系统的下列项目进行一次检查 （1）检查系统组件的外观，应无碰撞变形及其他机械损伤 （2）检查分区控制阀动作是否正常 （3）检查阀门上的铅封或锁链是否完好，阀门是否处于正确位置 （4）检查储水箱和储水容器的水位及储气容器内的气体压力是否符合设计要求 （5）对于闭式系统，应利用试水阀对动作信号反馈情况进行试验，观察其是否正常动作和显示 （6）检查喷头的外观及备用数量是否符合要求 （7）检查手动操作装置的保护罩、铅封等是否完整无损
每季度	每季度应对系统的下列项目进行一次检查 （1）通过试验阀对泵组式系统进行一次放水试验，并应检查泵组启动、主/备用泵切换及报警联动功能是否正常 （2）检查瓶组式系统的控制阀动作是否正常 （3）检查管道和支架、吊架是否松动，管道连接件是否有变形、老化或裂纹等现象
每年	每年应对系统的下列项目进行一次检查 （1）定期测定一次系统水源的供水能力 （2）对系统组件、管道及管件进行一次全面检查，清洗储水箱、过滤器，并对控制阀后的管道进行吹扫 （3）储水箱应每半年换水一次，储水容器内的水应按产品制造商的要求定期更换 （4）进行系统模拟联动功能试验，并应符合规定

第七章　气体灭火系统

【考点一】气体灭火系统组件安装前的检查内容及要求【★★★★】

检查项目	检查要求
外观检查	灭火剂储存容器及容器阀、单向阀、连接管、集流管、安全泄压装置、选择阀、阀驱动装置、喷嘴、信号反馈装置、检漏装置、减压装置等系统组件的外观质量应符合下列规定 （1）系统组件无碰撞变形及其他机械损伤 （2）组件外露非机械加工表面保护涂层完好 （3）组件所有外露接口均设有防护堵、盖，且封闭良好，接口螺纹和法兰密封面无损伤 （4）铭牌清晰、牢固、方向正确 （5）同一规格灭火剂储存容器的高度差不宜超过 20 mm （6）同一规格驱动气体储存容器的高度差不宜超过 10 mm
组件检查	灭火剂储存容器及容器阀、单向阀、连接管、集流管、安全泄压装置、选择阀、阀驱动装置、喷嘴、信号反馈装置、检漏装置、减压装置等系统组件应符合下列规定 （1）品种、规格、性能等应符合国家现行产品标准和设计要求 （2）设计有复验要求或对质量有疑义时，应抽样复验，复验结果应符合国家现行产品标准和设计要求
灭火剂储存容器内的充装量、充装压力及充装系数、装量系数检查	灭火剂储存容器内的充装量、充装压力及充装系数、装量系数应符合下列规定 （1）灭火剂储存容器的充装量、充装压力应符合设计要求，充装系数或装量系数应符合设计规范规定 （2）不同温度下灭火剂的储存压力应按相应标准确定
阀驱动装置检查	阀驱动装置应符合下列规定 （1）电磁驱动器的电源电压应符合系统设计要求。通电检查电磁铁芯，其行程应能满足系统启动要求，且动作灵活，无卡阻现象 （2）气动驱动装置储存容器内气体压力不应低于设计压力，且不得超过设计压力 5%；气体驱动管道上的单向阀应启闭灵活，无卡阻现象 （3）机械驱动装置应传动灵活，无卡阻现象

【考点二】气体灭火系统阀驱动装置的安装要求【★★★★】

（1）拉索式机械驱动装置的安装应符合下列规定：

1）拉索除必要外露部分外，应采用经内外防腐处理的钢管防护。

2）拉索转弯处采用专用导向滑轮。

3）拉索末端拉手应设在专用的保护盒内。

4）拉索套管和保护盒应固定牢靠。

（2）安装重力式机械驱动装置时，应保证重物在下落行程中无阻挡，其下落行程应保证驱动所需距离，且不得小于 25 mm。

（3）电磁驱动装置驱动器的电气连接线应沿固定灭火剂储存容器的支、框架或墙面固定。

（4）气动驱动装置的安装应符合下列规定：

1）驱动气瓶的支、框架或箱体应固定牢靠，并做防腐处理。

2）驱动气瓶上应有标明驱动介质名称、对应防护区或保护对象名称或编号的永久性标志牌，并应便于观察。

（5）气动驱动装置的管道安装应符合下列规定：

1）管道布置应符合设计要求。

2）竖直管道应在其始端和终端设防晃支架或采用管卡固定。

3）水平管道应采用管卡固定，管卡的间距不宜大于 0.6 m，转弯处应增设 1 个管卡。

（6）气动驱动装置的管道安装后，应做气压严密性试验并合格。

【考点三】气体灭火系统灭火剂输送管道的安装要求【★★】

（1）灭火剂输送管道连接应符合下列规定：

1）采用螺纹连接时，管材宜采用机械切割；螺纹不得有缺纹、断纹等现象；螺纹连接的密封材料应均匀附着在管道的螺纹部分，拧紧螺纹时，不得将填料挤入管道内；安装后的螺纹根部应有 2 ~ 3 条外露螺纹；连接后，应将连接处外部清理干净并做防腐处理。

2）采用法兰连接时，衬垫不得凸入管内，其外边缘宜接近螺栓，不得放双垫或偏垫。连接法兰的螺栓，直径和长度应符合标准；拧紧后，凸出螺母的长度不应大于螺杆直径的 1/2 且保证有不少于 2 条外露螺纹。

3）已做防腐处理的无缝钢管不宜采用焊接连接，与选择阀等个别连接部位需采用法兰焊接时，应对被焊接损坏的防腐层进行二次防腐处理。

（2）管道穿过墙壁、楼板处应安装套管。套管公称直径比管道公称直径至少应大 2 级，穿墙套管长度应与墙厚相等，穿楼板套管长度应高出地板 50 mm。管道与套管间的空隙应采用防火封堵材料填塞密实。当管道穿越建筑物的变形缝时，应设置柔性管段。

（3）管道支架、吊架的安装应符合下列规定：

1）管道应固定牢靠，管道支架、吊架的最大间距应符合表 3-7-1 的规定。

2）管道末端应采用防晃支架固定，支架与末端喷嘴间的距离不应大于 500 mm。

3）公称直径大于或等于 50 mm 的主干管道，垂直方向和水平方向至少应各安装 1 个防晃支架，当穿过建筑物楼层时，每层应设 1 个防晃支架。当水平管道改变方向时，应增设防晃支架。

表 3-7-1　　　　　　　　管道支架、吊架之间的最大间距

管道公称直径 /mm	15	20	25	32	40	50	65	80	100	150
最大间距 /m	1.5	1.8	2.1	2.4	2.7	3	3.4	3.7	4.3	5.2

（4）灭火剂输送管道安装完毕后，应进行强度试验和气压严密性试验，并合格。

进行管道强度试验时，应将压力升至试验压力后保压 5 min，检查管道各连接处应无明显

滴漏，目测管道应无变化。

管道气压严密性试验的加压介质可采用空气或氮气，试验压力为水压强度试验压力的 2/3。试验时应将压力升至试验压力，关断试验气源后，3 min 内压力降不应超过试验压力的 10%，且用涂刷肥皂水等方法检查防护区外的管道连接处，应无气泡产生。

（5）灭火剂输送管道在水压强度试验合格后或气压严密性试验前，应进行吹扫。吹扫时，管道末端的气体流速不应小于 20 m/s。采用白布检查，直至无铁锈、尘土、水渍及其他脏物出现。

（6）灭火剂输送管道的外表面宜涂红色油漆。

在吊顶内、活动地板下等隐蔽场所内的管道，可涂红色油漆色环，色环宽度不应小于 50 mm。每个防护区或保护对象的色环宽度应一致，间距应均匀。

【考点四】气体灭火系统及控制组件的安装要求【★★】

（1）安装喷嘴时，应按设计要求逐个核对其型号、规格及喷孔方向。

（2）安装在吊顶下的不带装饰罩的喷嘴，其连接管管端螺纹不应露出吊顶；安装在吊顶下的带装饰罩的喷嘴，其装饰罩应紧贴吊顶。

（3）柜式气体灭火装置、热气溶胶灭火装置等预制灭火系统及其控制器、声光报警器的安装位置应符合设计要求，并固定牢靠。

（4）柜式气体灭火装置、热气溶胶灭火装置等预制灭火系统装置的周围空间环境应符合设计要求。

（5）灭火控制装置的安装应符合设计要求，防护区内火灾探测器的安装应符合《火灾自动报警系统施工及验收标准》的规定。

（6）设置在防护区处的手动、自动转换开关应安装在防护区入口便于操作的部位，安装高度为中心点距地（楼）面 1.5 m。

（7）手动启动、停止按钮应安装在防护区入口便于操作的部位，安装高度为中心点距地（楼）面 1.5 m；防护区的声光报警装置安装应符合设计要求，并应安装牢固，不得倾斜。

（8）气体喷放指示灯宜安装在防护区入口的正上方。

【考点五】气体灭火系统模拟启动试验【★★★】

调试时，应对所有防护区或保护对象按《气体灭火系统施工及验收规范》附录 E.2 的规定进行系统手动、自动模拟启动试验，并应合格。

（1）手动模拟启动试验可按下述方法进行：

按下手动启动按钮，观察相关动作信号及联动设备动作是否正常（如发出声、光报警，启动输出端的负载响应，关闭通风空调、防火阀等）。

人工使压力信号反馈装置动作，观察相关防护区门外的气体喷放指示灯是否正常。

（2）自动模拟启动试验可按下述方法进行：

1）将灭火控制器的启动输出端与灭火系统相应防护区驱动装置连接，驱动装置应与阀门的动作机构脱离。也可以用一个启动电压、电流与驱动装置的启动电压、电流相同的负载代替。

2）人工模拟火警使防护区内任意一个火灾探测器动作，观察单一火警信号输出后，相关报警设备动作是否正常（如警铃、蜂鸣器发出报警声等）。

3）人工模拟火警使该防护区内另一个火灾探测器动作，观察复合火警信号输出后，相关动作信号及联动设备动作是否正常（如发出声、光报警，启动输出端的负载响应，关闭通风空调、防火阀等）。

（3）模拟启动试验结果应符合下列规定：

1）延迟时间与设定时间相符，响应时间满足要求。

2）有关声、光报警信号正确。

3）联动设备动作正确。

4）驱动装置动作可靠。

【考点六】气体灭火系统模拟喷气试验与切换操作试验【★★★★★】

（一）气体灭火系统模拟喷气试验要求

调试时，应对所有防护区或保护对象按《气体灭火系统施工及验收规范》附录 E.3 的规定进行模拟喷气试验，并应合格。

柜式气体灭火装置、热气溶胶灭火装置等预制灭火系统的模拟喷气试验，宜各取一套分别按产品标准中有关联动试验的规定进行试验。

（1）模拟喷气试验的条件应符合下列规定：

1）IG 541 混合气体灭火系统及高压二氧化碳灭火系统，应采用其充装的灭火剂进行模拟喷气试验。试验采用的储存容器数应为选定试验的防护区或保护对象设计用量所需容器总数的 5%，且不得少于 1 个。

2）低压二氧化碳灭火系统应采用二氧化碳灭火剂进行模拟喷气试验。

试验应选定输送管道最长的防护区或保护对象进行，喷放量不应小于设计用量的 10%。

3）卤代烷灭火系统模拟喷气试验不应采用卤代烷灭火剂，宜采用氮气，也可采用压缩空气。氮气或压缩空气储存容器与被试验的防护区或保护对象用的灭火剂储存容器的结构、型号、规格应相同，连接与控制方式应一致，氮气或压缩空气的充装压力按设计要求执行。氮气或压缩空气储存容器数不应少于灭火剂储存容器数的 20%，且不得少于 1 个。

（2）模拟喷气试验结果应符合下列规定：

1）延迟时间与设定时间相符，响应时间满足要求。

2）有关声、光报警信号正确。

3）有关控制阀门工作正常。

4）信号反馈装置动作后，气体防护区门外的气体喷放指示灯工作正常。

5）储存容器间内的设备和对应防护区或保护对象的灭火剂输送管道无明显晃动和机械损伤。

6）试验气体能喷入试验防护区内或保护对象上，且应能从每个喷嘴喷出。

（二）气体灭火系统模拟切换操作试验要求

设有灭火剂备用量且与储存容器连接在同一集流管上的系统应按《气体灭火系统施工及验收规范》附录 E.4 的规定进行模拟切换操作试验，并应合格。

（1）按使用说明书的操作方法，将系统使用状态从主用量灭火剂储存容器切换为备用量灭火剂储存容器。

（2）按模拟喷气试验方法进行模拟喷气试验。

（3）试验结果应符合上述模拟喷气试验结果的规定。

【考点七】气体灭火系统管道强度和气密性试验【★★★★★】

灭火剂输送管道安装完毕后，应进行强度试验和气密性试验，并合格。

（一）水压强度试验

（1）水压强度试验压力应按下列规定取值：

1）对高压二氧化碳灭火系统，应取 15.0 MPa；对低压二氧化碳灭火系统，应取 4.0 MPa。

2）对 IG 541 混合气体灭火系统，应取 13.0 MPa。

3）对卤代烷 1301 灭火系统和七氟丙烷灭火系统，应取 1.5 倍系统最大工作压力，系统最大工作压力可按《气体灭火系统施工及验收规范》附录 E.1 表 E 取值。

（2）进行水压强度试验时，以不大于 0.5 MPa/s 的升压速率缓慢升压至试验压力，保压 5 min，检查管道各处，以无渗漏、无变形为合格。

（二）气压强度试验

（1）当水压强度试验条件不具备时，可采用气压强度试验代替。气压强度试验压力取值：二氧化碳灭火系统取 80% 水压强度试验压力，IG 541 混合气体灭火系统取 10.5 MPa，卤代烷 1301 灭火系统和七氟丙烷灭火系统取 1.15 倍系统最大工作压力。

（2）气压强度试验应遵守下列规定：

1）试验前，必须用加压介质进行预试验，预试验压力宜为 0.2 MPa。

2）试验时，应逐步缓慢增加压力，当压力升至试验压力的 50% 时，如未发现异状或泄漏，继续按试验压力的 10% 逐级升压，每级稳压 3 min，直至试验压力。保压并检查管道各处，以无变形、无泄漏为合格。

（三）气密性试验

（1）灭火剂输送管道经水压强度试验合格后还应进行气密性试验，经气压强度试验合格且在试验后未拆卸过的管道可不进行气密性试验。

（2）灭火剂输送管道在水压强度试验合格后或气密性试验前，应进行吹扫。吹扫管道可采用压缩空气或氮气，吹扫时管道末端的气体流速不应小于 20 m/s。采用白布检查，直至无铁锈、尘土、水渍及其他异物出现。

（3）气密性试验压力应按下列规定取值：

1）对灭火剂输送管道，应取水压强度试验压力的 2/3。

2）对气动管道，应取驱动气体储存压力。

（4）进行气密性试验时，应以不大于 0.5 MPa/s 的升压速率缓慢升压至试验压力，关断试验气源 3 min 内压力降不超过试验压力的 10% 为合格。

（5）气压强度试验和气密性试验必须采取有效的安全措施。加压介质可采用空气或氮气。气动管道试验时应采取防止误喷射的措施。

【考点八】气体灭火系统检测要求【★★★★】

《气体灭火系统设计规范》规定如下：

（1）两个或两个以上的防护区采用组合分配系统时，一个组合分配系统所保护的防护区不应超过 8 个。

（2）组合分配系统的灭火剂储存量，应按储存量最大的防护区确定。

（3）灭火系统的灭火剂储存量，应为防护区的灭火设计用量、储存容器内的灭火剂剩余量和管网内的灭火剂剩余量之和。

（4）灭火系统的储存装置 72 h 内不能重新充装恢复工作的，应按系统原储存量的 100% 设置备用量。

（5）灭火系统的设计温度，应采用 20℃。

（6）同一集流管上的储存容器，其规格、充压压力和充装量应相同。

（7）同一防护区，当设计两套或三套管网时，集流管可分别设置，系统启动装置必须共用。各管网上喷头流量均应按同一灭火设计浓度、同一喷放时间进行设计。

（8）管网上不应采用四通管件进行分流。

（9）喷头的保护高度和保护半径，应符合下列规定：

1）最大保护高度不宜大于 6.5 m。

2）最小保护高度不应小于 0.3 m。

3）喷头安装高度小于 1.5 m 时，保护半径不宜大于 4.5 m。

4）喷头安装高度不小于 1.5 m 时，保护半径不应大于 7.5 m。

（10）喷头宜贴近防护区顶面安装，距顶面的最大距离不宜大于 0.5 m。

（11）一个防护区设置的预制灭火系统，其装置数量不宜超过 10 台。

（12）同一防护区内的预制灭火系统装置多于 1 台时，必须能同时启动，其动作响应时差不得大于 2 s。

（13）单台热气溶胶预制灭火系统装置的保护容积不应大于 160 m³；设置多台装置时，其相互间的距离不得大于 10 m。

（14）采用热气溶胶预制灭火系统的防护区，其高度不宜大于 6 m。

（15）热气溶胶预制灭火系统装置的喷口宜高于防护区地面 2 m。

【考点九】气体灭火系统的操作与控制【★★★★★】

（1）管网灭火系统应设自动控制、手动控制和机械应急操作三种启动方式，预制灭火系统应设自动控制和手动控制两种启动方式。

（2）采用自动控制启动方式时，根据人员安全撤离防护区的需要，应有不大于 30 s 的可控延迟喷射；对于平时无人工作的防护区，可设置为无延迟的喷射。

（3）灭火设计浓度或实际使用浓度大于无毒性反应浓度（NOAEL 浓度）的防护区和采用热气溶胶预制灭火系统的防护区，应设手动与自动控制的转换装置。当人员进入防护区时，应能将灭火系统转换为手动控制方式；当人员离开时，应能恢复为自动控制方式。防护区内外应设手动、自动控制状态的显示装置。

（4）自动控制装置应在接到两个独立的火灾信号后才能启动。手动控制装置和手动与自动转换装置应设在防护区疏散出口的门外便于操作的地方，安装高度为中心点距地面 1.5 m。机械应急操作装置应设在储瓶间内或防护区疏散出口门外便于操作的地方。

（5）气体灭火系统的操作与控制，应包括对开口封闭装置、通风机械和防火阀等设备的联动操作与控制。

（6）组合分配系统启动时，选择阀应在容器阀开启前或同时打开。

【考点十】气体灭火系统验收要求【★★★】

气体灭火系统功能验收应遵守下列要求：

（1）应进行模拟启动试验，并合格。

（2）应进行模拟喷气试验，并合格。

（3）应对设有灭火剂备用量的系统进行模拟切换操作试验，并合格。

（4）应对主、备用电源进行切换试验，并合格。

【考点十一】气体灭火系统的维护频次及维护内容【7 ★】

维护频次	维护内容
每日	每日应对低压二氧化碳储存装置的运行情况、储存装置间的设备状态进行检查并记录
每月	每月检查应符合下列要求 （1）检查低压二氧化碳灭火系统储存装置的液位计，灭火剂损失 10% 时应及时补充 （2）高压二氧化碳灭火系统、七氟丙烷管网灭火系统及 IG 541 灭火系统等的检查内容及要求应符合下列规定 　1）灭火剂储存容器及容器阀、单向阀、连接管、集流管、安全泄压装置、选择阀、阀驱动装置、喷嘴、信号反馈装置、检漏装置、减压装置等全部系统组件应无碰撞变形及其他机械损伤，表面应无锈蚀，保护涂层应完好，铭牌和保护对象标志牌应清晰，手动操作装置的防护罩、铅封和安全标志应完整 　2）灭火剂和驱动气体储存容器内的压力，不得小于设计储存压力的 90% （3）预制灭火系统的设备状态和运行状况应正常
每季度	每季度应对气体灭火系统进行一次全面检查，并应符合下列规定 （1）可燃物的种类、分布情况和防护区的开口情况，应符合设计规定 （2）储存装置间的设备、灭火剂输送管道和支架、吊架的固定，应无松动 （3）连接管应无变形、裂纹及老化。必要时，送法定质量检验机构进行检测或更换 （4）各喷嘴孔口应无堵塞 （5）对高压二氧化碳储存容器逐个进行称重检查，灭火剂净重不得小于设计储存量的 90% （6）灭火剂输送管道有损伤与堵塞现象时，应按规定进行严密性试验和吹扫
每年	每年对每个防护区进行一次模拟启动试验，并进行一次模拟喷气试验

第八章 泡沫灭火系统

【考点一】泡沫液的现场检验【★★】

对属于下列情况之一的泡沫液，应由监理工程师组织现场取样，送至具备相应从业条件的检测单位进行检测，其结果应符合国家现行有关产品标准和设计要求。

（1）6%型低倍数泡沫液设计用量大于或等于7 t。

（2）3%型低倍数泡沫液设计用量大于或等于3.5 t。

（3）6%蛋白型中倍数泡沫液最小储备量大于或等于2.5 t。

（4）6%合成型中倍数泡沫液最小储备量大于或等于2 t。

（5）高倍数泡沫液最小储备量大于或等于1 t。

（6）合同文件规定需要现场取样送检的泡沫液。

【考点二】系统组件外观质量、性能、强度和严密性检查【★★★★】

（一）系统组件的外观质量检查

（1）泡沫产生装置、泡沫比例混合器（装置）、泡沫液储罐、泡沫消防泵、泡沫消火栓、阀门、压力表、管道过滤器、金属软管等系统组件的外观质量，应符合下列规定：

1）无变形及其他机械损伤。

2）外露非机械加工表面保护涂层完好。

3）无保护涂层的机械加工面无锈蚀。

4）所有外露接口无损伤，堵、盖等保护物包封良好。

5）铭牌标记清晰、牢固。

（2）消防泵盘车应运转灵活，无阻滞，无异常声响；高倍数泡沫产生器用手转动叶轮应灵活；固定式泡沫炮的手动机构应无卡阻现象。

（二）系统组件的性能检查

泡沫产生装置、泡沫比例混合器（装置）、泡沫液压力储罐、泡沫消防泵、泡沫消火栓、阀门、压力表、管道过滤器、金属软管等系统组件应符合下列规定：

（1）型号、规格、性能应符合国家现行产品标准和设计要求。

（2）设计上有复验要求或对质量有疑义时，应由监理工程师抽样，并由具有相应从业条件的检测单位进行检测复验。复验结果应符合国家现行产品标准和设计要求。

（三）系统组件的强度和严密性试验

阀门的强度和严密性试验应符合下列规定：

（1）强度和严密性试验应采用清水进行，强度试验压力为公称压力的1.5倍，严密性试验压力为公称压力的1.1倍。

（2）试验压力在试验持续时间内应保持不变，且壳体填料和阀瓣密封面无渗漏。

（3）阀门试压的试验持续时间不应少于表3-8-1的规定。

表 3-8-1　　　　　　　　　　　　阀门试验持续时间

公称直径 DN/mm	最短试验持续时间 /s		
	严密性试验		强度试验
	金属密封	非金属密封	
≤ 50	15	15	15
65 ~ 200	30	15	60
200 ~ 450	60	30	180

（4）试验合格的阀门，应排尽内部积水，并吹干。密封面涂防锈油，关闭阀门，封闭出入口，做出明显的标记，并按要求记录。

（四）检查数量与方法

（1）检查数量。每批（同牌号、同型号、同规格）按数量抽查 10%，且不得少于 1 个；主管道上的隔断阀门应全部试验。

（2）检查方法。将阀门安装在试验管道上，对于有液流方向要求的阀门，试验管道应安装在阀门的进口，然后管道充满水，排净空气，用试压装置缓慢升压，待达到严密性试验压力后，在最短试验持续时间内，以阀瓣密封面不渗漏为合格；最后将压力升至强度试验压力，在最短试验持续时间内，以壳体填料无渗漏为合格。

【考点三】泡沫液储罐的安装要求【★★★】

项目	具体要求
一般要求	泡沫液储罐的安装位置和高度应符合设计要求，当设计无要求时，泡沫液储罐周围应留有满足检修需要的通道，其宽度不宜小于 0.7 m，且操作面不宜小于 1.5 m；当泡沫液储罐上的控制阀距地面高度大于 1.8 m 时，应在操作面处设置操作平台或操作凳
常压泡沫液储罐的安装	常压泡沫液储罐的现场制作、安装和防腐应符合下列规定 （1）现场制作的常压钢质泡沫液储罐，泡沫液管道出液口不应高于泡沫液储罐最低液面 1 m，泡沫液管道吸液口距泡沫液储罐底面不应小于 0.15 m，且最好做成喇叭口形 （2）现场制作的常压钢质泡沫液储罐应该进行严密性试验，试验压力应为储罐装满水后的静压力，试验时间不应小于 30 min，目测应无渗漏 （3）现场制作的常压钢质泡沫液储罐内、外表面应按设计要求进行防腐处理，并应在严密性试验合格后进行 （4）常压泡沫液储罐的安装方式应符合设计要求。当设计无要求时，应根据其形状按立式或卧式安装在支架或支座上，支架应与基础固定，安装时不得损坏其储罐上的配管和附件 （5）常压钢质泡沫液储罐罐体与支座接触部位的防腐应符合设计要求。当设计无规定时，应按加强防腐层的做法施工
泡沫液压力储罐的安装	（1）安装泡沫液压力储罐时，支架应与基础牢固固定，且不应拆卸和损坏配管、附件；储罐的安全阀出口不应朝向操作面 （2）设在泡沫泵站外的泡沫液压力储罐的安装应符合设计要求，并应根据环境条件采取防晒、防冻和防腐等措施

【考点四】泡沫比例混合器（装置）的安装要求【★★★】

项目	安装要求
一般要求	泡沫比例混合器（装置）的安装应符合下列规定 （1）泡沫比例混合器（装置）的标注方向应与液流方向一致 （2）泡沫比例混合器（装置）与管道连接处的安装应严密
环泵式比例混合器的安装	环泵式比例混合器的安装应符合下列规定 （1）环泵式比例混合器安装标高的允许偏差为 ±10 mm （2）备用的环泵式比例混合器应并联安装在系统上，并有明显的标志
压力式比例混合装置的安装	压力式比例混合装置应整体安装，并与基础牢固固定
平衡式比例混合装置的安装	平衡式比例混合装置的安装应符合下列规定 （1）整体平衡式比例混合装置应竖直安装在压力水的水平管道上，并在水和泡沫液进口的水平管道上分别安装压力表，且与平衡式比例混合装置进口处的距离不宜大于0.3 m （2）分体平衡式比例混合装置的平衡压力流量控制阀应竖直安装 （3）水力驱动式平衡式比例混合装置的泡沫液泵应水平安装，安装尺寸和管道的连接方式应符合设计要求
管线式比例混合器的安装	管线式比例混合器应安装在压力水的水平管道上或串接在消防水带上，并靠近储罐或防护区，其吸液口与泡沫液储罐或泡沫液桶最低液面的高度差不得大于1 m

【考点五】泡沫消火栓的安装要求【★★】

泡沫消火栓的安装应符合下列规定：

（1）泡沫混合液管道上设置的泡沫消火栓的型号、规格、数量、位置、安装方式、间距应符合设计要求。

（2）地上式泡沫消火栓应垂直安装，地下式泡沫消火栓应安装在消火栓井内的泡沫混合液管道上。

（3）地上式泡沫消火栓的大口径出液口应朝向消防车道。

（4）地下式泡沫消火栓应有明显永久性标志，其顶部与井盖底面的距离不得大于0.4 m，且不小于井盖半径。

（5）室内泡沫消火栓的栓口方向宜向下或与设置泡沫消火栓的墙面成90°，栓口离地面或操作基面的高度一般为1.1 m，允许偏差为 ±20 mm，坐标的允许偏差为20 mm。

（6）泡沫泵站内或站外附近泡沫混合液管道上设置的泡沫消火栓，应符合设计要求。

【考点六】泡沫灭火系统的试压、冲洗要求【★★】

项目	试压、冲洗要求
管道的水压试验	管道安装完毕后应进行水压试验，并应符合下列规定 （1）试验应采用清水进行。试验时，环境温度不应低于5℃；当环境温度低于5℃时，应采取防冻措施 （2）试验压力应为设计压力的1.5倍 （3）试验前应将泡沫产生装置、泡沫比例混合器（装置）隔离 （4）试验合格后，应按要求做好记录 检查方法：管道充满水，排净空气，用试压装置缓慢升压，当压力升至试验压力后，稳压10 min，管道无损坏、变形；再将试验压力降至设计压力，稳压30 min，以压力不降、无渗漏为合格
管道的冲洗	管道的冲洗应符合下列规定 （1）管道试压合格后，需要用清水进行冲洗，冲洗合格后，不得再进行影响管内清洁的其他施工，并应按规定进行记录 检查方法：采用最大设计流量进行清洗，流速不低于1.5 m/s，以排出水的颜色和透明度与入口水目测一致为合格 （2）地上管道应在试压、冲洗合格后进行涂漆防腐

【考点七】泡沫灭火系统组件调试要求【★★★】

项目	调试要求
泡沫比例混合器（装置）的调试	泡沫比例混合器（装置）调试时，应与系统喷泡沫试验同时进行，其混合比应符合设计要求 检查方法：用流量计测量；蛋白、氟蛋白等折射指数高的泡沫液可用手持折射仪测量，水成膜、抗溶水成膜等折射指数低的泡沫液可用手持导电度测量仪测量
泡沫产生装置的调试	泡沫产生装置的调试应符合下列规定 （1）低倍数（含高背压）泡沫产生器、中倍数泡沫产生器应进行喷水试验，其进口压力应符合设计要求 （2）泡沫喷头应进行喷水试验，其防护区内任意4个相邻喷头组成的四边形保护面积内的平均供给强度不应小于设计值 （3）固定式泡沫炮应进行喷水试验，其进口压力、射程、射高、仰俯角度、水平回转角度等指标应符合设计要求 （4）泡沫枪应进行喷水试验，其进口压力和射程应符合设计要求 （5）高倍数泡沫产生器应进行喷水试验，其进口压力的平均值不应小于设计值，每台高倍数泡沫产生器发泡网的喷水状态应正常
泡沫消火栓的调试	泡沫消火栓应进行喷水试验，其出口压力应符合设计要求

【考点八】泡沫灭火系统功能试验要求【★★★★★】

泡沫灭火系统的功能调试应符合下列规定：

（1）当为手动灭火系统时，应以手动控制的方式进行一次喷水试验；当为自动灭火系统时，应以手动和自动控制的方式各进行一次喷水试验。其各项性能指标均应达到设计要求。

检查数量：当为手动灭火系统时，选择最远的防护区或储罐；当为自动灭火系统时，选择最大和最远的两个防护区或储罐分别以手动和自动的方式进行试验。

（2）低、中倍数泡沫灭火系统按规定喷水试验完毕后，将水放空，进行喷泡沫试验；当为自动灭火系统时，应以自动控制的方式进行；喷射泡沫的时间不应小于 1 min；实测泡沫混合液的混合比、泡沫混合液的发泡倍数及到达最不利点防护区或储罐的时间和湿式联用系统自喷水至喷泡沫的转换时间应符合设计要求。

检查数量：选择最不利点的防护区或储罐，进行一次试验。

（3）高倍数泡沫灭火系统按规定喷水试验完毕后，将水放空，以手动或自动控制的方式对防护区进行喷泡沫试验，喷射泡沫的时间不应小于 30 s，实测泡沫混合液的混合比、泡沫供给速率及自接到火灾模拟信号至开始喷泡沫的时间应符合设计要求。

【考点九】泡沫灭火系统设计要求【★★★★★】

（一）泡沫灭火系统分类

（1）低倍数泡沫：发泡倍数低于 20 的灭火泡沫。

（2）中倍数泡沫：发泡倍数为 20 ～ 200 的灭火泡沫。

（3）高倍数泡沫：发泡倍数高于 200 的灭火泡沫。

（二）低倍数泡沫灭火系统设计要求

（1）储罐区低倍数泡沫灭火系统的选择，应符合下列规定：

1）非水溶性甲、乙、丙类液体固定顶储罐，应选用液上喷射、液下喷射或半液下喷射系统。

2）水溶性甲、乙、丙类液体和其他对普通泡沫有破坏作用的甲、乙、丙类液体固定顶储罐，应选用液上喷射系统或半液下喷射系统。

3）外浮顶和内浮顶储罐应选用液上喷射系统。

4）非水溶性液体外浮顶储罐、内浮顶储罐、直径大于 18 m 的固定顶储罐及水溶性甲、乙、丙类液体立式储罐，不得选用泡沫炮作为主要灭火设施。

5）高度大于 7 m 或直径大于 9 m 的固定顶储罐，不得选用泡沫枪作为主要灭火设施。

（2）储罐区泡沫灭火系统扑救一次火灾的泡沫混合液设计用量，应按罐内用量、该罐辅助泡沫枪用量、管道剩余量三者之和最大的储罐确定。

（3）固定式泡沫灭火系统的设计应满足在泡沫消防水泵或泡沫混合液泵启动后，将泡沫混合液或泡沫输送到保护对象的时间不大于 5 min。

（4）泡沫混合液供给强度及连续供给时间应符合下列规定：

1）非水溶性液体储罐液上喷射系统，其泡沫混合液供给强度和连续供给时间不应小于表 3-8-2 的规定。

2）非水溶性液体储罐液下或半液下喷射系统，其泡沫混合液供给强度不应小于 5 L/（min·m²）、连续供给时间不应小于 40 min。

表 3-8-2　　　　泡沫混合液供给强度和连续供给时间

系统形式	泡沫液种类	供给强度 / [L/ (min·m²)]	连续供给时间 /min	
			甲、乙类液体	丙类液体
固定式、 半固定式系统	蛋白	6	40	30
	氟蛋白、水成膜、 成膜氟蛋白	5	45	30
移动式系统	蛋白、氟蛋白	8	60	45
	水成膜、成膜氟蛋白	6.5	60	45

【考点十】泡沫灭火系统维护频次及维护内容【6 ★】

维护频次	维护内容
每周	每周应对消防泵和备用动力以手动或自动控制的方式进行一次启动试验
每月	每月应对系统进行检查，并应按《泡沫灭火系统施工及验收规范》规定记录，检查内容及要求应符合下列规定 （1）对低、中、高倍数泡沫产生器，泡沫喷头，固定式泡沫炮，泡沫比例混合器（装置），泡沫液储罐进行外观检查，应完好无损 （2）对固定式泡沫炮的回转机构、仰俯机构或电动操作机构进行检查，性能应达到标准要求 （3）泡沫消火栓和阀门的开启与关闭应自如，不应有锈蚀 （4）压力表、管道过滤器、金属软管、管道及附件不应有损伤 （5）对遥控功能或自动控制设施及操纵机构进行检查，性能应符合设计要求 （6）对储罐上的低、中倍数泡沫混合液立管应清除锈渣 （7）动力源和电气设备工作状况应良好 （8）水源及水位指示装置应正常
每半年	每半年除储罐上泡沫混合液立管和液下喷射防火堤内泡沫管道以及高倍数泡沫产生器进口端控制阀后的管道外，其余管道应全部冲洗，清除锈渣
每两年	每两年应对系统进行检查和试验，检查和试验的内容及要求应符合下列规定 （1）对于低倍数泡沫灭火系统中的液上、液下及半液下喷射、泡沫喷淋、固定式泡沫炮和中倍数泡沫灭火系统进行喷泡沫试验，并对系统所有的组件、设施、管道及管件进行全面检查 （2）对于高倍数泡沫灭火系统，可在防护区内进行喷泡沫试验，并对系统所有组件、设施、管道及管件进行全面检查 （3）系统检查和试验完毕，应对泡沫液泵或泡沫混合液泵、泡沫液管道、泡沫混合液管道、泡沫管道、泡沫比例混合器（装置）、泡沫消火栓、管道过滤器或喷过泡沫的泡沫产生装置等用清水冲洗后放空，复原系统

【考点十一】泡沫灭火系统常见故障分析及处理【★★】

常见故障	故障原因分析	故障处理
泡沫产生器无法发泡或发泡不正常	泡沫产生器吸气口被异物堵塞	加强对泡沫产生器的巡检，发现异物及时清理
	泡沫混合液不满足要求，如泡沫液失效、混合比不满足要求	加强对泡沫比例混合器（装置）和泡沫液的维护和检测
泡沫比例混合器锈死	使用后未及时用清水冲洗，泡沫液长期腐蚀混合器致使锈死	加强检查，定期拆下保养，系统平时试验完毕后，一定要用清水冲洗干净
无囊式压力比例混合装置的泡沫液储罐进水	储罐进水的控制阀门选型不当或不合格，导致平时出现渗漏	严格阀门选型，采用合格产品，加强巡检，发现问题及时处理
囊式压力比例混合装置因囊破裂而使系统瘫痪	比例混合装置中的囊因老化，承压降低，导致系统运行时发生破裂	对囊加强维护管理，定期更换
	因囊受力设计不合理，灌装泡沫液方法不当而导致囊破裂	采用合格产品，按正确的方法进行灌装
平衡式比例混合装置的平衡阀无法工作	平衡阀的橡胶膜片由于承压过大被损坏	选用耐压强度高的膜片，平时加强维护管理

第九章　干粉灭火系统

【考点一】干粉灭火系统组件的安装与技术检测【★★】

检测项目	检测要求
干粉 输送管道	干粉输送管道在安装前须清洁管道内部，避免油、水、泥沙或异物存留管道内。安装时应注意以下几点 （1）采用螺纹连接时，管材宜采用机械切割；螺纹不得有缺纹和断纹等现象；螺纹连接的密封材料均匀附着在管道的螺纹部分，拧紧螺纹时，避免将填料挤入管道内；安装后的螺纹根部应有 2～3 条外露螺纹，连接处外部清理干净并做防腐处理 （2）采用法兰连接时，衬垫不能凸入管内，其外边缘宜接近螺栓孔，不能放双垫或偏垫。拧紧后，凸出螺母的长度不能大于螺杆直径的 1/2，确保有不少于 2 条外露螺纹 （3）经过防腐处理的无缝钢管不宜采用焊接连接。当与选择阀等个别连接部位需采用法兰焊接连接时，要对被焊接损坏的防腐层进行二次防腐处理 （4）管道穿过墙壁、楼板处须安装套管。套管公称直径比管道公称直径至少大 2 级，穿墙套管长度与墙厚相等，穿楼板套管长度需高出地板 50 mm。管道与套管间的空隙采用防火封堵材料填塞密实。当管道穿越建筑物的变形缝时，需设置柔性管段 （5）管道末端应采用防晃支架固定，支架与末端喷嘴间的距离不应大于 500 mm
喷头	（1）喷头在安装时应设有防护装置，以防灰尘或异物堵塞 （2）对于储压型干粉灭火系统，当采用全淹没灭火系统时，喷头的最大安装高度不大于 7 m；当采用局部应用灭火系统时，喷头的最大安装高度不大于 6 m；对于储气瓶型干粉灭火系统，当采用全淹没灭火系统时，喷头的最大安装高度不大于 8 m；当采用局部应用灭火系统时，喷头的最大安装高度不大于 7 m

【考点二】干粉灭火系统试压和吹扫【★★】

（一）水压强度试验

（1）水压强度试验前，用温度计测量环境温度，确保环境温度不低于 5℃，如果低于 5℃，须采取必要的防冻措施，以确保水压试验正常进行。另外，还应在试验前对照设计文件核算试压试验压力，确保水压强度试验压力不低于 1.5 倍系统最大工作压力。

（2）水压强度试验时，其测试点选择在系统管网的最低点；管网注水时，将管网内的空气排净，以不大于 0.5 MPa/s 的速率缓慢升压至试验压力，达到试验压力后稳压 5 min，管网无渗漏、无变形。可采用试压装置进行试验，目测观察管网外观和测压用压力表。系统试压过程中出现渗漏时，停止试压，放空管网中的试验用水；消除缺陷后，重新试验。

（二）气压强度试验

当水压强度试验条件不具备时，可采用气压强度试验代替。气压强度试验压力取 1.15 倍系统最大工作压力。在试验前，用加压介质进行预试验，预试验压力为 0.2 MPa；试验时，逐步缓慢增加压力，当压力升至试验压力的 50% 时，如未发现异状或泄漏，继续按试验压力的 10% 逐级升压，每级稳压 3 min，直至达到试验压力；保压检查管道各处，以无变形、无泄漏为合格。气压试验可采用试压装置进行试验，目测观察管网外观和测压用压力表。

（三）管网吹扫

干粉输送管道在水压强度试验合格后，或在气密性试验前须进行吹扫。管网吹扫可采用压缩空气或氮气；吹扫时，管道末端的气体流速不应小于 20 m/s。可采用白布检查，直至无铁锈、尘土、水渍及其他异物出现。

（四）气密性试验

干粉输送管道进行气密性试验时，对干粉输送管道，试验压力为水压强度试验压力的 2/3；对气体输送管道，试验压力为气体最高工作储存压力。

进行气密性试验时，应以不大于 0.5 MPa/s 的速率缓慢升压至试验压力。关断试验气源 3 min 内压力降不超过试验压力的 10% 为合格。

【考点三】干粉灭火系统调试与现场功能测试【★★★】

（一）模拟自动启动试验

（1）将灭火控制器的启动信号输出端与相应的启动驱动装置连接，启动驱动装置与启动阀门的动作机构脱离。对于燃气型预制灭火装置，可以用一个启动电压、电流与燃气发火装置相同的负载代替启动驱动装置。

（2）人工模拟火警使防护区内任意一个火灾探测器动作。

（3）观察火灾探测器报警信号输出后，防护区的声光报警信号及联动设备动作是否正常。

（4）人工模拟火警使防护区内两个独立的火灾探测器动作。观察灭火控制器火警信号输出后，防护区的声光报警信号及联动设备动作是否正常。

（二）模拟手动启动试验

（1）将灭火控制器的启动信号输出端与相应的启动驱动装置连接，启动驱动装置与启动阀门的动作机构脱离。

（2）分别按下灭火控制器的启动按钮和防护区外的手动启动按钮。观察防护区的声光报警信号及联动设备动作是否正常。

（3）按下手动启动按钮后，在延时时间内再按下紧急停止按钮，观察灭火控制器启动信号是否终止。

（三）模拟喷放试验

1. 试验要求

模拟喷放试验采用干粉灭火剂和自动启动方式，干粉用量不少于设计用量的30%；当现场条件不允许喷放干粉灭火剂时，可采用惰性气体；采用的试验气瓶须与干粉灭火系统驱动气体储瓶的型号、规格、阀门结构、充装压力、连接与控制方式一致。试验时应保证出口压力不低于设计压力。

2. 试验方法

（1）启动驱动气体释放至干粉储存容器。

（2）容器内达到设计喷放压力并满足设定延时后，开启释放装置。

3. 判定标准

延时启动时间符合设定时间，设有火灾自动报警系统时，灭火系统的自动控制应在收到两个独立火灾探测信号后才能启动，并应延迟喷放，延迟时间不应大于 30 s；有关声光报警信号正确；信号反馈装置动作正常；干粉输送管无明显晃动和机械损伤；干粉或气体能喷入被试防护区内或保护对象上，且能从每个喷头喷出。

（四）干粉炮调试

1. 试验准备

调试干粉炮灭火系统时，先分别对动力源、电动阀门和干粉炮等逐个进行单机动作运行检查，正常后再对系统进行调试。

2. 试验要求

（1）采用液（气）压源作动力的干粉炮，其液（气）压源的实测工作压力须符合产品使用说明书的要求。

（2）电动阀门全部调试。

（3）无线遥控装置全部调试。

（4）系统调试以氮气代替干粉进行联动试验。

（5）装有现场手动按钮的干粉炮灭火系统，现场手动按钮所控制的相应联动单元全部调试。

【考点四】干粉灭火系统设计要求【★★★★★】

（一）一般规定

（1）干粉灭火系统按应用方式可分为全淹没灭火系统和局部应用灭火系统。扑救封闭空间内的火灾应采用全淹没灭火系统，扑救具体保护对象的火灾应采用局部应用灭火系统。

（2）采用全淹没灭火系统的防护区，应符合下列规定：

1）喷放干粉时不能自动关闭的防护区开口，其总面积不应大于该防护区总内表面积的15%，且开口不应设在底面。

2）防护区的围护结构及门、窗的耐火极限不应小于0.50 h，吊顶的耐火极限不应小于0.25 h；围护结构及门、窗的允许压力不宜小于1 200 Pa。

（3）采用局部应用灭火系统的保护对象，应符合下列规定：

1）保护对象周围的空气流动速度不应大于2 m/s。必要时应采取挡风措施。

2）在喷头和保护对象之间，喷头喷射角范围内不应有遮挡物。

3）当保护对象为可燃液体时，液面至容器缘口的距离不得小于150 mm。

（4）当防护区或保护对象有可燃气体和易燃、可燃液体供应源时，启动干粉灭火系统之前或同时，必须切断气体、液体的供应源。

（5）组合分配系统的灭火剂储存量不应小于所需储存量最多的一个防护区或保护对象的储存量。

（6）组合分配系统保护的防护区与保护对象之和不得超过8个。当防护区与保护对象之和超过5个时，或者在喷放后48 h内不能恢复到正常工作状态时，灭火剂应有备用量。备用量不应小于系统设计的储存量。

备用干粉储存容器应与系统管网相连，并能与主用干粉储存容器切换使用。

（二）全淹没灭火系统

全淹没灭火系统的干粉喷射时间不应大于30 s。

（三）局部应用灭火系统

（1）室内局部应用灭火系统的干粉喷射时间不应小于30 s，室外或有复燃危险的室内局部应用灭火系统的干粉喷射时间不应小于 60 s。

（2）局部应用灭火系统当采用面积法设计时，应符合下列规定：

1）保护对象计算面积应取被保护表面的垂直投影面积。

2）架空型喷头应以喷头的出口至保护对象表面的距离，确定其干粉输送速率和相应保护面积；槽边型喷头保护面积应由设计选定的干粉输送速率确定。

（3）局部应用灭火系统当采用体积法设计时，应符合下列规定：保护对象的计算体积应采用假定的封闭罩的体积。封闭罩的底应是实际底面；封闭罩的侧面及顶部当无实际围护结构时，其至保护对象外缘的距离不应小于 1.5 m。

（四）预制灭火装置

（1）预制灭火装置应符合下列规定：

1）灭火剂储存量不得大于 150 kg。

2）管道长度不得大于 20 m。

3）工作压力不得大于 2.5 MPa。

（2）一个防护区或保护对象宜用一套预制灭火装置保护。

（3）一个防护区或保护对象所用预制灭火装置最多不得超过 4 套，并应同时启动，其动作响应时间差不得大于 2 s。

【考点五】干粉灭火系统组件【★★★★】

（一）储存装置

（1）储存装置宜由干粉储存容器、容器阀、安全泄压装置、驱动气体储瓶、瓶头阀、集流管、减压阀、压力报警及控制装置等组成，并应符合下列规定：

1）干粉储存容器应符合《压力容器安全技术监察规程》的规定，驱动气体储瓶及其充装系数应符合《气瓶安全技术监察规程》的规定。

2）干粉储存容器设计压力可取 1.6 MPa 或 2.5 MPa 压力级，其干粉灭火剂的装量系数不应大于 0.85，增压时间不应大于 30 s。

（2）驱动气体应选用惰性气体，宜选用氮气；二氧化碳含水率不应大于 0.015%（m/m），其他气体含水率不得大于 0.006%（m/m）；驱动压力不得大于干粉储存容器的最高工作压力。

（3）储存装置的布置应方便检查和维护，并宜避免阳光直射。其环境温度应为 -20 ~ 50℃。

（二）选择阀和喷头

（1）在组合分配系统中，每个防护区或保护对象应设一个选择阀。选择阀的位置宜靠近干粉储存容器，并便于手动操作，方便检查和维护。选择阀上应设有标明防护区的永久性铭牌。

（2）选择阀应采用快开型阀门，其公称直径应与连接管道的公称直径相等。

（3）选择阀可采用电动、气动或液动驱动方式，并应有机械应急操作方式。阀的公称压力不应小于干粉储存容器的设计压力。

（4）系统启动时，选择阀应在输出容器阀动作之前打开。

（5）喷头应有防止灰尘或异物堵塞喷孔的防护装置。

（6）喷头的单孔直径不得小于 6 mm。

（三）管道及附件

（1）管道及附件应能承受最高环境温度下工作压力，并应符合下列规定：

1）管道应采用无缝钢管，其质量应符合《输送流体用无缝钢管》的规定；管道规格宜按要求取值。管道及附件应进行内外表面防腐处理，并宜采用符合环保要求的防腐方式。

2）对防腐层有腐蚀的环境，管道及附件可采用不锈钢、铜管或其他耐腐蚀的不燃材料。

3）输送启动气体的管道，宜采用铜管，其质量应符合《铜及铜合金拉制管》的规定。

4）管网应留有吹扫口。

5）管道变径时应使用异径管。

6）干管转弯处不应紧接支管，管道转弯处应符合《干粉灭火系统设计规范》的规定。

7）管道分支不应使用四通管件。

8）管道转弯时宜选用弯管。

9）管道附件应通过国家法定检测机构的检验认可。

（2）管道可采用螺纹连接、沟槽（卡箍）连接、法兰连接或焊接。公称直径小于或等于80 mm的管道，宜采用螺纹连接；公称直径大于80 mm的管道，宜采用沟槽（卡箍）或法兰连接。

（3）管网中阀门之间的封闭管段应设置泄压装置，其泄压动作压力取工作压力的（115±5）%。

（4）在通向防护区或保护对象的灭火系统主管道上，应设置压力信号器或流量信号器。

（5）管道应设置固定支架、吊架。可能产生爆炸的场所，管网宜吊挂安装并采取防晃措施。

【考点六】干粉灭火系统控制与操作及安全要求【★★★】

（一）控制与操作

（1）干粉灭火系统应设有自动控制、手动控制和机械应急操作三种启动方式。当局部应用灭火系统用于经常有人的保护场所时可不设自动控制启动方式。

（2）设有火灾自动报警系统时，灭火系统的自动控制应在收到两个独立火灾探测信号后才能启动，并应延迟喷放，延迟时间不应大于30 s，且不得小于干粉储存容器的增压时间。

（3）预制灭火装置可不设机械应急操作启动方式。

（二）安全要求

（1）防护区内及入口处应设火灾声光警报器，防护区入口处应设置干粉灭火剂喷放指示门灯及干粉灭火系统永久性标志牌。

（2）防护区的走道和出口，必须保证人员能在30 s内安全疏散。

（3）防护区的门应向疏散方向开启，并应能自动关闭，在任何情况下均应能在防护区内打开。

（4）防护区入口处应装设自动、手动转换开关。转换开关安装高度宜使中心位置距地面1.5 m。

（5）地下防护区和无窗或设固定窗扇的地上防护区，应设置独立的机械排风装置，排风口应通向室外。

（6）局部应用灭火系统，应设置火灾声光警报器。

（7）当系统管道设置在有爆炸危险的场所时，管网等金属件应设防静电接地。防静电接地设计应符合国家现行有关标准规定。

【考点七】干粉灭火系统周期性检查内容【★★★】

频次	检查项目	检查内容
每日	（1）干粉储存装置外观 （2）灭火控制器运行情况 （3）启动气体储瓶和驱动气体储瓶压力	（1）干粉储存装置是否固定牢固，标志牌是否清晰等 （2）启动气体储瓶和驱动气体储瓶压力是否符合设计要求
每月	（1）干粉储存装置部件 （2）驱动气体储瓶充装量	（1）检查干粉储存装置部件是否有碰撞或机械损伤，防护涂层是否完好；铭牌、标志、铅封应完好 （2）对驱动气体储瓶逐个进行称重检查
每年	（1）防护区及干粉储存装置间 （2）管网、支架及喷放组件 （3）模拟启动检查	（1）防护区的疏散通道、疏散指示标志和应急照明装置，防护区内和入口处的声光报警装置，入口处的安全标志及干粉灭火剂喷放指示门灯，无窗或固定窗扇的地上防护区和地下防护区的排气装置，门窗设有密封条的防护区的泄压装置。储存装置间的位置、通道、耐火等级、应急照明装置及地下储存装置间机械排风装置 （2）管网、支架及喷放组件的检查内容 　1）干粉储存容器的数量、型号、规格、位置与固定方式、油漆和标志、干粉充装量，以及干粉储存容器的安装质量 　2）集流管、驱动气体管道和减压阀的规格、连接方式、布置及其安全防护装置的泄压方向 　3）选择阀及信号反馈装置的数量、型号、规格、位置、标志及其安装质量 　4）阀驱动装置的数量、型号、规格、标志、安装位置，气动阀驱动装置中启动气体储瓶的介质名称和充装压力，以及启动气体管道的规格、布置和连接方式 　5）管道的布置与连接方式，支架和吊架的位置及间距，穿过建筑构件及其变形缝的处理，各管段和附件的型号、规格以及防腐处理、油漆颜色 　6）喷头的数量、型号、规格、安装位置和方向 　7）灭火控制器及手动、自动转换开关，手动启动、停止按钮，喷放指示灯，声光报警装置等联动设备的设置

【考点八】干粉灭火系统年度检测【★★★】

检测项目	检测内容
喷头	喷头数量、型号、规格、安装位置和方向符合设计文件要求，无碰撞变形或其他机械损伤，并有型号、规格的永久性标志
储存装置	（1）干粉储存容器的数量、型号、规格，位置与固定方式，油漆和标志符合设计要求 （2）驱动气瓶压力和干粉充装量符合设计要求
功能检测	（1）模拟干粉喷放功能检测 （2）模拟自动启动功能检测 （3）模拟手动启动/紧急停止功能检测 （4）备用瓶组切换功能检测

第十章　建筑灭火器

【考点一】灭火器及灭火器箱现场质量检查【★★★★】

（1）灭火器的进场检查应符合下列要求：

1）灭火器应符合市场准入的规定，并应有出厂合格证和相关证书。

2）灭火器的铭牌、生产日期和维修日期等标志应齐全。

3）灭火器的类型、规格、灭火级别和数量应符合配置设计要求。

4）灭火器筒体应无明显缺陷和机械损伤。

5）灭火器的保险装置应完好。

6）灭火器压力指示器的指针应在绿区范围内。

7）推车式灭火器的行驶机构应完好。

（2）灭火器箱的进场检查应符合下列要求：

1）灭火器箱应有出厂合格证和型式检验报告。

2）灭火器箱外观应无明显缺陷和机械损伤。

3）灭火器箱应开启灵活。

（3）设置灭火器的挂钩、托架应符合配置设计要求，无明显缺陷和机械损伤，并应有出厂合格证。

（4）发光指示标志应无明显缺陷和损伤，并应有出厂合格证和型式检验报告。

【考点二】手提式及推车式灭火器的安装设置要求【★★★★★】

（一）手提式灭火器

（1）手提式灭火器宜设置在灭火器箱内或挂钩、托架上。对于环境干燥、洁净的场所，手提式灭火器可直接放置在地面上。

（2）灭火器箱不得被遮挡、上锁或拴系。

（3）灭火器箱的箱门开启应方便灵活，开启后不得阻挡人员安全疏散。除不影响灭火器取用和人员疏散的场合外，开门式灭火器箱的箱门开启角度不应小于175°，翻盖式灭火器箱的箱盖开启角度不应小于100°。

（4）挂钩、托架安装后，能够承受5倍的手提式灭火器（当5倍的手提式灭火器质量小于45kg时，按45kg计）的静载荷，承载5min后，不出现松动、脱落、断裂和明显变形等现象。

（5）挂钩、托架安装应符合下列要求：

1）应保证可用徒手的方式便捷地取用设置在挂钩、托架上的手提式灭火器。

2）当2具及2具以上的手提式灭火器相邻设置在挂钩、托架上时，应可任意地取用其中1具。

（6）设有夹持带的挂钩、托架，夹持带的打开方式应从正面可以看到。当夹持带打开时，灭火器不应掉落。

（7）嵌墙式灭火器箱及挂钩、托架的安装高度应满足手提式灭火器顶部离地面距离不大于1.5 m、底部离地面距离不小于 0.08 m 的规定。

（二）推车式灭火器

（1）推车式灭火器通常设置在平坦场地上，不得设置在台阶上。在没有外力作用下，推车式灭火器不得自行滑动。

（2）推车式灭火器的设置和防止自行滑动的固定措施等均不得影响其操作使用和正常行驶移动。

【考点三】灭火器的类型选择【★★★★】

（1）A 类火灾场所应选择水型灭火器、磷酸铵盐干粉灭火器、泡沫灭火器或卤代烷灭火器。

（2）B 类火灾场所应选择泡沫灭火器、碳酸氢钠干粉灭火器、磷酸铵盐干粉灭火器、二氧化碳灭火器、灭 B 类火灾的水型灭火器或卤代烷灭火器。

极性溶剂的 B 类火灾场所应选择灭 B 类火灾的抗溶性灭火器。

（3）C 类火灾场所应选择磷酸铵盐干粉灭火器、碳酸氢钠干粉灭火器、二氧化碳灭火器或卤代烷灭火器。

（4）D 类火灾场所应选择扑灭金属火灾的专用灭火器。

（5）E 类火灾场所应选择磷酸铵盐干粉灭火器、碳酸氢钠干粉灭火器、二氧化碳灭火器或卤代烷灭火器，不得选用装有金属喇叭喷筒的二氧化碳灭火器。

【考点四】灭火器的设置要求【★★★★★】

《建筑灭火器配置设计规范》规定如下：

（1）灭火器应设置在位置明显和便于取用的地点，且不得影响安全疏散。

（2）对有视线障碍的灭火器设置点，应设置指示其位置的发光标志。

（3）灭火器的摆放应稳固，其铭牌应朝外。手提式灭火器宜设置在灭火器箱内或挂钩、托架上，其顶部离地面高度不应大于 1.5 m，底部离地面高度不宜小于 0.08 m。灭火器箱不得上锁。

（4）灭火器不宜设置在潮湿或强腐蚀性的地点。当必须设置时，应有相应的保护措施。灭火器设置在室外时，应有相应的保护措施。

（5）灭火器不得设置在超出其使用温度范围的地点。

（6）设置在 A 类火灾场所的灭火器，其最大保护距离应符合表 3-10-1 的规定。

表 3-10-1　　　　　　　**A 类火灾场所的灭火器最大保护距离**　　　　（单位：m）

灭火器型式危险等级	手提式灭火器	推车式灭火器
严重危险级	15	30
中危险级	20	40
轻危险级	25	50

（7）设置在 B、C 类火灾场所的灭火器，其最大保护距离应符合表 3-10-2 的规定。

表 3-10-2　　　　　　　　B、C 类火灾场所的灭火器最大保护距离　　　　　　　（单位：m）

灭火器型式危险等级	手提式灭火器	推车式灭火器
严重危险级	9	18
中危险级	12	24
轻危险级	15	30

【考点五】灭火器的配置及验收要求【★★★★★】

（1）灭火器的类型、规格、灭火级别和配置数量应符合建筑灭火器配置设计要求。

（2）在同一灭火器配置单元内，采用不同类型灭火器时，其灭火剂应能相容。

（3）每个计算单元内配置的灭火器数量不得少于 2 具。

（4）每个设置点的灭火器数量不宜多于 5 具。

（5）住宅楼每层公共部位建筑面积超过 100 m^2 的，应配置 1 具 1A 的手提式灭火器；每增加 100 m^2 时，增配 1 具 1A 的手提式灭火器。

（6）A 类火灾场所灭火器的最低配置基准应符合表 3-10-3 的规定。

表 3-10-3　　　　　　　　A 类火灾场所灭火器的最低配置基准

危险等级	严重危险级	中危险级	轻危险级
单具灭火器最小配置灭火级别	3A	2A	1A
单位灭火级别最大保护面积 /（m^2/A）	50	75	100

（7）B、C 类火灾场所灭火器的最低配置基准应符合表 3-10-4 的规定。

表 3-10-4　　　　　　　　B、C 类火灾场所灭火器的最低配置基准

危险等级	严重危险级	中危险级	轻危险级
单具灭火器最小配置灭火级别	89B	55B	21B
单位灭火级别最大保护面积 /（m^2/B）	0.5	1	1.5

【考点六】灭火器设置点及其间距设置要求【★★】

（1）计算单元的最小需配灭火级别应按下式计算：

$$Q=K\frac{S}{U}$$

式中　Q——计算单元的最小需配灭火级别（A 或 B）；

　　　K——修正系数；

　　　S——计算单元的保护面积（m^2）；

　　　U——A 类或 B 类火灾场所单位灭火级别最大保护面积（m^2/A 或 m^2/B）。

（2）修正系数应按表 3-10-5 的规定取值。

（3）歌舞娱乐放映游艺场所、网吧、商场、寺庙以及地下场所等的计算单元的最小需配灭火级别应按下式计算：

$$Q=1.3K\frac{S}{U}$$

表 3-10-5   修正系数

计算单元	K
未设室内消火栓系统和灭火系统	1
设有室内消火栓系统	0.9
设有灭火系统	0.7
设有室内消火栓系统和灭火系统	0.5
可燃物露天堆场，甲、乙、丙类液体储罐区，可燃气体储罐区	0.3

（4）计算单元中每个灭火器设置点的最小需配灭火级别应按下式计算：

$$Q_e = \frac{Q}{N}$$

式中　Q_e——计算单元中每个灭火器设置点的最小需配灭火级别（A 或 B）；

　　　　N——计算单元中的灭火器设置点数（个）。

【考点七】灭火器竣工验收判定标准【★★★★★】

（1）灭火器配置验收应按单栋建筑独立验收，局部验收按照规定要求申报。

（2）灭火器配置验收的判定规则应符合下列要求：

1）缺陷项目应按表 3-10-6 建筑灭火器配置工程竣工验收报告的规定划分为严重缺陷项（A）、重缺陷项（B）和轻缺陷项（C）。

2）合格判定条件应为：A=0，且 B≤1，且 B+C≤4，否则为不合格。

（3）建筑灭火器配置工程竣工验收报告见表 3-10-6。

表 3-10-6   建筑灭火器配置工程竣工验收报告

序号	验收检查项目及要求	缺陷项级别	检查记录	检查结论
1	灭火器的类型、规格、灭火级别和配置数量符合建筑灭火器配置设计要求	严重（A）		
2	灭火器的产品质量符合国家有关产品标准的要求	严重（A）		
3	同一灭火器配置单元内的不同类型灭火器，其灭火剂能相容	严重（A）		
4	灭火器的保护距离符合规定，保证配置场所的任一点都在灭火器设置点的保护范围内	严重（A）		
5	灭火器设置点附近无障碍物，取用灭火器方便，且不影响人员安全疏散	重（B）		
6	手提式灭火器宜设置在灭火器箱内或者挂钩、托架上，或直接摆放在干燥、洁净的地面上	重（B）		
7	灭火器（箱）不得被遮挡、拴系或者上锁	重（B）		
8	灭火器箱箱门开启方便灵活，开启不阻挡人员安全疏散；开门式灭火器箱箱门开启角度不小于 175°，翻盖式灭火器箱的箱盖开启角度不小于 100°（不影响灭火器取用和人员疏散的场合除外）	轻（C）		

序号	验收检查项目及要求	缺陷项级别	检查记录	检查结论
9	挂钩、托架安装后能承受一定的静载荷，无松动、脱落、断裂和明显变形。以 5 倍的手提式灭火器质量的载荷（不小于 45 kg）悬挂于挂钩、托架上，作用 5 min	重（B）		
10	挂钩、托架安装后，保证可用徒手方式便捷地取用手提式灭火器。2 具及 2 具以上的手提式灭火器相邻设置在挂钩、托架上时，保证可任意地取用其中 1 具	重（B）		
11	设有夹持带的挂钩、托架，夹持带的开启方式从正面可以看到。夹持带打开时，手提式灭火器不掉落	轻（C）		
12	嵌墙式灭火器箱及灭火器挂钩、托架安装高度，满足手提式灭火器顶部离地面距离不大于 1.5 m、底部离地面距离不小于 0.08 m 的要求，其设置点与设计点的垂直偏差不大于 0.01 m	轻（C）		
13	推车式灭火器宜设置在平坦场地，不得设置在台阶上。在没有外力作用下，推车式灭火器不得自行滑动	轻（C）		
14	推车式灭火器的设置和防止自行滑动的固定措施等不得影响其操作使用和正常行驶移动	轻（C）		
15	有视线障碍的灭火器配置点，在其醒目部位设置指示灭火器位置的发光标志	重（B）		
16	在灭火器箱的箱体正面和灭火器设置点附近的墙面上，设置指示灭火器位置的标志，这些标志宜选用发光标志	轻（C）		
17	灭火器摆放稳固。灭火器的铭牌朝外，灭火器的器头宜向上	重（B）		
18	灭火器配置点设置在通风、干燥、洁净的地方，环境温度不得超出灭火器使用温度范围。设置在室外和特殊场所的灭火器采取相应的保护措施	重（B）		

【考点八】灭火器日常管理及检查【★★★★★】

（1）每次送修的灭火器数量不得超过计算单元配置灭火器总数量的 1/4。超出时，应选择相同类型和操作方法的灭火器替代，替代灭火器的灭火级别不应小于原配置灭火器的灭火级别。

（2）检查或维修后的灭火器均应按原设置点位置摆放。

（3）灭火器的维修、报废应由灭火器生产企业或专业维修单位实施。

（4）灭火器的配置、外观等应按要求每月进行一次检查。

（5）下列场所配置的灭火器，应按要求每半月进行一次检查。

1）候车（机、船）室、歌舞娱乐放映游艺等人员密集的公共场所。

2）堆场、罐区、石油化工装置区、加油站、锅炉房、地下室等场所。

（6）日常巡检发现灭火器被挪动，缺少零部件或灭火器配置场所的使用性质发生变化等情况时，应及时处置。

（7）灭火器的检查记录应予保留。

【考点九】灭火器维修【★★★★★】

（1）存在机械损伤、明显锈蚀、灭火剂泄漏、被开启使用过或符合其他维修条件的灭火器应及时进行维修。

（2）灭火器的维修期限应符合表3-10-7的规定。

表3-10-7　　　　　　　　　　　　灭火器的维修期限

灭火器类型		维修期限
水基型灭火器	手提式水基型灭火器	出厂期满3年；首次维修以后每满1年
	推车式水基型灭火器	
干粉灭火器	手提式（储压式）干粉灭火器	出厂期满5年；首次维修以后每满2年
	手提式（储气瓶式）干粉灭火器	
	推车式（储压式）干粉灭火器	
	推车式（储气瓶式）干粉灭火器	
洁净气体灭火器	手提式洁净气体灭火器	
	推车式洁净气体灭火器	
二氧化碳灭火器	手提式二氧化碳灭火器	
	推车式二氧化碳灭火器	

（3）每次维修时，下列零部件应予以更换：

1）密封片、圈、垫等密封零件。

2）水基型灭火剂。

3）二氧化碳灭火器的超压安全膜片。

【考点十】灭火器报废【★★★★★】

（1）下列类型的灭火器应报废：

1）酸碱型灭火器。

2）化学泡沫型灭火器。

3）倒置使用型灭火器。

4）氯溴甲烷、四氯化碳灭火器。

5）国家政策明令淘汰的其他类型灭火器。

（2）有下列情况之一的灭火器应报废：

1）筒体严重锈蚀，锈蚀面积大于或等于筒体总面积的1/3，表面有凹坑的。

2）筒体明显变形，机械损伤严重的。

3）器头存在裂纹、无泄压机构的。

4）筒体为平底等不合理结构的。

5）没有间歇喷射机构的手提式灭火器。

6）没有生产厂名称和出厂年月，包括铭牌脱落，或虽有铭牌，但已看不清生产厂名称，或出厂年月钢印无法识别的。

7）筒体有锡焊、铜焊或补缀等修补痕迹的。

8）被火烧过的。

（3）灭火器出厂时间达到或超过表 3-10-8 规定的报废期限时应报废。

表 3-10-8　　　　　　　　　　灭火器的报废期限

灭火器类型		报废期限 / 年
水基型灭火器	手提式水基型灭火器	6
	推车式水基型灭火器	
干粉灭火器	手提式（储压式）干粉灭火器	10
	手提式（储气瓶式）干粉灭火器	
	推车式（储压式）干粉灭火器	
	推车式（储气瓶式）干粉灭火器	
洁净气体灭火器	手提式洁净气体灭火器	
	推车式洁净气体灭火器	
二氧化碳灭火器	手提式二氧化碳灭火器	12
	推车式二氧化碳灭火器	

（4）灭火器报废后，应按照等效替代的原则进行更换。

第十一章　防烟排烟系统

【考点一】防烟排烟系统分类及组成【★★★★】

分类			主要组成
防烟系统	机械加压送风系统	加压送风机	一般采用中、低压离心风机或轴流风机。加压送风管道采用不燃材料制作
		加压送风口	分为常开式、常闭式和自垂百叶式。常开式即普通的固定叶片式百叶风口；常闭式采用手动或电动开启，常用于前室或合用前室；自垂百叶式平时靠百叶重力自行关闭，加压时自行开启，常用于防烟楼梯间
	自然通风系统		包括位于防烟楼梯间及其前室、消防电梯前室或合用前室外墙上的洞口或便于人工开启的普通外窗
排烟系统	机械排烟系统	排烟风机	一般可采用离心风机、排烟专用的混流风机或轴流风机，也有采用风机箱或屋顶式风机。排烟风机与加压送风机的不同在于排烟风机应保证在280℃的环境条件下能连续工作不少于30 min
		排烟管道	采用不燃材料制作，常用的排烟管道采用镀锌钢板加工制作，厚度按高压系统要求，并应采取隔热防火措施，当吊顶内有可燃物时，还应与可燃物保持不小于150 mm的距离
		排烟防火阀	安装在机械排烟系统的管道上，平时呈开启状态，火灾时当排烟管道内烟气温度达到280℃时关闭，并在一定时间内能满足漏烟量和耐火完整性要求，起隔烟阻火作用的阀门。一般由阀体、叶片、执行机构和温感器等部件组成
		排烟口	安装在机械排烟系统的风管（风道）管壁上作为烟气吸入口，平时呈关闭状态并满足允许漏风量要求，火灾或需要排烟时手动或电动打开，起排烟作用的阀门。外加带有装饰口或进行过装饰处理的阀门称为排烟口
		挡烟垂壁	挡烟垂壁是用于分隔防烟分区的装置或设施，可分为固定式或活动式。固定式挡烟垂壁可采用隔墙、楼板下不小于500 mm的梁或吊顶下凸出不小于500 mm的不燃烧体；活动式挡烟垂壁本体采用不燃烧体制作，平时隐藏于吊顶内或卷缩在装置内，当其所在部位温度升高，或消防控制中心发出火警信号或直接接收烟感信号后，置于吊顶上方的挡烟垂壁迅速垂落至设定高度，限制烟气流动以形成"储烟仓"，便于排烟系统将高温烟气迅速排出室外
	自然排烟系统		包括常见的便于人工开启的普通外窗，以及专门为高大空间自然排烟而设置的自动排烟窗。自动排烟窗同时具有自动和手动开启功能

【考点二】防烟排烟系统质量控制文件及现场检查要求【★★★】

检查项目	检查要求
质量控制文件	（1）系统组件、设备、材料的铭牌、标志、出厂产品合格证、消防产品符合法定市场准入规则文件的证明文件 （2）风机、正压送风口、防火阀、排烟阀等系统主要组件、设备经国家消防产品质量监督检验中心检测合格的法定检测报告
风管	（1）风管的材料品种、规格、厚度等应符合设计要求和国家现行产品标准的规定。当采用金属风管且设计无要求时，钢板或镀锌钢板的厚度应符合标准规定 （2）有耐火极限要求的风管的本体、框架与固定材料、密封垫料等必须为不燃材料，材料品种、规格、厚度及耐火极限等应符合设计要求和国家现行标准的规定
阀（口）	（1）排烟防火阀、送风口、排烟阀或排烟口等应符合有关消防产品标准的规定，其型号、规格、数量应符合设计要求，手动开启灵活、关闭可靠严密 （2）防火阀、送风口和排烟阀或排烟口等的驱动装置，动作应可靠，在最大工作压力下工作正常 （3）防烟、排烟系统柔性短管的制作材料必须为不燃材料
风机	符合有关消防产品标准的规定，型号、规格、数量应符合设计要求，出口方向应正确
活动式挡烟垂壁及其电动驱动装置和控制装置	符合有关消防产品标准的规定，型号、规格、数量应符合设计要求，动作可靠
自动排烟窗的驱动装置和控制装置	符合设计要求，动作可靠

【考点三】防烟排烟系统风管的制作与连接要求【★★】

（一）金属风管的制作和连接要求

（1）风管采用法兰连接时，风管法兰材料规格按下表选用，其螺栓孔的间距不得大于 150 mm；矩形风管法兰四角处应设有螺孔。

风管直径 D 或风管长边尺寸 B/mm	法兰材料规格 /mm	螺栓规格
$D(B) \leq 630$	25×3	M6
$630 < D(B) \leq 1\,500$	30×3	M8
$1\,500 < D(B) \leq 2\,500$	40×4	
$2\,500 < D(B) \leq 4\,000$	50×5	M10

（2）板材应采用咬口连接或铆接，除镀锌钢板及含有复合保护层的钢板外，板厚大于 1.5 mm 的可采用焊接。

（3）风管应以板材连接的密封为主，可辅以密封胶嵌缝或其他方法密封，密封面宜设在风管的正压侧。

（4）排烟风管的隔热层应采用厚度不小于 40 mm 的不燃绝热材料，绝热材料的施工及风管加固、导流片的设置应按有关规定执行。

（二）非金属风管的制作和连接要求

（1）非金属风管的材料品种、规格、性能与厚度等应符合设计和国家现行产品标准的规定。

（2）法兰的规格符合下表的规定，其螺栓孔的间距不得大于 120 mm；矩形风管法兰的四角处应设有螺孔。

风管边长 B/mm	材料规格（宽 × 厚）/mm	连接螺栓
B ≤ 400	30 × 4	M8
400 < B ≤ 1 000	40 × 6	
1 000 < B ≤ 2 000	50 × 8	M10

（3）采用套管连接时，套管厚度不小于风管板材的厚度。

（4）无机玻璃钢风管的玻璃布必须无碱或中碱，层数应符合有关规定，风管的表面不得出现泛卤或严重泛霜。

【考点四】防烟排烟系统风管及风道的安装与检测【★★】

（一）风管的强度和严密性检验

风管应按系统类别进行强度和严密性检验，其强度和严密性应符合设计要求或下列规定：

（1）风管强度应符合《通风管道技术规程》的规定。

（2）金属矩形风管的允许漏风量应满足下列要求：

$$低压系统风管 \ L_{low} \le 0.105\,6\,P_{风管}^{0.65}$$
$$中压系统风管 \ L_{mid} \le 0.035\,2\,P_{风管}^{0.65}$$
$$高压系统风管 \ L_{high} \le 0.011\,7\,P_{风管}^{0.65}$$

式中　L_{low}，L_{mid}，L_{high}——系统风管在相应工作压力下，单位面积风管单位时间内的允许漏风量 $[m^3/(h \cdot m^2)]$；

　　　　$P_{风管}$——风管系统的工作压力（Pa）。

（3）风管系统类别应按下表划分。

系统类别	系统工作压力 $P_{风管}$/Pa
低压系统	$P_{风管} \le 500$
中压系统	$500 < P_{风管} \le 1\,500$
高压系统	$P_{风管} > 1\,500$

（4）金属圆形风管、非金属风管允许的气体漏风量应为金属矩形风管规定值的50%。

（5）排烟风管应按中压系统风管的规定。

检查数量：按风管系统类别和材质分别抽查，不应少于3件及15 m²。

（二）风管的安装

（1）风管的规格、安装位置、标高、走向应符合设计要求，现场风管的安装不得缩小接口的有效截面。

（2）风管接口的连接应严密、牢固，垫片厚度不应小于3 mm，不应凸入管内和法兰外；排烟风管法兰垫片应为不燃材料，薄钢板法兰风管应采用螺栓连接。

（3）风管与风机宜采用法兰连接，或采用不燃材料的柔性短管连接。当风机仅用于防烟排烟时，不宜采用柔性连接。

（4）风管与风机连接若有转弯处，宜加装导流叶片，保证气流顺畅。

（5）当风管穿越隔墙或楼板时，风管与隔墙之间的空隙，应采用水泥沙浆等不燃材料严密填塞。

（6）吊顶内的排烟管道应采用不燃材料隔热，并应与可燃物保持不小于150 mm的距离。

（三）风管（道）系统安装要求

风管（道）系统安装完毕后，应按系统类别进行严密性检验。检验应以主、干管道为主，漏风量应符合相关规范的规定。

【考点五】排烟口的设置要求【★★★★】

（1）当排烟口设在吊顶内且通过吊顶上部空间进行排烟时，应符合下列规定：

1）吊顶应采用不燃材料，且吊顶内不应有可燃物。

2）封闭式吊顶上设置的烟气流入口的颈部烟气速度不宜大于1.5 m/s。

3）非封闭式吊顶的开孔率不应小于吊顶净面积的25%，且孔洞应均匀布置。

（2）排烟口设置时，防烟分区内任一点与最近的排烟口之间的水平距离不应大于30 m。除排烟口设在吊顶内且通过吊顶上部空间进行排烟时，排烟口的设置尚应符合下列规定：

1）排烟口宜设置在顶棚或靠近顶棚的墙面上。

2）排烟口应设在储烟仓内，但走道、室内空间净高不大于3 m的区域，其排烟口可设置在其净空高度的1/2以上；当设置在侧墙时，吊顶与其最近边缘的距离不应大于0.5 m。

3）对于需要设置机械排烟系统的房间，当其建筑面积小于50 m²时，可通过走道排烟，排烟口可设置在疏散走道。

4）火灾时由火灾自动报警系统联动开启排烟区域的排烟阀或排烟口，应在现场设置手动开启装置。

5）排烟口的设置宜使烟流方向与人员疏散方向相反，排烟口与附近安全出口相邻边缘之间的水平距离不应小于1.5 m。

6）每个排烟口的排烟量不应大于最大允许排烟量。

7）排烟口的风速不宜大于10 m/s。

【考点六】防火阀、排烟阀等部件的安装与检测【★★★】

（一）排烟防火阀

（1）型号、规格及安装的方向、位置应符合设计要求。

（2）阀门应顺气流方向关闭，防火分区隔墙两侧的排烟防火阀，距墙端面不应大于200 mm。

（3）手动和电动装置应灵活、可靠，阀门关闭严密。

（4）应设独立的支架、吊架；当风管采用不燃材料防火隔热时，阀门安装处应有明显标识。

（二）送风口、排烟阀（口）

（1）安装位置应符合标准和设计要求，并应固定牢靠，表面平整、不变形，调节灵活。

（2）排烟口距可燃物或可燃构件的距离不应小于1.5 m。

（三）常闭送风口、排烟阀（口）

手动驱动装置应固定安装在明显可见、距楼地面1.3 ~ 1.5 m的便于操作的位置，预埋套管不得有死弯及瘪陷，手动驱动装置操作应灵活。

（四）挡烟垂壁

（1）型号、规格、下垂的长度和安装位置应符合设计要求。

（2）活动式挡烟垂壁与建筑结构（柱或墙）面的缝隙不应大于60 mm，由两块或两块以上的挡烟垂帘组成的连续性挡烟垂壁，各块之间不应有缝隙，搭接宽度不应小于100 mm。

（3）活动式挡烟垂壁的手动操作按钮应固定安装在距楼地面1.3 ~ 1.5 m的便于操作、明显可见处。

（五）排烟窗

（1）型号、规格和安装位置应符合设计要求。

（2）安装应牢固、可靠，符合有关门窗施工验收的规范要求，并应开启、关闭灵活。

（3）手动开启机构或按钮应固定安装在距楼地面1.3 ~ 1.5 m处，并便于操作、明显可见。

（4）自动排烟窗驱动装置的安装应符合设计和产品技术文件要求，并应灵活、可靠。

【考点七】防烟排烟系统风机的安装与检测【★★★】

（1）型号、规格应符合设计规定，其出口方向正确。机械加压送风系统的设计风量不应小于计算风量的1.2倍。

（2）送风机的进风口不应与排烟风机的出风口设在同一面上。当确有困难时，送风机的进风口与排烟风机的出风口应分开布置。竖向布置时，送风机的进风口应设置在排烟出口的下方，其两者边缘最小垂直距离不应小于6 m；水平布置时，两者边缘最小水平距离不应小于20 m。

（3）风机外壳与墙壁或其他设备的距离不应小于600 mm。

（4）风机应设在混凝土或钢架基础上，且不应设置减振装置；若排烟系统与通风空调系统共用且需要设置减振装置时，不应使用橡胶减振装置。

（5）吊装风机的支架、吊架应焊接牢固、安装可靠，其结构形式和外形尺寸应符合设计或设备技术文件要求。

（6）风机驱动装置的外露部位必须装设防护罩；直通大气的进、出风口必须装设防护网或采取其他安全设施，并应设防雨措施。

【考点八】防烟排烟系统的单机调试【★★★★】

（一）排烟防火阀的调试

（1）进行手动关闭、复位试验，阀门动作应灵敏、可靠，关闭应严密。

（2）模拟火灾，相应区域火灾报警后，同一防火分区内排烟管道上的其他阀门应联动关闭。

（3）阀门关闭后的状态信号应能反馈到消防控制室。

（4）阀门关闭后应能联动相应的风机停止。

（二）常闭送风口、排烟阀（口）的调试

（1）进行手动开启、复位试验，阀门动作应灵敏、可靠，远距离控制机构的脱扣钢丝连接应不松弛、不脱落。

（2）模拟火灾，相应区域火灾报警后，同一防火分区的常闭送风口和同一防烟分区内的排烟阀（口）应联动开启。

（3）阀门开启后的状态信号应能反馈到消防控制室。

（4）阀门开启后应能联动相应的风机启动。

（三）活动式挡烟垂壁的调试

（1）手动操作挡烟垂壁按钮进行开启、复位试验，挡烟垂壁应灵敏、可靠地启动与到位后停止，下降高度符合设计要求。

（2）模拟火灾，相应区域火灾报警后，同一防烟分区内挡烟垂壁应在 60 s 以内联动下降到设计高度。

（3）挡烟垂壁下降到设计高度后应能将状态信号反馈到消防控制室。

（四）自动排烟窗的调试

（1）手动操作排烟窗开关进行开启、关闭试验，排烟窗动作应灵敏、可靠。

（2）模拟火灾，相应区域火灾报警后，同一防烟分区内排烟窗应能联动开启；完全开启时间应符合规范要求。

（3）与消防控制室联动的排烟窗完全开启后，状态信号应反馈到消防控制室。

（五）送风机、排烟风机的调试

（1）手动开启风机，风机应正常运转 2 h，叶轮旋转方向应正确、运转平稳，无异常振动与声响。

（2）核对风机的铭牌值，并测定风机的风量、风压、电流和电压，其结果应与设计相符。

（3）能在消防控制室手动控制风机的启动、停止；风机的启动、停止状态信号应能反馈到消防控制室。

（4）当风机进、出风管上安装单向阀或电动风阀时，风阀的开启与关闭应与风机的启动与停止同步。

（六）机械加压送风系统风速及余压的调试

（1）选取送风系统末端所对应的送风最不利的三个连续楼层模拟起火层及其上下层，封闭避难层（间）仅需选取本层，调试送风系统使上述楼层的楼梯间、前室及封闭避难层（间）的风压值及疏散门的门洞断面风速值与设计值的偏差不大于10%。

（2）对楼梯间和前室的调试应单独分别进行，且互不影响。

（3）调试楼梯间和前室疏散门的门洞断面风速时，设计疏散门开启的楼层数量应符合规定。

（七）机械排烟系统风速和风量的调试

（1）根据设计模式，开启排烟风机和相应的排烟阀或排烟口，调试排烟系统使排烟阀或排烟口处的风速值及排烟量值达到设计要求。

（2）开启排烟系统的同时，还应开启补风机和相应的补风口，调试补风系统使补风口处的风速值及补风量值达到设计要求。

（3）测试每个风口风速，核算每个风口的风量及其防烟分区总风量。

【考点九】防烟排烟系统的联动调试【7 ★】

（一）火灾自动报警系统防烟系统的联动控制方式

（1）应由加压送风口所在防火分区内的两只独立的火灾探测器或一只火灾探测器与一只手动火灾报警按钮的报警信号，作为送风口开启和加压送风机启动的联动触发信号，并应由消防联动控制器联动控制相关层前室等需要加压送风场所的加压送风口开启和加压送风机启动。

（2）应由同一防烟分区内且位于电动挡烟垂壁附近的两只独立的感烟火灾探测器的报警信号，作为电动挡烟垂壁降落的联动触发信号，并应由消防联动控制器联动控制电动挡烟垂壁的降落。

（二）火灾自动报警系统排烟系统的联动控制方式

（1）应由同一防烟分区内的两只独立的火灾探测器的报警信号，作为排烟口、排烟窗或排烟阀开启的联动触发信号，并应由消防联动控制器联动控制排烟口、排烟窗或排烟阀的开启，同时停止该防烟分区的空调系统。

（2）应由排烟口、排烟窗或排烟阀开启的动作信号，作为排烟风机启动的联动触发信号，并应由消防联动控制器联动控制排烟风机的启动。

（三）机械加压送风系统的联动调试

（1）当任何一个常闭送风口开启时，相应的送风机均能联动启动。

（2）与火灾自动报警系统联动调试时，当火灾自动报警系统发出联动控制信号后，应在15 s内启动有关部位的送风口、送风机。启动的送风口、送风机应与设计要求一致，联动启动方式应符合《火灾自动报警系统设计规范》的规定，其状态信号应反馈到消防控制室。

（四）机械排烟系统的联动调试

（1）当任何一个常闭排烟阀（口）开启时，排烟风机均能联动启动。

（2）与火灾自动报警系统联动调试时，当火灾自动报警系统发出联动控制信号后，机械排烟系统应启动有关部位的排烟阀（口）、排烟风机；启动的排烟阀（口）、排烟风机应与设计和规范要求一致，其状态信号应反馈到消防控制室。

（3）有补风要求机械排烟场所，当火灾确认后，补风系统应启动。

（4）排烟系统与通风、空调系统合用，当火灾自动报警系统发出联动控制信号后，由通风、空调系统转换为排烟系统的时间应符合规范要求。

（五）自动排烟窗的联动调试

自动排烟窗应联动开启到符合要求的位置，其动作状态信号应反馈到消防控制室。

（六）活动式挡烟垂壁的联动调试

活动式挡烟垂壁应在火灾报警后联动下降到设计高度，其动作状态信号应反馈到消防控制室。

【考点十】防烟排烟系统验收资料【★★★】

防烟排烟系统工程竣工验收时，施工单位应提供下列资料：

（1）竣工验收申请报告。

（2）施工图、设计说明书、设计变更通知书和设计审查意见书、竣工图。

（3）工程质量事故处理报告。

（4）防烟排烟系统施工过程质量检查记录。

（5）防烟排烟系统工程质量控制资料检查记录。

【考点十一】机械防烟排烟系统的验收【★★】

（一）机械防烟系统的验收

（1）选取送风系统末端所对应的送风最不利的三个连续楼层模拟起火层及其上下层，封闭避难层（间）仅需选取本层，测试前室及封闭避难层（间）的风压值及疏散门的门洞断面风速值，应分别符合相关规范规定且偏差不大于设计值的10%。

（2）对楼梯间和前室的测试应单独分别进行，且互不影响。

（3）测试楼梯间和前室疏散门的门洞断面风速时，应同时开启三个楼层的疏散门。

（二）机械排烟系统的验收

（1）开启任一防烟分区的全部排烟口，风机启动后排烟口处的风速、风量应符合设计要求且偏差不大于设计值的10%。

（2）设有补风系统的场所，补风口风速、风量应符合设计要求且偏差不大于设计值的10%。

【考点十二】防烟排烟系统周期性检查维护【6★】

（1）防烟、排烟系统的巡查内容包括：①送风阀外观。②送风机及控制柜外观及工作状况。③挡烟垂壁及其控制装置外观及工作状况、排烟阀及其控制装置外观。④电动排烟窗、自然排烟设施外观。⑤排烟机及控制柜外观及工作状况。⑥送风、排烟机房环境。

（2）每季度应对防烟排烟风机、活动式挡烟垂壁、自动排烟窗进行一次功能检测启动试验及供电线路检查。

（3）每半年应对全部排烟防火阀、送风阀或送风口、排烟阀或排烟口进行自动和手动启动试验一次。

（4）每年应对全部防烟排烟系统进行一次联动试验和性能检测，其联动功能和性能参数应符合原设计要求。

（5）当防烟排烟系统采用无机玻璃钢风管时，应每年对该风管进行质量检查，检查面积应不小于风管面积的30%；风管表面应光洁，无明显泛霜、结露和分层现象。

（6）排烟窗的温控释放装置、排烟防火阀的易熔片应有10%的备用件，且不少于10只。

第十二章 消防用电设备的供配电与电气防火防爆

【考点一】消防用电设备供配电系统的设置【★★★】

（1）配电装置检查。消防用电设备的应急电源配电装置宜与主电源配电装置分开设置。如果受地域限制，无法分开设置而需要并列布置时，其分界处要设置防火隔断。

（2）启动装置检查。当消防应急电源由自备发电机组提供备用电源时，如消防用电负荷为一级时，应设置自动启动装置，并在主电源断电后30 s内供电；如消防用电负荷为二级且采用自动启动方式有困难时，可采用手动启动装置。

（3）自动切换功能检查。消防用电设备及供电设备，应在其配电线路的最末一级配电箱处设置自动切换装置。水泵控制柜、风机控制柜等消防电气控制装置不应采用变频启动方式。除消防水泵、消防电梯、防烟排烟风机等消防用电设备外，各防火分区的其他消防用电设备应由双电源或双回线路电源供电，末端配电箱要设置双电源自动切换装置。对于作用相同、性质相同且容量较小的消防设备，可视为一组设备，并采用一个分支回路进行供电。每个分支回路所供的设备不宜超过5台，总设计容量不宜超过10 kW。

【考点二】消防用电设备供电线路敷设及防火封堵【★★★★★】

（一）消防用电设备供电线路的敷设

（1）当采用矿物绝缘电缆时，应直接采用明敷设或在吊顶内敷设。

（2）当采用难燃性电缆或有机绝缘耐火电缆，在电气竖井内或电缆沟内敷设时，可不穿导管保护，但应采取与非消防用电电缆隔离的措施。

（3）当采用有机绝缘耐火电缆为消防用电设备供电的线路，以明敷设、吊顶内敷设或架空地板内敷设时，要穿金属导管或封闭式金属线槽保护，所穿金属导管或封闭式金属线槽要采用涂防火涂料等防火保护措施。以线路暗敷设时，要穿金属导管或难燃性刚性塑料导管保护，并敷设在不燃烧结构内，保护层厚度不应小于30 mm。

（4）消防配电线路宜与其他配电线路分开敷设在不同的电缆井、沟内；确有困难需敷设在同一电缆井、沟内时，应分别布置在电缆井、沟的两侧，且消防配电线路应采用矿物绝缘类不燃性电缆。

（二）消防用电设备防火封堵部位

消防用电设备供电线路在电缆隧道、电缆桥架、电缆竖井、封闭式母线、线槽安装等处时，在下列情况下应采取防火封堵措施：

（1）穿越不同的防火分区处。

（2）沿竖井垂直敷设穿越楼板处。

（3）管线进出竖井处。

（4）电缆隧道、电缆沟、电缆间的隔墙处。

（5）穿越建筑物的外墙处。

（6）至建筑物的入口处，至配电间、控制室的沟道入口处。

（7）电缆引至配电箱、柜或控制屏、台的开孔部位。

（三）消防用电设备防火封堵的检查内容

（1）电缆隧道。有人通过的电缆隧道，应在预留孔洞的上部采用膨胀型防火堵料进行加固；预留的孔洞过大时，应采用槽钢或角钢进行加固，将孔洞缩小后方可加装防火封堵系统；防火密封胶直接接触电缆时，封堵材料不得含有腐蚀电缆表皮的化学元素；无机堵料封堵表面光洁，无粉化、硬化、开裂等缺陷；防火涂料表面应光洁，厚度应均匀。

（2）电缆竖井。电缆竖井应采用矿棉板加膨胀型防火堵料组合成的膨胀型防火封堵系统，防火封堵系统的耐火极限不应低于楼板的耐火极限；封堵处应采用角钢或槽钢托架进行加固，应能承载检修人员，角钢或槽钢托架应采用防火涂料处理；封堵垂直段竖井时，在封堵处上方应使用密度为 160 kg/m³ 以上的矿棉板，并在矿棉板上开好电缆孔，防火封堵系统与竖井之间应采用膨胀型防火密封胶封边，系统与电缆的其他空间之间应采用膨胀型防火密封胶封堵，密封胶厚度凸出防火封堵系统面不应小于 13 mm，贯穿电缆横截面面积应小于贯穿孔洞的 40%。

（3）电气柜。电气柜孔应采用矿棉板加膨胀型防火堵料组合成的防火封堵系统，先根据需封堵孔洞的大小估算出密度为 160 kg/m³ 以上的矿棉板使用量，并根据电缆数量裁出适当大小的孔；孔洞底部应铺设厚度为 50 mm 的矿棉板，孔隙口及电缆周围应填塞矿棉，并应采用膨胀型防火密封胶进行密实封堵。固定矿棉板、矿棉板与楼板之间应采用弹性防火密封胶封边，防火封堵系统与电缆之间应采用膨胀型防火密封胶封堵，密封胶厚度凸出防火封堵系统面不应小于 13 mm。封堵完成后，在封堵层两侧电缆上涂刷防火涂料，长度 300 mm，干涂层厚度 1 mm。盘柜底部空隙处应填塞矿棉，并用防火密封胶严密封实，密封胶厚度凸出防火封堵系统面不应小于 13 mm，面层应平整。

（4）无机堵料。无机堵料应用于电缆沟、电缆隧道由室外进入室内处，以及长距离电缆沟每隔 50 m 处；电缆穿阻火墙应使用防火灰泥加膨胀型防火堵料组合成的阻火墙。

阻火墙采用无机堵料（防火灰泥或耐火砖）堆砌，其厚度不应小于 200 mm（根据产品的性能而定）；阻火墙内部的电缆周围必须采用不小于 13 mm 的防火密封胶进行包裹，阻火墙底部必须留有两个排水孔洞，排水孔洞处可利用砖块砌筑；阻火墙两侧的电缆周围应采用防火密封胶进行密实分隔包裹，其两侧厚度应大于阻火墙表层 13 mm，阻火墙外侧电缆用防火涂料涂刷，涂刷长度为 1 m。

（5）电缆涂料。防火封堵系统两侧电缆应采用电缆涂料，电缆涂料的涂覆位置应在阻火墙两端和电力电缆接头两侧长度为 1～2 m 的区段；使用燃烧性能等级为非 A 级电缆的隧道（沟），在封堵完成后，孔洞两侧电缆涂刷防火涂料长度不应小于 1 m，干涂层厚度不应小于 1 mm。使用燃烧性能等级为非 A 级电缆的竖井，每层均应封堵。竖井穿楼板时应先在穿楼板处进行封堵，并应无缝隙。在常温条件下或火灾温度达到 200℃时，烟雾渗透应小于 28.318 5 L/min。

【考点三】防火防爆平面布置、环境及保护检查【★★】

（一）平面布置

（1）室外变、配电装置距堆场、可燃液体储罐和甲、乙类厂房库房不应小于 25 m，距其他建筑物不应小于 10 m，距液化石油气罐不应小于 35 m；石油化工装置的变、配电室还应布置在装置的一侧，并位于爆炸危险区范围以外。变压器油量越大，建筑物耐火等级越低及危险物品储量越大者，所要求的间距也越大，必要时可加防火墙。

（2）户内电压为 10 kV 以上、总油量为 60 kg 以下的充油设备，可安装在两侧有隔板的间隔内；总油量为 60 ~ 600 kg 的，应安装在有防爆隔墙的间隔内；总油量为 600 kg 以上的，应安装在单独的防爆间隔内。10 kV 及以下的变、配电室不应设在爆炸危险环境的正上方或正下方。变电室与各级爆炸危险环境毗连，最多只能有两面相连的墙与危险环境共用。

（3）为了防止电火花或危险温度引起火灾，开关、插销、熔断器、电热器具、照明器具、电焊设备和电动机等均应根据需要，适当避开易燃物或易燃建筑构件。

（二）环境

（1）消除或减少爆炸性混合物。保持良好通风，使现场易燃易爆气体、粉尘和纤维浓度降低到无法引起火灾和爆炸的程度。加强密封，减少和防止易燃易爆物质的泄漏。有易燃易爆物质的生产设备、储存容器、管道接头和阀门应严格密封，并经常巡视检测。

（2）消除引燃物。运行中能够产生火花、电弧和高温危险的电气设备和装置，不应放置在易燃易爆的危险场所。在易燃易爆场所安装的电气设备和装置应该采用密封的防爆电器，并应尽量避免使用便携式电气设备。

（三）保护

爆炸和火灾危险场所内的电气设备的金属外壳应可靠地接地（或接零）。

【考点四】变、配电装置防火措施的检查【★★★】

（一）变压器保护

变压器应设置短路保护装置，当发生事故时，能及时切断电源。此外，变压器高压侧还可通过采用过电流继电器来进行短路保护和过载保护。根据变压器运行情况、容量大小、电压等级，还应设置气体保护、差动保护、温度保护、低电压保护、过电压保护等设施。

（二）防止雷击措施

为防止雷击，在变压器的架空线引入电源侧，应安装避雷器，并设有一定的保护间隙。

（三）接地措施

在中性点有良好接地的低压配电系统中，应该采用保护接零方式。但城市公用电网应采用统一的保护方式；所有农村配电网络，为避免接零与接地两种保护方式混用而引起事故，一律不得实行保护接零，而应采用保护接地方式。

在中性点不接地的低压配电网络中，采用保护接地。高压电气设备一般实行保护接地。

（四）过电流保护措施

回路内应装设断路器、熔断器之类的过电流防护电器来防范电气过载引起的灾害。防护电器的设置参数应满足下列要求：

（1）防护电器的额定电流或整定电流不应小于回路的计算负载电流。

（2）防护电器的额定电流或整定电流不应大于回路的允许持续载流量。

（3）保证防护电器有效动作的电流不应大于回路载流量的1.45倍。

（五）短路防护措施

短路防护应在短路电流对回路导体和其连接点产生危险的热效应及机械效应前切断回路的短路电流。回路内应设置短路防护电器以防范电气短路引起的灾害。

（1）短路防护电器的遮断容量不应小于其安装位置处的预期短路电流。

（2）被保护回路内任一点发生短路时，防护电器都应在被保护回路的导体温度上升到允许限值前切断电源。

（六）漏电保护电器

（1）在安装带有短路保护的漏电保护器时，必须保证在电弧喷出方向有足够的飞弧距离。

（2）注意漏电保护器的工作条件，在高温、低温、高湿、多尘以及有腐蚀性气体的环境中使用时，应采取必要的辅助保护措施，以防漏电保护器不能正常工作或损坏。

（3）漏电保护器的漏电、过载和短路保护特性均由制造厂调整好，不允许用户自行调节。

【考点五】低压配电和控制电器防火检查【★★★】

低压配电与控制电器的导线绝缘应无老化、腐蚀和损伤现象；同一端子上导线连接不应多于两根，且两根导线线径相同，防松垫圈等部件齐全；进出线接线正确；接线应采用铜质或有电镀金属层防锈的螺栓和螺钉连接，连接应牢固，要有防松装置，电连接点应无过热、锈蚀、烧伤、熔焊等痕迹；金属外壳、框架的接零（PEN）线或接地（PE）线应连接可靠；套管、瓷件外部无破损、裂纹痕迹。

低压配电与控制电器安装区域应无渗漏水现象。低压配电与控制电器的灭弧装置应完好无损。连接到发热元件（如管形电阻）上的绝缘导线，应采取隔热措施。熔断器应按规定采用标准的熔体。电器靠近高温物体或安装在可燃结构上时，应采取隔热、散热措施。电器相间绝缘电阻不应小于5 MΩ。

（一）刀开关

降低接触电阻以防止发热过度。采用电阻率和抗压强度低的材料制造触头。利用弹簧或弹簧垫等，增加触头接触面间的压力。对易氧化的铜、黄铜、青铜触头表面，镀一层锡、铅锡合金或银等保护层，防止因触头氧化使接触电阻增加。在铝触头表面，涂上防止氧化的中性凡士林油层加以覆盖。可断触头在结构上，动、静触头间有一定的相对滑动，分合时可以擦去氧化层（称自洁作用），以减少接触电阻。

（二）组合开关

组合开关应加装能切断三相电源的控制开关及熔断器。

（三）断路器

在断路器投入使用前应将各磁铁工作面的防锈油脂擦净，以免影响磁系统的动作；长期未使用的灭弧室，在使用前应先烘一次，以保证良好的绝缘；监听断路器在运行中应无不正常声响。使用过程中，应定期检查传动机构、灭弧室、触头和相间绝缘主轴等构件，如发现活动不灵、破损、变形、锈蚀、过热、异响等现象，应及时处理。检查灭弧罩的工作位置有无移动、是否完整、有无受潮等情况。对电动合闸的断路器，应检查合闸电磁铁机构是否处于正常状态。

（四）接触器

安装、接线时要防止螺钉、垫片等零件落入接触器内部造成卡住或短路现象，各接点须保证牢固无松动。检查无误后，应进行试验，确认动作可靠后再投入使用。使用前应先在不接通主触头的情况下使吸引线圈通电，分合数次，以检查接触器动作是否确实可靠。使用可逆转接触器时，为保证连锁可靠，除安装电气连锁外，还应考虑加装机械连锁机构。

针对接触器频繁分、合的工作特点，应每月检查维修一次接触器各部件，紧固各接点，及时更换损坏的零件，铁芯极面上的防锈油必须擦净，以免油垢粘住而造成接触器在断电后仍不释放。

（五）启动器

定期检查触头表面状况，若发现触头表面粗糙，应以细锉修整，切忌以砂纸打磨。对于充油式产品的触头，应在油箱外修整，以免油被污染，使其绝缘强度降低。对于手动式减压启动器，当电动机运行过程中因失电压而停转时，应及时将手柄扳回停止位置，以防电压恢复后电动机自行全压起动，必要时另装一个失电压脱扣器。手动式启动器的操作机械应保持灵活，并定期添加润滑剂。

（六）继电器

继电器要安装在少震、少尘、干燥的场所，现场严禁有易燃易爆危险品存在。安装完毕后必须检查各部分接点是否牢固、触点接触是否良好、有无绝缘损坏等，确认安装无误后方可投入运行。

由于控制继电器的动作十分频繁，因此必须做到每月至少检修两次。另外还应注意保持控制继电器清洁无积尘，以确保其正常工作。应经常监视继电器工作情况，除例行检查外，重点应检查各触点的接触是否良好、有无绝缘老化，必要时应测其绝缘电阻值。定期检查其触头接触情况，各部件有无松动、损坏及锈蚀现象，发现问题及时修复或更换。经常保持清洁，避免尘垢积聚致使绝缘强度降低，发生相间闪络事故。应经常注意环境条件的变化，当不符合继电器使用条件时，宜采取可靠措施，保证其工作的可靠性。

【考点六】电气线路防火措施的检查要求【★★★★】

（一）预防电气线路短路的措施

必须严格执行电气装置安装规程和技术管理规程，坚决禁止非电工人员安装、修理；要根据导线使用的具体环境选用不同类型的导线，正确选择配电方式；安装线路时，电线之间、电线与建筑构件或树木之间要保持一定距离；距地面 2 m 高以内的电线，应用钢管或硬质塑料保护，以防绝缘损坏；在线路上应按规定安装断路器或熔断器，以便在线路发生短路时能及时、可靠地切断电源。

（二）预防电气线路过负荷的措施

根据负载情况，选择合适的电线；严禁滥用铜丝、铁丝代替熔断器的熔丝；不准乱拉电线和接入过多或功率过大的电气设备；严禁随意增加用电设备尤其是大功率用电设备；应根据线路负荷的变化及时更换适宜容量的导线；可根据生产程序和需要，采取排列先后的方法，把用电时间调开，以使线路不超过负荷。

（三）预防电气线路接触电阻过大的措施

导线与导线、导线与电气设备的连接必须牢固可靠；铜、铝线相接，宜采用铜铝过渡接头，也可在铜线接头处搪锡；通过较大电流的接头，应采用油质或氧焊接头，在连接时加弹力片后拧紧；要定期检查和检测接头，防止接触电阻过大，对重要的连接接头要加强监视。

（四）屋内布线的设置要求

设计安装屋内线路时，要根据使用电气设备的环境特点，正确选择导线类型；明敷绝缘导线要防止绝缘受损引起危险，在使用过程中要经常检查、维修；布线时，导线与导线之间、导线的固定点之间，要保持合适的距离；为防止机械损伤，绝缘导线穿过墙壁或可燃建筑构件时，应穿过砌在墙内的绝缘管，每根管宜只穿一根导线，绝缘管（瓷管）两端的出线口伸出墙面的距离不宜小于 10 mm，这样可以防止导线与墙壁接触，以免墙壁潮湿而产生漏电等现象；沿烟囱、烟道等发热构件表面敷设导线时，应采用石棉、玻璃丝、瓷管等材料作为绝缘的耐热线。

【考点七】照明器具防火措施的检查【★★★★★】

（1）卤素灯、60 W 以上的白炽灯等高温照明灯具不应设置在火灾危险性场所。产生腐蚀性气体的蓄电池室等场所应采用密闭型灯具。重要场所的大型灯具，应安装防止玻璃罩破裂后向下飞溅的设施。

（2）库房照明宜采用投光灯采光。储存可燃物的仓库及类似场所照明光源应采用冷光源，其垂直下方与堆放可燃物品的水平间距不应小于 0.5 m，不应设置移动式照明灯具；应采用有防护罩的灯具和墙壁开关，不得使用无防护罩的灯具和拉线开关。

（3）超过 60 W 的白炽灯、卤素灯、荧光高压汞灯等照明灯具（包括镇流器）不应安装在可燃材料和可燃构件上，聚光灯的聚光点不应落在可燃物上。当灯具的高温部位靠近除不燃性以外的装修材料时，应采取隔热、散热等防火保护措施。灯饰所用材料的燃烧性能等级不应低于 B_1 级。

（4）嵌入顶棚内的灯具，灯头引线应采用柔性金属管保护，其保护长度不宜超过 1 m。嵌入式灯具、贴顶灯具以及光檐（槽灯）照明，当采用卤钨灯以及单灯功率超过 100 W 的白炽灯时，灯具引入线应选用耐 105 ~ 250℃高温的绝缘电线，或采用瓷管、石棉等不燃材料做隔热保护。

（5）用于舞台效果的高温灯具，其灯头引线应采用耐高温导线或穿瓷管保护，再经接线柱与灯具连接，导线不得靠近灯具表面或敷设在高温灯具附近。霓虹灯与建筑物、构筑物表面距离不小于 20 mm。

（6）照明灯具与可燃物之间的安全距离具体要求如下：①普通灯具安全距离不小于 0.3 m；②高温灯具（聚光灯、碘钨灯等），影剧院、礼堂用的面光灯和耳光灯，功率为 100 ~ 500 W 的灯具安全距离不小于 0.5 m；③功率为 500 ~ 2 000 W 的灯具安全距离不小于 0.7 m；④功率为 2 000 W 以上的灯具安全距离不小于 1.2 m。

（7）照明灯具上所装的灯泡，不应超过灯具的额定功率。灯具及配件应齐全，无机械损伤、变形、涂层剥落和灯罩破裂等缺陷；软线吊灯的软线两端做保护扣，两端芯线搪锡；当装升降器时，套塑料软管，采用安全灯头；除敞开式灯具，其他各类灯具灯泡功率在 100 W 及以上者采用瓷质灯头；连接灯具的软线盘扣、搪锡压线，当采用螺口灯头时，相线接于螺口灯头中间的端子上；灯头的绝缘外壳不破损和不漏电；带有开关的灯头，开关手柄无裸露的金属部分。

（8）每个灯控开关所控灯具的总额定电流值不应大于该灯控开关的额定电流。建筑物内景观照明灯具的导电部分对地电阻应大于 $2\,M\Omega$。

（9）节日彩灯的检查要求如下：

1）建筑物顶部彩灯采用有防雨性能的专用灯具，灯罩要拧紧。

2）彩灯连接线路应采用绝缘铜导线，导线截面面积应满足载流量要求，且不应小于 $2.5\,mm^2$，灯头线截面面积不应小于 $1.0\,mm^2$。

3）悬挂式彩灯应采用防水吊线灯头，灯头线与干线的连接应牢固、绝缘包扎紧密。

4）彩灯供电线路应采用橡胶多股铜芯软导线，截面面积不应小于 $4.0\,mm^2$，垂直敷设时，对地面的距离不小于 3 m。

5）彩灯的电源除统一控制外，每个支路应有单独控制开关和熔断器保护，导线的支撑物应安装牢固。

【考点八】电热器具防火措施的检查【★★】

超过 3 kW 的固定式电热器具应采用单独回路供电，电源线应装设短路、过载及接地故障保护电器；导线和热元件的接线处应紧固，引入线处应采用耐高温的绝缘材料予以保护；电热器具周围 0.5 m 以内不应放置可燃物；低于 3 kW 的可移动式电热器应放在不燃材料制作的工作台上，与周围可燃物应保持 0.3 m 以上的距离；电热器应采用专用电源插座，引出线应采用石棉、瓷管等耐高温绝缘套管保护。

【考点九】爆炸性环境电缆和导线【★★★】

（1）爆炸性环境电缆和导线的选择应符合下列规定：

1）在爆炸性环境内，低压电力、照明线路采用的绝缘导线和电缆的额定电压应高于或等于工作电压，且 U_0/U 不应低于工作电压。中性线的额定电压应与相线电压相等，并应在同一护套或保护管内敷设。

2）在爆炸危险区内，除在配电盘、接线箱或采用金属导管配线系统内，无护套的电线不应作为供配电线路。

3）在 1 区内应采用铜芯电缆；除本质安全电路外，在 2 区内宜采用铜芯电缆，当采用铝芯电缆时，其截面面积不得小于 $16\,mm^2$，且与电气设备的连接应采用铜—铝过渡接头。敷设在爆炸性粉尘环境 20 区、21 区以及在 22 区内有剧烈振动区域的回路，均应采用铜芯绝缘导线或电缆。

（2）爆炸性环境电气线路的安装应符合下列规定：

1）电气线路宜在爆炸危险性较小的环境或远离释放源的地方敷设，并应符合下列规定：①当可燃物质比空气重时，电气线路宜在较高处敷设或直接埋地；架空敷设时宜采用电缆桥架；电缆沟敷设时沟内应充沙并设置排水措施。②电气线路宜在有爆炸危险的建筑物、构筑物的墙外敷设。③在爆炸性粉尘环境，电缆应沿粉尘不易堆积并且易于粉尘清除的位置敷设。

2）敷设电气线路的沟道、电缆桥架或导管，所穿过的不同区域之间墙或楼板处的孔洞应采用不燃性材料严密堵塞。

3）敷设电气线路时宜避开可能受到机械损伤、振动、腐蚀、紫外线照射以及可能受热的地方，不能避开时，应采取预防措施。

4）钢管配线可采用无护套的绝缘单芯或多芯导线。当钢管中含有三根或多根导线时，导线包括绝缘层的总截面面积不宜超过钢管截面面积的40%。钢管应采用低压流体输送用镀锌焊接钢管。钢管连接的螺纹部分应涂以厚漆（铅油）或磷化膏。在可能凝结冷凝水的地方，管线上应装设排除冷凝水的密封接头。

5）在爆炸性气体环境内钢管配线的电气线路应做好隔离密封，且应符合下列规定：①在正常运行时，所有点燃源外壳的450 mm范围内应做隔离密封。②直径50 mm以上钢管距引入的接线箱450 mm以内处应做隔离密封。③相邻的爆炸性环境之间以及爆炸性环境与相邻的其他危险环境或非危险环境之间应进行隔离密封。进行密封时，内部应用纤维作填充层的底层或隔层，填充层的有效厚度不应小于钢管的内径，且不得小于16 mm。④供隔离密封用的连接部件，不应作为导线的连接或分线用。

6）在1区内电缆线路严禁有中间接头，在2区、20区、21区内不应有中间接头。

7）当电缆或导线的终端连接时，电缆内部的导线如果为绞线，其终端应采用定型端子或接线鼻子进行连接。

铝芯绝缘导线或电缆的连接与封端应采用压接、熔焊或钎焊，当与设备（照明灯具除外）连接时，应采用铜—铝过渡接头。

8）架空电力线路不得跨越爆炸性气体环境，架空线路与爆炸性气体环境的水平距离不应小于杆塔高度的1.5倍。在特殊情况下，采取有效措施后，可适当减少距离。

【考点十】爆炸性环境电气设备的选择【★★★】

《爆炸危险环境电力装置设计规范》第5.2.1条规定，在爆炸性环境内，电气设备应根据下列因素进行选择：

（1）爆炸危险区域的分区。

（2）可燃性物质和可燃性粉尘的分级。

（3）可燃性物质的引燃温度。

（4）可燃性粉尘云、可燃性粉尘层的最低引燃温度。

第十三章　消防应急照明和疏散指示系统

【考点一】灯具安装要求【★★★★★】

（一）灯具安装的一般规定

（1）灯具应固定安装在不燃性墙体或不燃性装修材料上，不应安装在门、窗或其他可移动的物体上。灯具安装后不应对人员正常通行产生影响，灯具周围应无遮挡物，并应保证灯具上的各种状态指示灯易于观察。

（2）灯具在顶棚、疏散走道或通道的上方安装时，应符合下列规定：

1）照明灯可采用嵌顶、吸顶和吊装式安装。

2）标志灯可采用吸顶和吊装式安装。室内高度大于 3.5 m 的场所，特大型、大型、中型标志灯宜采用吊装式安装。

3）灯具采用吊装式安装时，应采用金属吊杆或吊链，吊杆或吊链上端应固定在建筑构件上。

（3）灯具在侧面墙或柱上安装时，应符合下列规定：

1）可采用壁挂式或嵌入式安装。

2）安装高度距地面不大于 1 m 时，灯具表面凸出墙面或柱面的部分不应有尖锐角、毛刺等凸出物，凸出墙面或柱面最大水平距离不应超过 20 mm。

（4）非集中控制型系统中，自带电源型灯具采用插头连接时，应采取使用专用工具方可拆卸的连接方式连接。

（二）标志灯的安装

（1）标志灯安装时宜保证标志面与疏散方向垂直。

（2）出口标志灯。出口标志灯的安装，应符合下列要求：

1）应安装在安全出口或疏散门内侧上方居中的位置。受安装条件限制标志灯无法安装在门框上方时，可安装在门的两侧，但门完全开启时标志灯不应被遮挡。

2）室内高度不大于 3.5 m 的场所，标志灯底边离门框距离不应大于 200 mm；室内高度大于 3.5 m 的场所，特大型、大型、中型标志灯底边距地面高度不宜小于 3 m，且不宜大于 6 m。

3）采用吸顶或吊装式安装时，标志灯距安全出口或疏散门所在墙面的距离不宜大于 50 mm。

（3）方向标志灯。方向标志灯的安装，应符合下列要求：

1）应保证标志灯的箭头指示方向与疏散指示方案一致。

2）安装在疏散走道、通道两侧的墙面或柱面上时，标志灯底边距地面的高度应小于 1 m。

3）安装在疏散走道、通道上方时，室内高度不大于 3.5 m 的场所，标志灯底边距地面高度宜为 2.2 ～ 2.5 m；室内高度大于 3.5 m 的场所，特大型、大型、中型标志灯底边距地面高度不宜小于 3 m，且不宜大于 6 m。

4）安装在疏散走道、通道转角处的上方或两侧时，标志灯与转角处边墙的距离不应大于 1 m。

5）安全出口或疏散门在疏散走道侧边时，在疏散走道增设的方向标志灯应安装在疏散走道的顶部，且标志灯的标志面应与疏散方向垂直、箭头应指向安全出口或疏散门。

6）安装在疏散走道、通道的地面上时，标志灯应安装在疏散走道、通道的中心位置；标志灯的所有金属构件应采用耐腐蚀构件或做防腐处理，标志灯配电、通信线路的连接应采用密封胶密封；标志灯表面应与地面平行，高于地面距离不应大于 3 mm，标志灯边缘与地面垂直距离不应大于 1 mm。

（4）楼层标志灯。楼层标志灯应安装在楼梯间内朝向楼梯的正面墙上，标志灯底边距地面的高度宜为 2.2 ~ 2.5 m。

（5）多信息复合标志灯。在安全出口、疏散出口附近设置的多信息复合标志灯，应安装在安全出口、疏散出口附近疏散走道、疏散通道的顶部；标志灯的标志面应与疏散方向垂直，指示疏散方向的箭头应指向安全出口、疏散出口。

（三）照明灯的安装

照明灯安装应符合下列要求：

（1）照明灯宜安装在顶棚上。

（2）当条件限制时，照明灯可安装在走道侧面墙上，但安装高度不应距地面 1 ~ 2 m；在距地面 1 m 以下侧面墙上安装时，应保证灯具光线照射在灯具的水平线以下。

（3）照明灯不应安装在地面上。

（四）疏散照明的地面最低水平照度要求

《建筑设计防火规范》第 10.3.2 条规定，建筑内疏散照明的地面最低水平照度应符合下列规定：

（1）对于疏散走道，不应低于 1.0 lx。

（2）对于人员密集场所、避难层（间），不应低于 3.0 lx；对于老年人照料设施、病房楼或手术部的避难间，不应低于 10.0 lx。

（3）对于楼梯间、前室或合用前室、避难走道，不应低于 5.0 lx。对于人员密集场所、老年人照料设施、病房楼或手术部内的楼梯间、前室或合用前室、避难走道，不应低于 10.0 lx。

【考点二】应急照明控制器、集中电源、应急照明配电箱的安装【★★】

（1）应急照明控制器、集中电源、应急照明配电箱的安装应符合下列规定：

1）应安装牢固，不得倾斜。

2）在轻质墙上采用壁挂方式安装时，应采取加固措施。

3）落地安装时，其底边宜高出地（楼）面 100 ~ 200 mm。

4）设备在电气竖井内安装时，应采用下出口进线方式。

5）设备接地应牢固，并应设置明显标识。

（2）应急照明控制器或集中电源的蓄电池，需进行现场安装时，应核对蓄电池的型号、规格、容量，并应符合设计文件的规定。蓄电池的安装应符合产品使用说明书的要求。应急照明控制器主电源应设置明显的永久性标志，并应直接与消防电源连接，严禁使用电源插头。应急照明控制器与其外接备用电源之间应直接连接。集中电源的前部和后部应适当留出更换蓄电池的操作空间。

（3）应急照明控制器、集中电源和应急照明配电箱的接线应符合下列规定：

1）引入设备的电缆或导线，配线应整齐，不宜交叉，并应固定牢靠。

2）线缆芯线的端部，均应标明编号，并与图样一致，字迹应清晰且不易褪色。

3）端子板的每个接线端，接线不得超过 2 根。

4）线缆应留有不小于 200 mm 的余量。

5）导线应绑扎成束。

6）线缆穿管、槽盒后，应将管口、槽口封堵。

【考点三】系统检测验收【8 ★】

系统检测、验收时，应对施工单位提供的下列资料进行齐全性和符合性检查，并填写记录：

（1）竣工验收申请报告、设计变更通知书、竣工图。

（2）工程质量事故处理报告。

（3）施工现场质量管理检查记录。

（4）系统安装过程质量检查记录。

（5）系统部件的现场设置情况记录。

（6）系统控制逻辑编程记录。

（7）系统调试记录。

（8）系统部件的检验报告、合格证明材料。

根据各项目对系统工程质量影响严重程度的不同，将检测、验收的项目划分为 A、B、C 三个类别：

（1）A 类项目应符合下列规定：

1）系统中的应急照明控制器、集中电源、应急照明配电箱和灯具的选型与设计文件的符合性。

2）系统中的应急照明控制器、集中电源、应急照明配电箱和灯具消防产品准入制度的符合性。

3）应急照明控制器的应急启动、标志灯指示状态改变控制功能。

4）集中电源、应急照明配电箱的应急启动功能。

5）集中电源、应急照明配电箱的连锁控制功能。

6）灯具应急状态的保持功能。

7）集中电源、应急照明配电箱的电源分配输出功能。

（2）B 类项目应符合下列规定：

1）资料的齐全性、符合性。

2）系统在蓄电池电源供电状态下的持续应急工作时间。

（3）其余项目均为 C 类项目。

系统检测、验收结果判定准则应符合下列规定：

（1）A 类项目不合格数量应为 0，且 B 类项目不合格数量应小于或等于 2，且 B 类项目不合格数量加上 C 类项目不合格数量应小于或等于检查项目数量的 5％的，系统检测、验收结果为合格。

（2）不符合合格判定准则的，系统检测、验收结果为不合格。

当有不合格项目时，应修复或更换，并进行复验。复验时，对有抽验比例要求的，应加倍检验。

【考点四】系统运行维护【★★★★】

（1）系统投入使用前，应具有下列文件资料：

1）检测、验收合格资料。

2）消防安全管理规章制度、灭火及应急疏散预案。

3）建、构筑物竣工后的总平面图、系统图、系统设备平面布置图、重点部位位置图。

4）各防火分区、楼层、隧道区间、地铁站厅或站台的疏散指示方案。

5）系统部件现场设置情况记录。

6）应急照明控制器控制逻辑编程记录。

7）系统设备使用说明书、系统操作规程、系统设备维护保养制度。

（2）系统的使用单位应建立上述文件档案，并应有电子备份档案。应保持系统连续正常运行，不得随意中断。

（3）系统日常巡查的部位、频次应符合现行国家标准《建筑消防设施的维护管理》的规定，并填写记录。巡查过程中发现设备外观破损、设备运行异常时应立即报修。

（4）每年应按下表规定的检查项目、数量对系统部件的功能、系统的功能进行检查，并应符合下列规定：

序号	检查对象	检查项目	检查数量
1	集中控制型系统	手动应急启动功能	应保证每月、季对系统进行一次手动应急启动功能检查
		火灾状态下自动应急启动功能	应保证每年对每一个防火分区至少进行一次火灾状态下自动应急启动功能检查
		持续应急工作时间	应保证每月对每一台灯具进行一次蓄电池电源供电状态下的应急工作持续时间检查
2	非集中控制型系统	手动应急启动功能	应保证每月、季对系统进行一次手动应急启动功能检查
		持续应急工作时间	应保证每月对每一台灯具进行一次蓄电池电源供电状态下的应急工作持续时间检查

1）系统的年度检查可根据检查计划，按月度、季度逐步进行。

2）月度、季度的检查数量应符合上表的规定。

3）系统在蓄电池电源供电状态下的应急工作持续时间不满足要求时，应更换相应系统设备或更换其蓄电池（组）。

第十四章 火灾自动报警系统

【考点一】消防联动控制设计【8 ★】

（一）湿式系统和干式系统的联动控制设计

《火灾自动报警系统设计规范》第4.2.1条规定，湿式系统和干式系统的联动控制设计，应符合下列规定：

（1）联动控制方式，应由湿式报警阀压力开关的动作信号作为触发信号，直接控制启动喷淋消防泵，联动控制不应受消防联动控制器处于自动或手动状态影响。

（2）手动控制方式，应将喷淋消防泵控制箱（柜）的启动、停止按钮，用专用线路直接连接至设置在消防控制室内的消防联动控制器的手动控制盘上，直接手动控制喷淋消防泵的启动、停止。

（3）水流指示器、信号阀、压力开关、喷淋消防泵的启动和停止的动作信号应反馈至消防联动控制器。

（二）预作用系统的联动控制设计

《火灾自动报警系统设计规范》第4.2.2条规定，预作用系统的联动控制设计，应符合下列规定：

（1）联动控制方式，应由同一报警区域内两只及以上独立的感烟火灾探测器或一只感烟火灾探测器与一只手动火灾报警按钮的报警信号，作为预作用阀组开启的联动触发信号。由消防联动控制器控制预作用阀组的开启，使系统转变为湿式系统；当系统设有快速排气装置时，应联动控制排气阀前的电动阀的开启。

（2）手动控制方式，应将喷淋消防泵控制箱（柜）的启动和停止按钮、预作用阀组和快速排气阀入口前的电动阀的启动和停止按钮，用专用线路直接连接至设置在消防控制室内的消防联动控制器的手动控制盘上，直接手动控制喷淋消防泵的启动、停止及预作用阀组和电动阀的开启。

（3）水流指示器、信号阀、压力开关、喷淋消防泵的启动和停止的动作信号，以及有压气体管道气压状态信号和快速排气阀入口前电动阀的动作信号应反馈至消防联动控制器。

（三）雨淋系统的联动控制设计

《火灾自动报警系统设计规范》第4.2.3条规定，雨淋系统的联动控制设计，应符合下列规定：

（1）联动控制方式，应由同一报警区域内两只及以上独立的感温火灾探测器或一只感温火灾探测器与一只手动火灾报警按钮的报警信号，作为雨淋阀组开启的联动触发信号。应由消防联动控制器控制雨淋阀组的开启。

（2）手动控制方式，应将雨淋消防泵控制箱（柜）的启动和停止按钮、雨淋阀组的启动和停止按钮，用专用线路直接连接至设置在消防控制室内的消防联动控制器的手动控制盘上，直接手动控制雨淋消防泵的启动、停止及雨淋阀组的开启。

（3）水流指示器和压力开关，以及雨淋阀组、雨淋消防泵的启动和停止的动作信号应反馈至消防联动控制器。

（四）自动控制的水幕系统的联动控制设计

《火灾自动报警系统设计规范》第 4.2.4 条规定，自动控制的水幕系统的联动控制设计，应符合下列规定：

（1）联动控制方式，当自动控制的水幕系统用于防火卷帘的保护时，应由防火卷帘下落到楼板面的动作信号与本报警区域内任一火灾探测器或手动火灾报警按钮的报警信号作为水幕阀组启动的联动触发信号，并应由消防联动控制器联动控制水幕系统相关控制阀组的启动；仅用水幕系统作为防火分隔时，应由该报警区域内两只独立的感温火灾探测器的火灾报警信号作为水幕阀组启动的联动触发信号，并应由消防联动控制器联动控制水幕系统相关控制阀组的启动。

（2）手动控制方式，应将水幕系统相关控制阀组和消防泵控制箱（柜）的启动、停止按钮，用专用线路直接连接至设置在消防控制室内的消防联动控制器的手动控制盘上，并应直接手动控制消防泵的启动、停止及水幕系统相关控制阀组的开启。

（3）压力开关、水幕系统相关控制阀组和消防泵启动、停止的动作信号，应反馈至消防联动控制器。

（五）防火门及防火卷帘系统的联动控制设计

1. 防火门系统的联动控制设计

防火门系统的联动控制设计，应符合下列规定：

（1）应由常开防火门所在防火分区内的两只独立的火灾探测器或一只火灾探测器与一只手动火灾报警按钮的报警信号，作为常开防火门关闭的联动触发信号，联动触发信号应由火灾报警控制器或消防联动控制器发出，并应由消防联动控制器或防火门监控器联动控制防火门关闭。

（2）疏散通道上各防火门的开启、关闭及故障状态信号应反馈至防火门监控器。

2. 疏散通道上设置的防火卷帘的联动控制设计

疏散通道上设置的防火卷帘的联动控制设计，应符合下列规定：

（1）联动控制方式，防火分区内任两只独立的感烟火灾探测器或任一只专门用于联动防火卷帘的感烟火灾探测器的报警信号应联动控制防火卷帘下降至距楼板面 1.8 m 处；任一只专门用于联动防火卷帘的感温火灾探测器的报警信号应联动控制防火卷帘下降到楼板面；在防火卷帘的任一侧距防火卷帘纵深 0.5 ~ 5 m 内应设置不少于 2 只专门用于联动防火卷帘的感温火灾探测器。

（2）手动控制方式，应由防火卷帘两侧设置的手动控制按钮控制防火卷帘的升降。

3. 非疏散通道上设置的防火卷帘的联动控制设计

非疏散通道上设置的防火卷帘的联动控制设计，应符合下列规定：

（1）联动控制方式，应由防火卷帘所在防火分区内任两只独立的火灾探测器的报警信号，作为防火卷帘下降的联动触发信号，并应联动控制防火卷帘直接下降到楼板面。

（2）手动控制方式，应由防火卷帘两侧设置的手动控制按钮控制防火卷帘的升降，并应能在消防控制室内的消防联动控制器上手动控制防火卷帘的降落。

防火卷帘下降至距楼板面 1.8 m 处、下降到楼板面的动作信号和防火卷帘控制器直接连接的感烟、感温火灾探测器的报警信号，应反馈至消防联动控制器。

【考点二】火灾自动报警系统的布线要求【★★★】

（1）各类管路明敷时，应采用单独的卡具吊装或支撑物固定，吊杆直径不应小6 mm。

各类管路暗敷时，应敷设在不燃结构内，且保护层厚度不应小于30 mm。

（2）管路经过建筑物的沉降缝、伸缩缝、抗震缝等变形缝处，应采取补偿措施，线缆跨越变形缝的两侧应固定，并留有适当余量。

（3）敷设在多尘或潮湿场所管路的管口和管路连接处，均应做密封处理。

（4）符合下列条件时，管路应在便于接线处装设接线盒：

1）管路长度每超过30 m且无弯曲时。

2）管路长度每超过20 m且有1个弯曲时。

3）管路长度每超过10 m且有2个弯曲时。

4）管路长度每超过8 m且有3个弯曲时。

（5）金属管路入盒外侧应套锁母，内侧应装护口，在吊顶内敷设时，盒的内外侧均应套锁母。塑料管入盒应采取相应固定措施。

（6）槽盒敷设时，应在下列部位设置吊点或支点，吊杆直径不应小于6 mm：

1）槽盒始端、终端及接头处。

2）槽盒转角或分支处。

3）直线段不大于3 m处。

（7）槽盒接口应平直、严密，槽盖应齐全、平整、无翘角。并列安装时，槽盖应便于开启。

（8）同一工程中的导线，应根据不同用途选择不同颜色加以区分，相同用途的导线颜色应一致。电源线正极应为红色，负极应为蓝色或黑色。

（9）在管内或槽盒内的布线，应在建筑抹灰及地面工程结束后进行，管内或槽盒内不应有积水及杂物。

（10）系统应单独布线，除设计要求以外，系统不同回路、不同电压等级和交流与直流的线路，不应布在同一管内或槽盒的同一槽孔内。

（11）线缆在管内或槽盒内不应有接头或扭结。导线应在接线盒内采用焊接、压接、接线端子可靠连接。

（12）从接线盒、槽盒等处引到探测器底座、控制设备、扬声器的线路，当采用可弯曲金属电气导管保护时，其长度不应大于2 m。可弯曲金属电气导管应入盒，盒外侧应套锁母，内侧应装护口。

（13）系统导线敷设结束后，应用500 V兆欧表测量每个回路导线对地的绝缘电阻，且绝缘电阻值不应小于20 MΩ。

【考点三】火灾自动报警系统控制与显示类设备安装要求【★★★】

（一）控制与显示类设备安装

（1）火灾报警控制器、消防联动控制器、火灾显示盘、控制中心监控设备、家用火灾报警控制器、消防电话总机、可燃气体报警控制器、电气火灾监控设备、防火门监控器、消防设备电源监控器、消防控制室图形显示装置、传输设备、消防应急广播控制装置与显示类设备的安装应符合下列规定：

1）应安装牢固，不应倾斜。

2）安装在轻质墙上时，应采取加固措施。

3）落地安装时，其底边宜高出地（楼）面 100 ~ 200 mm。

（2）控制与显示类设备的引入线缆应符合下列规定：

1）配线应整齐，不宜交叉，并应固定牢靠。

2）电缆芯线和所配导线的端部均应标明编号，并与图样一致，字迹应清晰且不易褪色。

3）端子板的每个接线端，接线不得超过 2 根。

4）电缆芯线和导线应留有不小于 200 mm 的余量。

5）导线应绑扎成束。

6）导线穿管或穿槽盒后，应将管口或槽口封堵。

（3）控制与显示类设备应与消防电源、备用电源直接连接，不应使用电源插头。主电源应设置明显的永久性标志。

（4）控制与显示类设备的蓄电池需进行现场安装时，应核对蓄电池的型号、规格、容量，并应符合设计文件的规定，蓄电池的安装应满足产品使用说明书的要求。

（5）控制与显示类设备的接地应牢固，并设置明显的永久性标志。

（二）火灾自动报警系统接地要求

依据《火灾自动报警系统设计规范》第 10.2 条规定，火灾自动报警系统接地装置的接地电阻值应符合下列规定：

（1）采用共用接地装置时，接地电阻值不应大于 1 Ω。

（2）采用专用接地装置时，接地电阻值不应大于 4 Ω。

消防控制室内的电气和电子设备的金属外壳、机柜、机架和金属管、槽等，应采用等电位连接；由消防控制室接地板引至各消防电子设备的专用接地线应选用铜芯绝缘导线，其线芯截面面积不应小于 4 mm²；消防控制室接地板与建筑接地体之间，应采用线芯截面面积不小于 25 mm² 的铜芯绝缘导线连接。

【考点四】火灾探测器的安装要求【6 ★】

火灾探测器在即将调试时方可安装，在调试前应妥善保管并应采取防尘、防潮、防腐蚀措施。火灾探测器报警确认灯应朝向便于人员观察的主要入口方向。

（一）点型感烟火灾探测器、点型感温火灾探测器、一氧化碳火灾探测器、点型家用火灾探测器、独立式火灾探测报警器的安装

（1）探测器至墙壁、梁边的水平距离不应小于 0.5 m。

（2）探测器周围水平距离 0.5 m 内不应有遮挡物。

（3）探测器至空调送风口最近边的水平距离不应小于 1.5 m，至多孔送风顶棚孔口的水平距离不应小于 0.5 m。

（4）在宽度小于 3 m 的内走道顶棚上安装探测器时，宜居中安装，点型感温火灾探测器的安装间距不应超过 10 m，点型感烟火灾探测器的安装间距不应超过 15 m，探测器至端墙的距离不应大于安装间距的一半。

（5）探测器宜水平安装，当确需倾斜安装时，倾斜角不应大于45°。

（二）线型光束感烟火灾探测器的安装

（1）探测器光束轴线至顶棚的垂直距离宜为0.3～1m。

（2）发射器和接收器（反射式探测器的探测器和反射板）之间的距离不宜超过100m。

（3）相邻两组探测器光束轴线的水平距离不应大于14m，探测器光束轴线至侧墙水平距离不应大于7m，且不应小于0.5m。

（4）发射器和接收器（反射式探测器的探测器和反射板）应安装在固定结构上，且应安装牢固，确需安装在钢架等容易发生位移形变的结构上时，结构的位移不应影响探测器的正常运行。

（5）发射器和接收器（反射式探测器的探测器和反射板）之间的光路上应无遮挡物。

（6）应保证接收器（反射式探测器的探测器）避开日光和人工光源直接照射。

（三）线型感温火灾探测器的安装

（1）敷设在顶棚下方的线型感温火灾探测器至顶棚距离宜为0.1m，相邻探测器之间的水平距离不宜大于5m，探测器至墙壁距离宜为1～1.5m。

（2）在电缆桥架、变压器等设备上安装时，宜采用接触式布置；在各种皮带输送装置上敷设时，宜敷设在装置的过热点附近。

（3）探测器敏感部件应采用产品配套的固定装置固定，固定装置的间距不宜大于2m。

（4）缆式线型感温火灾探测器的敏感部件应采用连续无接头方式安装，如确需中间接线，应采用专用接线盒连接，敏感部件安装敷设时应避免重力挤压冲击，不应硬性折弯、扭转，探测器的弯曲半径宜大于0.2m。

（5）分布式线型光纤感温火灾探测器的感温光纤不应打结。光纤弯曲时，弯曲半径应大于50mm，每个光通道配接的感温光纤的始端及末端应各设置不小于8m的余量段。感温光纤穿越相邻的报警区域时，两侧应分别设置不小于8m的余量段。

（6）光栅光纤线型感温火灾探测器的信号处理单元安装位置不应受强光直射，光纤光栅感温段的弯曲半径应大于0.3m。

（四）管路采样式吸气感烟火灾探测器的安装

（1）高灵敏度吸气式感烟火灾探测器当设置为高灵敏度时，可安装在天棚高度大于16m的场所，并应保证至少有两个采样孔低于16m。

（2）非高灵敏度吸气式感烟火灾探测器不宜安装在天棚高度大于16m的场所。

（3）采样管应牢固安装在过梁、空间支架等建筑结构上。

（4）在大空间场所安装时，每个采样孔的保护面积、保护半径应满足点型感烟火灾探测器的保护面积、保护半径的要求。当采样管布置形式为垂直采样时，每2℃温差间隔或3m间隔（取最小者）应设置一个采样孔，采样孔不应背对气流方向。

（5）采样孔的直径应根据采样管的长度及敷设方式、采样孔的数量等因素确定，并应满足设计文件和产品使用说明书的要求。采样孔需要现场加工时，应采用专用打孔工具。

（6）当采样管采用毛细管布置方式时，毛细管长度不宜超过4m。

（7）采样管和采样孔应设置明显的火灾探测器标识。

（五）点型火焰探测器和图像型火灾探测器的安装

（1）安装位置应保证其视场角覆盖探测区域，并应避免光源直接照射探测器的探测窗口。

（2）探测器的探测视角内不应存在遮挡物。

（3）在室外或交通隧道场所安装时，应采取防尘、防水措施。

（六）可燃气体探测器的安装

（1）安装位置应根据探测气体密度确定。若其密度小于空气密度，探测器应位于可能出现泄漏点的上方或探测气体的最高可能聚集点上方；若其密度大于或等于空气密度，探测器应位于可能出现泄漏点的下方。

（2）探测器周围应适当留出更换和标定的作业空间。

（3）线型可燃气体探测器在安装时，应使发射器和接收器的窗口避免日光直射，且在发射器与接收器之间不应有遮挡物，发射器和接收器的距离不宜大于 60 m，两组探测器之间的轴线距离不应大于 14 m。

（七）电气火灾监控探测器的安装

（1）探测器周围应适当留出更换与标定的作业空间。

（2）剩余电流式电气火灾监控探测器负载侧的中性线不应与其他回路共用，且不应重复接地。

（3）测温式电气火灾监控探测器应采用产品配套的固定装置固定在保护对象上。

（八）探测器底座的安装

（1）应安装牢固，与导线连接应可靠压接或焊接，当采用焊接时，不应使用带腐蚀性的助焊剂。

（2）连接导线应留有不小于 150 mm 的余量，且在其端部应设置明显的永久性标志。

（3）穿线孔宜封堵，安装完毕的探测器底座应采取保护措施。

【考点五】火灾自动报警系统其他组件的安装要求【6 ★】

组件	安装要求
手动火灾报警按钮、防火卷帘手动控制装置、气体灭火系统手动与自动控制转换装置、气体灭火系统现场启动和停止按钮，以及壁挂方式安装的消防电话分机和电话插孔	底边距地（楼）面的高度宜为 1.3 ~ 1.5 m
壁挂方式安装的消防应急广播扬声器、火灾警报器、喷洒光警报器、气体灭火系统手动与自动控制状态显示装置	底边距地面高度应大于 2.2 m
手动火灾报警按钮、消火栓按钮、防火卷帘手动控制装置、气体灭火系统手动与自动控制转换装置、气体灭火系统现场启动和停止按钮，以及模块	连接导线应留有不小于 150 mm 的余量
消防应急广播扬声器、火灾警报器、喷洒光警报器、气体灭火系统手动与自动控制状态显示装置	（1）扬声器在走道内安装时，距走道末端的距离不应大于 12.5 m （2）火灾光警报装置不宜与消防应急疏散指示标志灯具安装在同一面墙上，确需安装在同一面墙上时，距离不应小于 1 m

【考点六】火灾自动报警系统的调试要求【5 ★】

（1）施工结束后，建设单位应组织施工单位或设备制造企业，对系统进行调试。系统调试前，应编制调试方案。

（2）系统调试应包括系统部件功能调试和分系统的联动控制功能调试，并应符合下列规定：

1）应对系统部件的主要功能、性能进行全数检查，系统设备的主要功能、性能应符合现行国家标准的规定。

2）应逐一对每个报警区域、防护区域或防烟区域设置的消防系统进行联动控制功能检查。

3）不符合规定的项目，应进行整改，并应重新进行调试。

（3）火灾报警控制器、可燃气体报警控制器、电气火灾监控设备、消防设备电源监控器等控制类设备的报警和显示功能，应符合下列规定：

1）火灾探测器、可燃气体探测器、电气火灾监控探测器等探测器发出报警信号或处于故障状态时，控制类设备应发出声、光报警信号，记录报警时间。

2）控制类设备应显示发出报警信号部件或故障部件的类型和地址注释信息。

（4）消防联动控制器的联动启动和显示功能，应符合下列规定：

1）消防联动控制器接收到满足联动触发条件的报警信号后，应在 3 s 内发出控制相应受控设备动作的启动信号，点亮启动指示灯，记录启动时间。

2）消防联动控制器应接收并显示受控部件的动作反馈信息，显示部件的类型和地址注释信息。

（5）消防控制室图形显示装置的消防设备运行状态显示功能应符合下列规定：

1）消防控制室图形显示装置应接收并显示火灾报警控制器发送的火灾报警信息、故障信息、隔离信息、屏蔽信息和监管信息。

2）消防控制室图形显示装置应接收并显示消防联动控制器发送的联动控制信息、受控设备的动作反馈信息。

3）消防控制室图形显示装置显示的信息应与控制器的显示信息一致。

（6）气体灭火系统、防火卷帘系统、防火门监控系统、自动喷水灭火系统、消火栓系统、防烟排烟系统、消防应急照明及疏散指示系统、电梯与非消防电源等相关系统的联动控制调试，应在各分系统功能调试合格后进行。

（7）系统设备功能调试、系统的联动控制功能调试结束后，应恢复系统设备之间、系统设备和受控设备之间的正常连接，并应使系统设备、受控设备恢复正常工作状态。

【考点七】火灾自动报警系统检测、验收的合格判定准则【★★★★★】

（一）系统检测、验收项目类别的划分

根据各项目对系统工程质量影响严重程度的不同，将检测、验收的项目划分为 A、B、C 三个类别。

1. A 类项目

（1）消防控制室设计与现行国家标准《火灾自动报警系统设计规范》的规定的符合性。

（2）消防控制室内消防设备的基本配置与设计文件和现行国家标准《火灾自动报警系统设

计规范》的符合性。

（3）系统部件的选型与设计文件的符合性。

（4）系统部件消防产品准入制度的符合性。

（5）系统内的任一火灾报警控制器和火灾探测器的火灾报警功能。

（6）系统内的任一消防联动控制器、输出模块和消火栓按钮的启动功能。

（7）参与联动编程的输入模块的动作信号反馈功能。

（8）系统内的任一火灾警报器的火灾警报功能。

（9）系统内的任一消防应急广播控制设备和广播扬声器的应急广播功能。

（10）消防设备应急电源的转换功能。

（11）防火卷帘控制器的控制功能。

（12）防火门监控器的启动功能。

（13）气体灭火控制器的启动控制功能。

（14）自动喷水灭火系统的联动控制功能，消防水泵、预作用阀组、雨淋阀组的消防控制室直接手动控制功能。

（15）加压送风系统、排烟系统、电动挡烟垂壁的联动控制功能，送风机、排烟风机的消防控制室直接手动控制功能。

（16）消防应急照明及疏散指示系统的联动控制功能。

（17）电梯、非消防电源等相关系统的联动控制功能。

（18）系统整体联动控制功能。

2. B类项目

（1）消防控制室存档文件资料的符合性。

（2）系统检测、验收前资料的齐全性、符合性。

（3）系统内的任一消防电话总机和电话分机的呼叫功能。

（4）系统内的任一可燃气体报警控制器和可燃气体探测器的可燃气体报警功能。

（5）系统内的任一电气火灾监控设备（器）和探测器的监控报警功能。

（6）消防设备电源监控器和传感器的监控报警功能。

3. C类项目

除A类项目和B类项目外的其余项目。

（二）系统检测、验收结果的判定准则

系统检测、验收合格判定准则：A（不合格）=0，且B（不合格）≤2，且B（不合格）+C（不合格）≤检查项目数量的5%，为合格；否则为不合格。

【考点八】火灾自动报警系统的维护管理【7★】

（一）日常巡查

系统的管理、维护人员应对系统设备的外观和运行状况进行日常巡查并认真填写巡查记录。巡查过程中发现设备外观破损、设备运行异常时应立即报修。

（二）月/季检查

（1）对消防水泵进行一次手动控制功能检查。

（2）对风机进行一次手动控制功能检查。

（3）对预作用阀组、雨淋阀组、水幕阀组、排气阀前电动阀进行一次直接手动控制功能检查。

（三）年度检查

（1）对每一只火灾探测器、手动火灾报警按钮、消火栓按钮进行一次火灾报警功能检查。

（2）对每一台火灾显示盘区域显示器至少进行一次火灾报警显示功能检查。

（3）对每一只模块至少进行一次启动功能检查。

（4）对每一个电话分机、电话插孔至少进行一次呼叫功能检查。

（5）对每一只可燃气体探测器至少进行一次可燃气体报警功能检查。

（6）对每一只电气火灾监控探测器、线型感温火灾探测器至少进行一次监控报警功能检查。

（7）对每一只传感器至少进行一次消防设备电源故障报警功能检查。

（8）对每一只火灾警报器至少进行一次火灾警报功能检查。

（9）对每一只扬声器至少进行一次应急广播功能检查。

（10）对每一个手动控制装置至少进行一次控制功能检查。

（11）对每一个水流指示器、压力开关、信号阀、液位探测器部件至少进行一次动作信号反馈功能检查。

（12）对火灾警报和消防应急广播系统、防火门监控系统、加压送风系统、消防应急照明和疏散指示系统、自动消防系统、电梯和非消防电源等相关系统、用于防火分隔的水幕系统等的每一个报警区域至少进行一次联动控制功能检查。

（13）对气体和干粉灭火系统、湿式和干式喷水灭火系统、预作用喷水灭火系统、雨淋系统等的每一个防护区域至少进行一次联动控制功能检查。

（14）对疏散通道上设置的每一樘防火卷帘至少进行一次联动控制功能检查。

（15）对每一台防火门监控器及其配接的现场部件至少进行一次启动、反馈功能和常闭防火门故障报警功能检查。

（16）对每一个现场启动和停止按钮至少进行一次启动、停止功能检查。

【考点九】火灾自动报警系统常见故障及处理方法【★★★】

（一）火灾探测器常见故障

（1）故障现象：火灾报警控制器发出故障报警，故障指示灯亮，打印机打印探测器故障类型、时间、部位等。

（2）故障原因：探测器与底座脱落、接触不良；报警总线与底座接触不良；报警总线开路或接地性能不良造成短路；探测器本身损坏；探测器接口板故障。

（3）排除方法：重新拧紧探测器或增大底座与探测器卡簧的接触面积；重新压接报警总线，使之与底座有良好接触；查出有故障的总线位置，予以更换；更换探测器；维修或更换接口板。

（二）主电源常见故障

（1）故障现象：火灾报警控制器发出故障报警，主电源故障灯亮，打印机打印主电源故障类型、时间。

（2）故障原因：市电停电；电源线接触不良；主电源熔丝熔断等。

（3）排除方法：连续停电 8 h 时应关机，主电源正常后再开机；重新接主电源线，或使用烙铁焊接牢固；更换熔丝或保险管。

（三）备用电源常见故障

（1）故障现象：火灾报警控制器发出故障报警，备用电源故障灯亮，打印机打印备用电源故障类型、时间。

（2）故障原因：备用电源损坏或电压不足；备用电池接线接触不良；熔丝熔断等。

（3）排除方法：开机充电 24 h 后，备用电源仍报故障，更换备用蓄电池；用烙铁焊接备用电源的连接线，使备用电源与主机接触良好；更换熔丝或保险管。

（四）通信常见故障

（1）故障现象：火灾报警控制器发出故障报警，通信故障灯亮，打印机打印通信故障类型、时间。

（2）故障原因：区域报警控制器或火灾显示盘损坏或未通电、开机；通信接口板损坏；通信线路短路、开路或接地性能不良造成短路。

（3）排除方法：更换设备，使设备供电正常，开启区域报警控制器；检查区域报警控制器与集中报警控制器的通信线路，若存在开路、短路、接地接触不良等故障，更换线路；检查区域报警控制器与集中报警控制器的通信接口板，若存在故障，维修或更换通信接口板；若因为探测器或模块等造成通信故障，更换或维修相应设备。

第十五章　城市消防远程监控系统

【考点一】城市消防远程监控系统的构成【★★★】

城市消防远程监控系统由用户信息传输装置、报警传输网络、监控中心以及火警信息终端等几部分组成。

【考点二】城市消防远程监控系统布线检查内容【★★】

根据《建筑电气工程施工质量验收规范》的要求，利用目测和实际测量的方法，开展施工布线检查工作。

（1）在建筑抹灰及地面工程结束后，进行管内或槽盒内的系统布线，管内或槽盒内积水及杂物要清理干净。与用户信息传输装置相连接的不同电压等级、不同电流类别的线路，不应布在同一管内或槽盒的同一槽孔内。

（2）导线在管内或槽盒内不应有接头或扭结。导线的接头应在接线盒内焊接或用端子连接。从接线盒、槽盒等处引到用户信息传输装置的线路，当采用可挠性金属管保护时，其长度不应大于 2 m。敷设在多尘或潮湿场所管路的管口和管子连接处，均应做密封处理。

（3）依据《火灾自动报警系统施工及验收标准》第 3.2.7 条规定，槽盒敷设时，应在下列部位设置吊点或支点，吊杆直径不应小于 6 mm：

1）槽盒始端、终端及接头处。

2）槽盒转角或分支处。

3）直线段不大于 3 m 处。

（4）金属管子入盒，盒外侧应套锁母，内侧应装护口；在吊顶内敷设时，盒的内外侧均应套锁母。塑料管入盒应采取相应固定措施。明敷设各类管路和槽盒时，应采用单独的卡具吊装或支撑物固定。吊装槽盒或管路的吊杆直径不应小于 6 mm。

（5）槽盒接口应平直、严密，槽盖应齐全、平整、无翘角。并列安装时，槽盖应便于开启。管线经过建筑物的变形缝（包括沉降缝、伸缩缝、抗震缝等）处，应采取补偿措施，导线跨越变形缝的两侧应固定，并留有适当余量。

（6）同一工程中的导线，应根据不同用途选择不同颜色加以区分，相同用途的导线颜色最好保持一致。电源线正极应为红色，负极应为蓝色或黑色。

【考点三】用户信息传输装置安装要求【★★】

用户信息传输装置在墙上安装时，其底边距地（楼）面高度宜为 1.3～1.5 m，其靠近门轴的侧面距墙不应小于 0.5 m，正面操作距离不应小于 1.2 m；落地安装时，其底边宜高出地（楼）面 0.1～0.2 m。用户信息传输装置应安装牢固，不应倾斜；安装在轻质墙上时，应采取加固措施。

引入用户信息传输装置的电缆或导线，应符合下列要求：

（1）配线应整齐，不宜交叉，并应固定牢靠。

（2）电缆芯线和所配导线的端部，均应标明编号，并与图样一致，字迹应清晰且不易褪色。

（3）端子板的每个接线端，接线不得超过2根。

（4）电缆芯线和导线，应留有不小于200mm的余量。

（5）导线应绑扎成束。

（6）导线穿管或穿槽盒后，应将管口、槽口封堵。

用户信息传输装置的主电源应有明显标志，并直接与消防电源连接，严禁使用电源插头进行连接。传输装置与备用电源之间应直接连接。用户信息传输装置使用的有线通信设备应根据国家有关电信技术要求安装，网间配合接口、信令等应符合国家有关技术标准。

【考点四】城市消防远程监控系统检测项目【★★】

（一）系统主要功能测试

（1）接收联网用户的火灾报警信息，向城市消防通信指挥中心或其他接处警中心传送经确认的火灾报警信息。

（2）接收联网用户发送的建筑消防设施运行状态信息。

（3）具有为消防救援机构提供查询联网用户的火灾报警信息、建筑消防设施运行状态信息及消防安全管理信息的功能。

（4）具有为联网用户提供查询自身的火灾报警信息、建筑消防设施运行状态信息和消防安全管理信息的功能。

（5）能根据联网用户发送的建筑消防设施运行状态和消防安全管理信息进行数据实时更新。

（二）系统主要性能指标测试

（1）连接3个联网用户，测试监控中心同时接收火灾报警信息的情况。

（2）从用户信息传输装置获取火灾报警信息到监控中心接收显示的响应时间不应大于20s。

（3）监控中心向城市消防通信指挥中心或其他接处警中心转发经确认的火灾报警信息的时间不应大于3s。

（4）监控中心与用户信息传输装置之间能够动态设置巡检方式和时间，要求通信巡检周期不应大于2h。

（5）测试系统各设备的统一时钟管理情况，要求时钟累计误差不应超过5s。

【考点五】系统使用与检查【8★】

（一）用户信息传输装置使用与检查

联网用户人为停止火灾自动报警系统等建筑消防设施运行时，要提前通知监控中心；联网用户的建筑消防设施故障造成误报警超过5次/日，且不能及时修复时，应与监控中心协商处理办法。消防控制室值班人员接到报警信号后，应以最快方式确认是否有火灾发生，火灾确认后，在拨打火灾报警电话"119"的同时，观察用户信息传输装置是否将火灾信息传送至监控中心。监控中心通过用户服务系统向远程监控系统的联网用户提供该单位火灾报警和建筑消防设施故障情况统计月报表。

用户信息传输装置按照以下要求进行定期检查与测试：

（1）每日进行1次自检功能检查。

（2）由火灾自动报警系统等建筑消防设施模拟生成火警，进行火灾报警信息发送试验，每个月试验次数不应少于 2 次。

（二）通信服务器软件使用与检查

通信服务器软件按照下列要求进行定期检查与测试：

（1）与监控中心报警受理系统的通信测试为 1 次／日。

（2）与设置在城市消防通信指挥中心或其他接处警中心的火警信息终端之间的通信测试为 1 次／日。

（3）实时监测与联网单位用户信息传输装置的通信链路状态，如检测到链路故障，应及时告知报警受理系统，报警受理系统值班人员应及时与联网用户单位值班人员联系，尽快解除链路故障。

（4）与报警受理系统、火警信息终端、用户信息传输装置等其他终端之间的时钟检查为 1 次／日。

（5）每月检查系统数据库使用情况，必要时对硬盘进行扩充。

（6）每月进行通信服务器软件运行日志整理。

（三）报警受理系统软件使用与检查

（1）与通信服务器软件的通信测试为 1 次／日。

（2）与通信服务器软件的时钟检查为 1 次／日。

（3）每月进行报警受理系统软件运行日志整理。

（四）信息查询系统软件使用与检查

（1）与监控中心的通信测试为 1 次／日。

（2）与监控中心的时钟检查为 1 次／日。

（3）每月进行信息查询系统软件运行日志整理。

（五）用户服务系统软件使用与检查

（1）与监控中心的通信测试为 1 次／日。

（2）与监控中心的时钟检查为 1 次／日。

（3）每月进行用户服务系统软件运行日志整理。

（六）火警信息终端软件使用与检查

（1）与通信服务器软件的通信测试为 1 次／日。

（2）与通信服务器软件的时钟检查为 1 次／日。

（3）每月进行火警信息终端软件运行日志整理。

【考点六】系统年度检查与维护保养【★★★】

（一）用户信息传输装置定期进行检查和测试

（1）对用户信息传输装置的主电源和备用电源进行切换试验，每半年的试验次数不少于 1 次。

（2）每年检测用户信息传输装置的金属外壳与电气保护接地干线（PE 线）的电气连续性，若发现连接处松动或断路，应及时修复。

（二）城市消防远程监控系统投入运行满 1 年后的年度检查内容

（1）每半年检查录音文件的保存情况，必要时清理保存周期超过 6 个月的录音文件。

（2）每半年对通信服务器、报警受理系统、信息查询系统、用户服务系统、火警信息终端等组件进行检查、测试。

（3）每年检查系统运行及维护记录等文件是否完备。

（4）每年检查系统网络安全性。

（5）每年检查监控系统日志并进行整理备份。

（6）每年检查数据库使用情况，必要时对硬盘存储记录进行整理。

（7）每年对监控中心的火灾报警信息、建筑消防设施运行状态信息等记录进行备份，必要时清理保存周期超过 1 年的备份信息。

第四篇
消防安全评估方法与技术

第一章 区域消防安全评估方法与技术

【考点一】区域火灾风险评估原则及内容【★★】

（一）评估原则

（1）系统性原则。

（2）实用性原则。

（3）可操作性原则。

（二）评估内容

（1）分析区域范围内可能存在的火灾危险源，合理划分评估单元，建立全面的评估指标体系。

（2）对评估单元进行定性及定量分级，并结合专家意见建立权重系统。

（3）对区域的火灾风险做出客观公正的评估结论。

（4）提出合理可行的消防安全对策及规划建议。

【考点二】区域火灾风险评估流程【★★★★】

（一）信息采集

在明确火灾风险评估的目的和内容的基础上，收集所需的各种资料，重点收集与区域安全相关的信息，可包括：评估区域内人口、经济、交通等概况，区域内消防安全重点单位情况，周边环境情况，市政消防设施相关资料，火灾事故应急救援预案，消防安全规章制度等。

（二）风险识别

1. 客观因素

（1）气象因素引起火灾。火灾的发生与气象条件密切相关，影响火灾的气象因素主要有大风、降水、高温以及雷击等。

（2）易燃易爆物品引起火灾。

2. 人为因素

（1）电气引起火灾。电气火灾原因主要有以下几种：

1）接头接触不良导致电阻增大，发热起火。

2）可燃油浸变压器油温过高导致起火。

3）高压开关的油断路器由于油量过高或过低引起爆炸起火。

4）熔断器熔体熔断时产生电火花，引燃周围可燃物。

5）使用电加热装置时，不慎放入高温时易爆危险品导致爆炸起火。

6）机械撞击损坏电气线路导致漏电起火。

7）设备过载导致电气线路温度升高，在电气线路散热条件不好时，经过长时间的过热，导致电缆起火或引燃周围可燃物。

8）照明灯具的内部漏电或发热引起燃烧或引燃周围可燃物。

（2）用火不慎引起火灾。

（3）吸烟不慎引起火灾。

（4）人为放火引起火灾。

（三）评估指标体系建立

区域火灾风险评估可选择以下几个层次的指标体系结构：

（1）一级指标。一级指标一般包括火灾危险源、区域基础信息、消防救援力量、火灾预警防控和社会面防控能力等。

（2）二级指标。二级指标一般包括重大危险因素、人为因素、区域公共消防基础设施、灭火救援能力、火灾防控水平、火灾预警能力、公众消防安全满意度、消防管理、消防宣传教育、保障协作等。

（3）三级指标。三级指标一般包括易燃易爆危险品生产销售储存场所密度、加油加气站密度、高层建筑、地下铁路、城乡接合部外来人口聚集区、地下空间、电气火灾、用火不慎、放火致灾、吸烟不慎、建筑密度、人口密度、经济密度、路网密度、轨道交通密度、重点保护单位密度、消防车通行能力、消防站建设水平、消防车道、消防供水能力、消防装备配置水平、万人拥有消防站、消防通信指挥调度能力、多种形式消防救援力量、万人发生火灾率、十万人火灾死亡率、亿元国内生产总值（GDP）火灾损失率、消防远程监测覆盖率、建筑自动消防设施运行完好率、公众消防安全满意率、消防安全责任制落实情况、应急预案完善情况、重大隐患排查整治情况、社会消防宣传力度、公众自防自救意识、消防培训普及程度、多部门联动能力、临时避难区域设置、医疗机构分布及水平等相关内容。

（四）风险分析与计算

根据不同层次评估指标的特性，选择合理的评估方法，按照不同的风险因素确定风险概率，根据各风险因素对评估目标的影响程度，进行定量或定性的分析和计算，确定各风险因素的风险等级。

（1）火灾风险分级量化和特征描述见表 4-1-1。

表 4-1-1   火灾风险分级量化和特征描述

风险等级	名称	量化范围	风险等级特征描述
Ⅰ级	低风险	（85，100]	几乎不可能发生火灾，火灾风险性低，火灾风险处于可接受的水平，风险控制重在维护和管理
Ⅱ级	中风险	（65，85]	可能发生一般火灾，火灾风险性中等，火灾风险处于可控制的水平，在适当采取措施后可达到接受水平，风险控制重在局部整改和加强管理
Ⅲ级	高风险	（25，65]	可能发生较大火灾，火灾风险性较高，火灾风险处于较难控制的水平，应采取措施加强消防基础设施建设和完善消防管理水平

风险等级	名称	量化范围	风险等级特征描述
IV级	极高风险	（0，25］	可能发生重大或特大火灾，火灾风险性极高，火灾风险处于很难控制的水平，应采取全面的措施对建筑的设计、主动防火设施进行完善，加强对危险源的管控，增强消防管理和救援力量

（2）火灾风险分级和火灾等级的对应关系为：

1）极高风险/特别重大火灾、重大火灾。①特别重大火灾是指造成30人以上死亡，或者100人以上重伤，或者1亿元以上直接财产损失的火灾。②重大火灾是指造成10人以上30人以下死亡，或者50人以上100人以下重伤，或者5 000万元以上1亿元以下直接财产损失的火灾。

2）高风险/较大火灾。较大火灾是指造成3人以上10人以下死亡，或者10人以上50人以下重伤，或者1 000万元以上5 000万元以下直接财产损失的火灾。

3）中风险/一般火灾。一般火灾是指造成3人以下死亡，或者10人以下重伤，或者1 000万元以下直接财产损失的火灾。

说明："以上"包括本数，"以下"不包括本数。

（五）确定评估结论

根据评估结果，明确指出建筑设计或建筑本身的消防安全状态，提出合理可行的消防安全意见。

（六）风险控制

根据火灾风险分析与计算结果，遵循针对性、技术可行性、经济合理性的原则，按照当前通行的风险规避、风险降低、风险转移三种风险控制措施，根据当前经济、技术、资源等条件下所能采用的控制措施，提出消除或降低火灾风险的技术措施和管理对策。

【考点三】区域火灾风险评估指标体系【★★★】

城市区域火灾风险评估指标体系分为火灾危险源评估系统、区域基础信息评估系统、消防救援力量评估系统、火灾预警防控评估系统和社会面防控能力评估系统五部分。

（一）火灾危险源

（1）重大危险因素。在火灾危险源评估单元中，重大危险因素主要考虑易燃易爆危险品生产、销售、储存场所密度，加油加气站密度，高层建筑，地下铁路，城乡接合部外来人口聚集区，地下空间等影响因素。

（2）人为因素。人为因素主要包括电气火灾、用火不慎、放火致灾、吸烟不慎等。

（二）区域基础信息

区域基础信息评估单元包括建筑密度、人口密度、经济密度、路网密度、轨道交通密度、重点保护单位密度六个方面。

（三）消防救援力量

消防救援力量评估单元分为区域公共消防基础设施和灭火救援能力两类。

1. 区域公共消防基础设施

（1）消防车道。消防车道指供消防车通行的道路。

（2）消防供水能力。消防水源是衡量消防供水能力的主要指标，包括市政消火栓、人工水源及天然水源等。

2．灭火救援能力

（1）消防装备配置水平。消防装备配置水平包括万人拥有消防车、消防救援人员空气呼吸器配备率、抢险救援主战器材配备率。

（2）万人拥有消防站。

（3）消防通信指挥调度能力。消防通信指挥调度能力包括消防无线通信一级网可靠通信覆盖率、消防无线通信三级组网通信设备配备率。

（四）火灾预警防控

1．火灾防控水平

（1）万人火灾发生率。万人火灾发生率指年度内火灾次数与常住人口的比值，反映火灾防控水平与人口数量的关系。

（2）十万人火灾死亡率。十万人火灾死亡率指年度内火灾死亡人数与常住人口的比值，反映火灾防控水平与人口规模的关系。

（3）亿元国内生产总值（GDP）火灾损失率。亿元国内生产总值（GDP）火灾损失率指年度内火灾直接财产损失与 GDP 的比值，反映火灾防控水平与经济发展水平的关系。

2．火灾预警能力

（1）消防远程监测覆盖率。消防远程监测覆盖率指市辖区内能够将火灾报警信息、建筑消防设施运行状态信息和消防安全管理信息传送到城市消防安全远程监测系统的消防控制室数量占消防控制室总数的比例（%）。

（2）建筑自动消防设施运行完好率。建筑自动消防设施运行完好率指运行完好的建筑自动消防设施占建筑自动消防设施总数的比例（%）。

3．公众消防安全满意度

公众消防安全满意度指公众对所处生活、工作环境的消防安全状况的满意程度。

（五）社会面防控能力

社会面防控能力评估单元分为消防管理、消防宣传教育和保障协作三个方面。

1．消防管理

消防管理包括消防安全责任制落实情况、应急预案完善情况和重大隐患排查整治情况等。

2．消防宣传教育

消防宣传教育包括社会消防宣传力度、公众自防自救意识和消防培训普及程度等。

3．保障协作

保障协作包括多部门联动能力、临时避难区域设置、医疗机构分布及水平等。

第二章 建筑火灾风险评估方法与技术

【考点一】建筑火灾风险评估目的、原则及内容【★★】

（一）评估目的

1. 一般目的的评估

一般目的的评估指建筑的所有者、使用者自身出于提高建筑消防安全程度的需要，采取建筑火灾风险评估方法，更为精细地管理建筑消防安全问题所进行的评估。一般目的的评估主要包括：

（1）查找、分析和预测建筑及其周围环境存在的各种火灾风险源，以及可能发生火灾事故的严重程度，并确定各风险因素的火灾风险等级。

（2）根据不同风险因素的风险等级、自身的经济和运营等承受能力，提出针对性的消防安全对策与措施，为建筑的所有者、使用者提供参考依据，最大限度地消除和降低各项火灾风险。

2. 特定目的的评估

特定目的的评估指建筑的所有者、使用者根据消防法律法规的要求，必须进行的建筑火灾风险评估。

（二）评估原则

（1）科学性原则。

（2）系统性原则。

（3）综合性原则。

（4）适用性原则。

（三）评估内容

（1）分析建筑内可能存在的火灾危险源，合理划分评估单元，建立全面的评估指标体系。

（2）对评估单元进行定性及定量分级，并结合专家意见建立权重系统。

（3）对建筑的火灾风险做出客观公正的评估结论。

（4）提出合理可行的消防安全对策及规划建议。

【考点二】建筑火灾风险评估流程【6★】

（一）信息采集

在明确火灾风险评估目的和内容的基础上，收集与建筑安全相关的各种资料，包括建筑的地理位置、使用功能、消防设施、演练与应急救援预案、消防安全规章制度等。

（二）风险识别

开展火灾风险评估，首要任务是要确定评估对象可能面临的火灾风险主要来自哪些方面，此查找风险来源的过程称为火灾风险识别。通常认为，火灾风险是火灾概率与火灾后果的综合度量。因此，衡量火灾风险的高低，不但要考虑起火的概率，而且要考虑火灾所导致的后果严重程度。

1. 影响火灾发生的因素

可燃物、助燃物（主要是氧气）和引火源是物质燃烧的三要素。可燃物、助燃物、引火源、时间和空间是火灾的五个要素。消防工作就围绕着这五个要素进行控制。

控制可分为两类：对于存在生产生活用火的场所，要将火控制在一定的范围内，控制的对象是时间和空间；对于除此之外的任何场所，控制不发生燃烧，控制的对象是物质燃烧三要素，即控制这三要素同时出现的条件。

2. 影响火灾后果的因素

火灾风险表达式中的后果，在不同阶段会有不同的表现形式。通常可分为以下几种情形：

（1）在物质着火后，不考虑各种消防救援力量的干预作用，只根据物质的物理性质和周边环境条件等自然状态下的发生发展过程，来确定火灾产生的后果。

（2）在物质着火后，考虑建筑物内部火灾自动报警、自动灭火和防烟排烟等建筑消防设施的功能，单位内部人员的消防意识、初起火灾扑救能力、组织疏散能力，以及单位内部可能拥有的消防救援人员的灭火救援能力等，根据这些因素共同作用的效率，来确定火灾产生的后果。

（3）在物质着火后，除了上述建筑消防设施功能和单位相关人员能力之外，还考虑在初起火灾扑救失败之后，外部的消防救援力量进行干预，投入灭火救援工作，根据这些因素共同作用的效率，来确定火灾产生的后果。

3. 措施有效性分析

消防安全措施一般包括防火、灭火和应急救援等。消防安全措施有效性分析一般可以从以下几个方面入手：

（1）防止火灾发生。

（2）防止火灾扩散。

（3）初起火灾扑救。

（4）专业队伍扑救。

（5）紧急疏散逃生。

（6）消防安全管理。

（三）评估指标体系建立

建筑火灾风险评估一般分为二层或三层，每个层次的单元根据需要进一步划分为若干因素，再从火灾发生的可能性和火灾危害等方面分析各因素的火灾危险度，各因素的火灾危险度是进行系统危险分析的基础，在此基础上确定评估对象的火灾风险等级。

（四）风险分析与计算

根据不同层次评估指标的特性，选择合理的评估方法，按照不同的风险因素确定风险概率，并根据各风险因素对评估目标的影响程度，进行定量或定性的分析和计算，确定各风险因素的风险等级。

（五）风险等级判断

在经过火灾风险识别、评估指标体系建立、风险分析与计算等几个步骤之后，对于评估的建筑是否安全，其安全性处于哪个层次，需要得出一个评估结论。根据选用的评估方法的不同，评估结论有的是局部的，有的是整体的，这需要根据评估的具体要求选取适用的评估方法。

（六）风险控制措施

1. 风险规避

风险规避是指规避能够引起火灾的要素，这是控制风险的最有效的方法。空气无处不在，因此主要可行的措施是消除引火源和可燃物。

2. 风险降低

在建筑的使用过程中，经常会出现需要在有可燃物的附近进行用火、电焊等存在引起火灾可能性的情况，这时候既不能消除引火源，也不能清除可燃物。为了降低火灾风险，需要采取降低可燃物的存放数量或者安排适当的人员看管等措施。

3. 风险转移

风险转移是指与他人共同分担可能面对的风险。对于建筑而言，风险转移并不能规避或降低其面临的风险，但是对于建筑所有者或使用者而言，通过风险转移可以控制其面临的风险。风险转移主要通过建筑保险来实现。

第三章 建筑性能化防火设计和评估方法

【考点一】性能化防火设计的适用范围【★★】

（1）目前，具有下列情形之一的工程项目，可对其采用性能化防火设计和评估方法：

1）超出现行国家工程建设消防技术标准适用范围的。

2）按照现行国家工程建设消防技术标准进行防火分隔、安全疏散、建筑构件防护、防烟排烟等设计时，难以满足工程项目特殊使用功能的。

（2）下列情况不应采用性能化防火设计和评估方法：

1）国家法律法规和现行国家工程建设消防技术标准有强制性规定的。

2）现行国家工程建设消防技术标准已有明确规定，且无特殊使用功能的建筑。

3）住宅。

4）医疗建筑、教学建筑、幼儿园、托儿所、老年人照料设施、歌舞娱乐放映游艺场所。

5）甲、乙类厂房，甲、乙类仓库，可燃液体、气体储存设施及其他易燃易爆工程或场所。

【考点二】性能化防火设计的程序【★★★】

（一）性能化防火设计的基本程序

（1）确定建筑的使用功能和用途、建筑设计的适用标准。

（2）确定需要采用性能化防火设计方法进行设计的问题。

（3）确定建筑的消防安全总体目标。

（4）进行性能化防火试设计和评估验证。

（5）修改、完善设计，并进一步评估验证，确定是否满足消防安全目标。

（6）编制设计说明与分析报告，提交审查与批准。

（二）性能化防火试设计的一般程序

（1）确定建筑设计的总目标或消防安全水平及其子目标。

（2）确定需要分析的具体问题及其性能判定标准。

（3）建立火灾场景，设定合理的火灾和确定分析方法。

（4）进行性能化防火设计与计算分析。

（5）选择和确定最终设计（方案）。

（三）性能化防火设计与计算分析的内容

（1）针对设定的性能化分析目标，确定相应的定量判定标准。

（2）合理设定火灾。

（3）分析和评价建筑的结构特征、性能和防火分区。

（4）分析和评价人员的特征及建筑和人员的安全疏散性能。

（5）计算预测火灾的蔓延特性。

（6）计算预测烟气的流动特性。

（7）分析和验证结构的耐火性能。

（8）分析和评价火灾探测与报警系统、自动灭火系统、防烟排烟系统等消防系统的可行性与可靠性。

（9）评估建筑的火灾风险，综合分析性能化防火设计过程中的不确定因素及其处理。

（四）消防安全总目标

建筑的消防安全总目标一般包括如下内容：

（1）降低火灾发生的可能性。

（2）在火灾条件下，保证建筑内使用人员以及救援人员的人身安全。

（3）建筑的结构不会因火灾作用而受到严重破坏或发生垮塌，或虽有局部垮塌，但不会发生连续垮塌而影响建筑结构的整体稳定性。

（4）减少由于火灾而造成商业运营、生产过程的中断。

（5）保证建筑内财产的安全。

（6）建筑发生火灾后，不会引燃其相邻建筑。

（7）尽可能减少火灾对周围环境的污染。

（五）性能判定标准

设计目标的性能判定标准应能够体现由火灾造成的人员伤亡、建筑及其内部财产的损害、生产或经营被中断、风险等级等的最大可接受限度。常见的性能判定标准包括：

（1）生命安全标准。生命安全标准包括热效应、毒性和能见度等。

（2）非生命安全标准。非生命安全标准包括热效应、火灾蔓延、烟气损害、防火分隔物受损、结构的完整性和对暴露于火灾中财产所造成的危害等。

【考点三】性能化防火设计的步骤【★★】

（一）性能化防火设计步骤

（1）确定性能化防火设计的内容和范围。

（2）确定总体目标、功能要求和性能判据。

（3）开展火灾危险源识别。

（4）制定试设计方案。

（5）设定火灾场景和疏散场景。

（6）选择工程方法。

（7）评估试设计方案。

（8）确定最终设计方案。

（9）完成性能化防火设计评估报告。

（二）性能化防火设计分析和设计报告内容

（1）工程基本信息。

（2）分析或设计目标，包括制定此目标的理由。

（3）设计方法（基本原理）陈述，包括所采用的方法，为什么采用，做出了什么假设，采用了什么工具和理念等。

（4）性能评估指标。

（5）火灾场景的选择和设计火灾。

（6）设计方案的描述。

（7）消防安全管理。

（8）参考的资料、数据。

【考点四】性能化防火设计的资料收集【★★】

建筑的防火设计可分解为三部分，即建筑被动防火系统、主动灭火系统和安全疏散系统。

设计资料包括建筑设计说明、建筑总平面图、消防设计专篇、建筑主要楼层平面图、建筑主要立面图和剖面图。此外，还包括建筑结构、各专业设备的相关图样等。

【考点五】建筑防火系统【★★】

（一）被动防火系统

1. 建筑结构

建筑结构防火的重要性：

（1）良好的结构耐火性能能为人员的安全疏散提供宝贵的疏散时间，特别是在高层和大空间建筑以及人员行动受限的建筑。

（2）为消防救援人员在建筑内所有人员撤出后进入建筑内实施灭火提供生命安全保证。

2. 防火分隔

3. 防火间距

防火间距设置的基本原则是：

（1）主要考虑火灾的辐射热对相邻建筑的影响，一般不考虑飞火、风速等因素。

（2）保证消防扑救的需要。需根据建筑高度、消防车的型号尺寸，确定消防救援操作场地的大小。

（3）在满足防止火灾蔓延及消防车作业需要的前提下，考虑节约用地。

（二）主动灭火系统

（1）自动灭火系统。

（2）排烟系统。

（3）火灾自动报警系统。

【考点六】疏散模型【★★】

（一）水力疏散模型

水力疏散模型通过将人在疏散通道内的走动模拟为水在管道内的流动来进行计算。这一方法的缺点是它完全忽略了人的个体特性，而将人群的疏散作为一种整体运动。水力疏散模型通常对人员疏散过程做如下保守假设：

（1）疏散人员具有相同的特征，并且都具有足够的身体条件疏散到安全地点。

（2）疏散人员是清醒的，在疏散开始的时刻一起井然有序地进行疏散，且人员在疏散过程中不会中途返回选择其他疏散路径。

（3）在疏散过程中，人流的流量与疏散通道的宽度成正比分配，即从某一出口疏散的人数按其宽度占出口总宽度的比例进行分配。

（4）人员从各个疏散门扇疏散且所有人的疏散速度一致，保持不变。

（二）人员行为模型

人员行为模型模拟人在火灾中的行为时，综合考虑了人与人、人与建筑物以及人与环境之间的相互作用。在选用模型时，一定要结合有待解决的实际问题与模型的适用性来进行选择。

（1）人员行为模型在处理疏散的一般问题时，均采用了三种不同的基本方法：优化法、模拟法和风险评估法。

（2）根据对空间划分的精细程度，常用两种方法对人员行为模型中的空间进行划分，即精细网络法和粗糙网络法。其中：

对于精细网络法，整个封闭空间用覆盖一些瓦片状的网格来表示，各个模型中节点的网格大小与形状都不同。

对于粗糙网络法，空间的描述按照实际建筑结构的划分来确定，每个网格节点表示一个房间或走廊，然后根据它们之间的实际连接关系构建其网络模型。在这类模型中，仅能表示人员从一个建筑单元移动到另一个建筑单元，而无法描述人员在一个建筑单元内的运动，它也无法处理一些局部的现象。

【考点七】火灾场景确定原则及方法【★★★★】

（一）确定原则

火灾场景应根据最不利的原则确定，选择火灾风险较大的火灾场景进行火灾场景设定。

1. 在设计火灾场景时，应分析和确定建筑物的以下基本情况

（1）建筑物内的可燃物。

（2）建筑物的结构布局。

（3）建筑物的自救能力与外部救援力量。

2. 在进行建筑物内可燃物的分析时，应着重分析以下因素

（1）潜在的引火源。

（2）可燃物的种类及其燃烧性能。

（3）可燃物的分布情况。

（4）可燃物的火灾荷载密度。

3. 在分析建筑物的结构布局时，应着重考虑以下因素

（1）起火房间的外形尺寸和内部空间情况。

（2）起火房间的通风口形状及分布、开启状态。

（3）房间与相邻房间、相邻楼层及疏散通道的相互关系。

（4）房间的围护结构构件和材料的燃烧性能、力学性能、隔热性能、毒性性能及发烟性能。

4. 在分析和确定建筑物在发生火灾时的自救能力与外部救援力量时，应着重考虑以下因素

（1）建筑物的消防供水情况和建筑物室内外的消火栓灭火系统。

（2）建筑物内部的自动喷水灭火系统和其他自动灭火系统的类型与设置场所。

（3）火灾报警系统的类型与设置场所。

（4）消防救援队的技术装备、到达火场的时间和灭火控火能力。

（5）烟气控制系统的设置情况。

5. 在确定火灾发展模型时，应至少考虑下列参数

（1）初始可燃物对相邻可燃物的引燃特征值和蔓延过程。

（2）多个可燃物同时燃烧时热释放速率的叠加关系。

（3）火灾的发展时间和火灾达到轰燃所需的时间。

（4）灭火系统和消防救援人员对火灾发展的控制能力。

（5）通风情况对火灾发展的影响因子。

（6）烟气控制系统对火灾发展蔓延的影响因子。

（7）火灾发展对建筑构件的热作用。

（二）确定方法

确定火灾场景可采用下述方法：故障类型和影响分析、故障分析、相关统计数据、工程核查表、危害指数、危害和操作性研究、初步危害分析、故障树分析、事件树分析、原因后果分析和可靠性分析等。

【考点八】火灾场景设计【★★★★】

（一）火灾危险源辨识

设计火灾场景时，首先应进行火灾危险源的辨识，分析建筑物里可能面临的火灾风险主要来自哪些方面，分析火灾荷载密度、可燃物的种类、可燃物的燃烧特征等。

（二）火灾增长

原则上，在设计火灾增长曲线时可采用以下几种方法：

（1）可燃物实际的燃烧实验数据。

（2）类似可燃物实际的燃烧实验数据。

（3）根据类似的可燃物燃烧实验数据推导出的预测算法。

（4）基于物质的燃烧特性的计算方法。

（5）火灾蔓延与发展数学模型。

火灾的增长规律可用如下方程描述：

$$Q=\alpha t^2$$

式中　Q——热释放速率（kW）；

　　　α——火灾增长系数（kW/s^2）；

　　　t——时间（s）。

"t 平方火"的增长速度一般分为慢速、中速、快速、超快速四种类型，其火灾增长系数见表 4-3-1。

表 4-3-1　　　　　　　　　　　"t 平方火"的对比情况

增长类型	火灾增长系数/（kW/s^2）	达到 1 MW 的时间/s	典型可燃材料
超快速	0.187 6	75	油池火、易燃的装饰家具、轻质窗帘
快速	0.046 9	150	装满东西的邮袋、塑料泡沫、叠放的木架
中速	0.011 72	300	棉与聚酯纤维弹簧床垫、木制办公桌
慢速	0.002 93	600	厚重的木制品

（三）设定火灾

工程上通常参考以下方法来综合确定火灾的规模：

（1）自动喷水灭火系统。

（2）相关设计规范。

（3）根据燃烧实验数据确定。

（4）根据轰燃条件确定。

轰燃是火灾从初期的增长阶段向充分发展阶段转变的一个相对短暂的过程。发生轰燃时室内的大部分物品开始剧烈燃烧，可以认为此时的火灾功率（即热释放速率）达到最大值。

（5）燃料控制型火灾的计算方法。

【考点九】疏散场景确定【★★】

（一）疏散过程

疏散是伴随着新的冲动的产生和在行动过程中采取新的决定的一个连续过程。在某种程度上，一种简化过程的方法就是从工程学的角度将疏散过程分为三个阶段：察觉（外部刺激）、行为和反应（行为举止）、运动（行动）。

（二）安全疏散标准

疏散时间（t_{RSET}）包括疏散开始时间（t_{start}）和疏散行动时间（t_{action}）两部分。疏散时间为疏散开始时间与疏散行动时间之和。

（1）疏散开始时间（t_{start}）。疏散开始时间即从起火到开始疏散的时间，是探测时间（t_d）、报警时间（t_a）和人员的疏散预动时间（t_{pre}）之和。人员的疏散预动时间（t_{pre}）是识别时间（t_{rec}）与反应时间（t_{res}）之和。其中：t_{rec}是指从火灾报警信号发出到人员还未开始反应的这一时间段。当人员接收到火灾信息并开始做出反应时，识别阶段即结束。t_{res}是指从人员识别报警信号并开始做出反应至开始直接朝出口方向疏散之间的时间。

（2）疏散行动时间（t_{action}）。疏散行动时间即从疏散开始至疏散到安全地点的时间，它由疏散动态模拟模型得到。

（三）疏散相关参数

（1）火灾探测时间。

（2）疏散准备时间。

（3）疏散开始时间。

（四）人员数量

人员数量通常由区域的面积与该区域内的人员密度的乘积来确定。在有固定座椅的区域，则可以按照座椅数来确定人数。在业主方和设计方能够确定未来建筑内的最大容量时，则应按照该值确定疏散人数。否则，需要参考国内外相关标准，由各相关方协商确定。

（五）人员行进速度

人员行进速度与人员密度、年龄和灵活性有关。当人员密度小于 0.5 人 /m² 时，人群在水平地面上的行进速度可达 70 m/min 并且不会发生拥挤，下楼梯的速度可达 51 ～ 63 m/min。相反，当人员密度大于 3.5 人 /m² 时，人群将非常拥挤，基本无法移动。

（六）流量系数

人员密度与对应的人员行进速度的乘积，即单位时间内通过单位宽度的人流数量称为流量系数。流量系数反映了单位宽度的通行能力。

（七）安全裕度

考虑到危险来临时间和疏散行动时间分析中存在的不确定性，需要增加一个安全余量。在危险来临时间分析与疏散行动时间分析中，计算参数取为相对保守值时，安全裕度可以取小一些；否则，安全裕度应取较大值。一般情况下，安全裕度建议取为 0 ~ 1 倍的疏散行动时间。对于商业建筑，取值建议不应小于 1/2 的疏散行动时间。

【考点十】用于分析计算结果的判定准则【★★】

（一）人员生命安全判定准则

火灾对人员的危害主要来源于火灾产生的烟气，主要表现在烟气的热作用和毒性方面；另外，对于疏散而言，烟气的能见度也是一个重要的影响因素。所以在分析火灾对疏散的影响时，一般从烟气的能见度、温度、毒性等方面进行讨论。通常情况下人员疏散安全判据指标见表 4-3-2。

表 4-3-2　　　　　　　　　　　　　人员疏散安全判据指标

项目	人体可耐受的极限
烟气的能见度	当热烟层降到 2 m 以下时，对于大空间其能见度临界指标为 10 m
烟气的温度	2 m 以上空间内的烟气平均温度不大于 180℃；当热烟层降到 2 m 以下时，持续 30 min 的临界温度为 60℃
烟气的毒性	一般认为在可接受的能见度范围内，毒性都很低，不会对人员疏散造成影响（一般一氧化碳判定指标为 2 500 mg/L）

（二）防止火灾蔓延扩大判定准则

为减少火灾时财产损失和降低火灾对工作运营的影响，消防设计时通过采用一系列消防安全措施，控制火灾的大面积蔓延。性能化分析中通常采用热辐射分析方法来分析火灾蔓延情况。火灾发生时，火源对周围将产生热辐射和热对流，火源周围的可燃物在热辐射和热对流的作用下温度会逐渐升高，当达到其燃点温度时可能会发生燃烧，导致火灾的蔓延。

根据澳大利亚《防火安全工程指南》提供的资料，在火灾通过热辐射蔓延的设计中，当被引燃物是很薄很轻的窗帘、松散堆放的报纸等非常容易被点燃的物品时，其临界辐射强度可取为 10 kW/m²；当被引燃物是带软垫的家具等一般物品时，其临界辐射强度可取为 20 kW/m²；对于厚度为 5 cm 或更厚的木板等很难被引燃的物品时，其临界辐射强度可取为 40 kW/m²。如果不能确定可燃物的性质，为了安全起见，其临界辐射强度取为 10 kW/m²。

（三）钢结构破坏判定准则

火灾下钢结构破坏判定准则可分为构件和结构两个层次，分别对应局部构件破坏和整体结构破坏。一般来说，其判定准则有下列三种形式：

（1）在规定的结构耐火极限时间内，结构或构件的承载力 R_d 应不小于各种作用所产生的组合效应 S_m。

（2）在各种作用效应组合下，结构或构件的耐火时间 t_d 应不小于规定的结构或构件的耐火

极限 t_m。

（3）火灾情景下，结构极限状态时的临界温度 T_d 应不小于在规定的耐火时间内结构所经历的最高温度 T_m。

上述三个要求在本质上是等效的，进行结构抗火设计时，满足其一即可。如采用临界温度法验证钢结构防火安全性，判定指标可采用日本"耐火安全检证法"提供的临界温度指标，即：$T_d = 325℃$。

【考点十一】计算结果应用【★★】

如果建筑的使用者撤离到安全地带所花的时间（t_{RSET}）小于火势发展到超出人体耐受极限的时间（t_{ASET}），则表明达到了保证人员生命安全的要求。保证人员安全疏散的判定准则为：

$$t_{RSET} + T_s < t_{ASET}$$

式中　t_{RSET}——疏散时间；

　　　T_s——安全裕度，即防火设计为疏散人员提供的安全余量；

　　　t_{ASET}——开始出现人体不可忍受情况的时间，也称可用疏散时间或危险来临时间。

疏散时间 t_{RSET}（或以 t_{escape} 表示），即建筑中人员从疏散开始至全部人员疏散到安全区域所需要的时间。疏散过程大致可分为感知火灾、疏散行动准备、疏散行动、到达安全区域等几个阶段。

危险来临时间 t_{ASET}（或以 t_{risk} 表示），即疏散人员开始出现生理或心理不能忍受情况的时间，一般情况下，火灾烟气是影响人员疏散的最主要因素，常常以烟气下降一定高度或浓度达到超标的时间作为危险来临时间。

【考点十二】性能化防火设计文件编制内容【★★】

在性能化防火设计报告中，应明确表述设计的消防安全目标，充分解释如何来满足目标，提出基础设计标准，明确描述火灾场景，并证明火灾场景选择的正确性等。不得从其他国家的规范中断章取义引用条文，而应以我国国家标准的规定为基础进行等效性验证。编写的报告的内容包括：

（1）建筑基本情况及性能化防火设计的内容。

（2）分析目的及安全目标。

（3）性能判定标准，即性能指标。

（4）火灾场景设计。

（5）所采用的分析方法及其所基于的假设。

（6）计算分析与评估。

（7）不确定性分析。

（8）结论与总结。

（9）参考文献。

（10）设计单位和人员从业条件说明。

第四章 人员密集场所消防安全评估方法与技术

【考点】评估工作目的、程序和步骤【★★★★】

人员密集场所的消防安全评估旨在对场所合法性、消防设施状态、消防安全管理现状进行逐项的定性评估。人员密集场所消防安全评估工作程序和步骤主要包括前期准备、现场检查、评估判定和报告编制。

（一）前期准备

前期准备工作包括明确消防安全评估对象和评估范围；收集消防安全评估需要的相关资料，确定评估对象适用的消防法律法规、技术标准规范；编制评估计划等。

评估计划的内容包括场所主要火灾风险分析、评估单元确定、评估方法与现场检查方法选择、评估工作计划进度安排和评估人员分工等。

（二）现场检查

现场检查以检查表法为基本方法。检查表中除了检查结果和备注栏内容需现场检查记录外，其他内容应根据评估对象和评估单元的实际情况编制。

现场检查时可选用的检查方法包括资料核对、问卷调查、外观检查、功能测试等，实际检查时可采用单一方法或几种方法的组合。

（1）消防安全管理单元的现场检查应采用资料核对、问卷调查或其组合的方式。

（2）建筑防火单元、安全疏散设施单元及消防设施单元的现场检查应采用资料核对、外观检查与功能测试相结合的方式。

（3）建筑防火单元中装修材料、外墙保温材料、防火涂料的防火性能等难以在现场进行功能测试验证的检查项，可查阅符合消防技术标准的证明文件、出厂合格证明及见证取样检测报告等证明文件，并在报告中说明。

（4）如确有需要，可选用烟气模拟分析、安全疏散分析等方法进行定量评估。

（5）资料核对时，应逐项检查资料原件，不应有选择地抽查部分项目。

（6）问卷调查对象不应少于5人。

（7）外观检查及功能测试的抽样位置和抽样数量，应根据不同的检查项内容分别确定，现场检查结果应能说明被抽查检查项的外观情况及功能现状。当现场检查采用抽查形式时，应在报告中说明抽查的对象、具体部位和抽查样本量。

（8）抽查的基本原则如下：

1）对防火间距、消防车道的设置及疏散楼梯的形式和数量应全部检查。

2）对防火分区进行抽查时，抽样位置应至少包括建筑的首层、顶层、标准层与地下层。

3）对安全疏散设施及消防设施进行抽查时，各设施、设备的抽样数量不少于2处，当总数不大于2处时，全部检查。当抽查到的设施、设备有不合格检查项时，对该设施、设备再抽样检查 4 处，不足 4 处时，全部检查。

（三）评估判定

1. 直接判定项（A 项）

消防安全评估中可直接判定评估结论等级为差的检查项为直接判定项（A 项），包括以下内容：

（1）建筑物和公众聚集场所未依法办理行政许可或备案手续的。

（2）未依法确定消防安全管理人、自动消防系统操作人员的。

（3）疏散通道、安全出口数量不足或者严重堵塞，已不具备安全疏散条件的。

（4）未按规定设置自动消防系统的。

（5）建筑消防设施严重损坏，不再具备防火灭火功能的。

（6）人员密集场所违反消防安全规定，使用、储存易燃易爆危险品的。

（7）公众聚集场所违反消防技术标准，采用易燃、可燃材料装修，可能导致重大人员伤亡的。

（8）经有关部门或机构责令改正后，同一违法行为反复出现的。

（9）未依法建立专（兼）职消防队的。

（10）一年内发生一次以上（含）较大火灾或两次以上（含）一般火灾的。

2. 关键项（B 项）、一般项（C 项）

以法律法规、部门规章和消防技术标准规范的强制性条款为依据的检查项为关键项（B 项），其他检查项为一般项（C 项），在制定检查表时应予以识别并确定。关键项和一般项的检查结果分为合格、部分不合格（B_1 或 C_1）、完全不合格（B_2 或 C_2）。

3. 评估结论分级标准

根据现场检查及评估判定的情况给出评估结论等级，具体分级标准见下表。

等级	分级标准	描述性说明
好	不存在 A 项，且每个评估单元的单元合格率 $R \geq 85\%$	火灾隐患较少，发生火灾的可能性较小或火灾事故的危害较小。消防安全管理制度较完善并严格落实；建筑防火符合规范要求；消防设施基本完好有效；安全疏散设施基本能保证火灾时人员疏散要求
一般	不存在 A 项，且每个评估单元的单元合格率 $R \geq 60\%$，且至少一个评估单元的单元合格率 $60\% \leq R < 85\%$	存在一般性火灾隐患，有发生火灾的可能性或火灾发生后将造成一定的危害。消防安全管理制度不够完善或落实不完全到位；建筑防火存在部分不符合规范情况；消防设施和安全疏散设施存在一些问题
差	存在 A 项，或至少一个评估单元的单元合格率 $R < 60\%$	存在较大火灾隐患，发生火灾的可能性较大或火灾事故后果较严重。消防安全管理制度很不完善或落实不到位；建筑防火有重大违规情况；消防设施和安全疏散设施无法保证火情的及时有效控制或火灾时人员的安全疏散

（四）报告编制

消防安全评估的最终结果应形成评估报告，报告的正文内容至少应包括：①消防安全评估项目概况。②消防安全基本情况。③消防安全评估方法及现场检查方法。④消防安全评估内容。⑤消防安全评估结论。⑥消防安全对策、措施及建议。

第五篇
消防安全管理

第一章　消防安全管理概述

【考点】消防安全管理的要素【★★】

（一）消防安全管理的主体

《消防法》确定的"政府统一领导、部门依法监管、单位全面负责、公民积极参与"消防工作原则，决定了政府、部门、单位、公民都是消防工作的主体，也是消防安全管理活动的责任主体。

（二）消防安全管理的对象

消防安全管理的对象，即消防安全管理资源，主要包括人、财、物、信息、时间、事务六个方面。

（三）消防安全管理的依据

（1）法律政策依据。法律政策依据是指消防安全管理活动中运用的各种法律、法规、规章以及消防技术标准规范等规范性文件。法律政策依据主要包括：①法律；②行政法规；③地方性法规；④部门规章；⑤政府规章；⑥消防技术标准规范。

（2）规章制度依据。

（四）消防安全管理的原则

（1）谁主管谁负责的原则。

（2）依靠群众的原则。

（3）依法管理的原则。

（4）科学管理的原则。

（5）综合治理的原则。

（五）消防安全管理的方法

1. 基本方法

消防安全管理的基本方法主要包括法律方法、行政方法、行为激励方法、咨询顾问方法、宣传教育方法、舆论监督方法等。

2. 技术方法

消防安全管理的技术方法主要包括安全检查表分析方法、因果分析方法、事故树分析方法、消防安全状况评估方法等。

（六）消防安全管理的目标

消防安全管理的过程就是从选择最佳消防安全管理目标开始到实现最佳消防安全管理目标的过程。其最佳消防安全管理目标就是要在一定的条件下，通过消防安全管理活动将火灾发生的危险性和火灾造成的危害性降到最低程度。

第二章　社会单位消防安全管理

【考点一】消防安全重点单位的界定标准【★★★】

《公安部关于实施〈机关、团体、企业、事业单位消防安全管理规定〉有关问题的通知》（公通字〔2001〕97号）等相关文件提出了消防安全重点单位的界定标准。

（一）商场（市场）、宾馆（饭店）、体育场（馆）、会堂、公共娱乐场所等公众聚集场所

（1）建筑面积在 1 000 m²（含本数，下同）以上且经营可燃商品的商场（商店、市场）。

（2）客房数在 50 间以上的宾馆（旅馆、饭店）。

（3）公共的体育场（馆）、会堂。

（4）建筑面积在 200 m² 以上的公共娱乐场所。公共娱乐场所是指向公众开放的下列室内场所：

1）影剧院、录像厅、礼堂等演出、放映场所。

2）舞厅、卡拉OK等歌舞娱乐场所。

3）具有娱乐功能的夜总会、音乐茶座和餐饮场所。

4）游艺、游乐场所。

5）保龄球馆、旱冰场、桑拿浴室等营业性健身、休闲场所。

（二）医院、养老院和寄宿制的学校、托儿所、幼儿园

（1）住院床位在 50 张以上的医院。

（2）老人住宿床位在 50 张以上的养老院。

（3）学生住宿床位在 100 张以上的学校。

（4）幼儿住宿床位在 50 张以上的托儿所、幼儿园。

（三）国家机关

（1）县级以上的党委、人大、政府、政协。

（2）县级以上的监察委、人民检察院、人民法院。

（3）中央和国务院各部委。

（4）共青团中央、全国总工会、全国妇联等的办事机关。

（四）广播电台、电视台和邮政、通信枢纽

（1）广播电台、电视台。

（2）城镇的邮政和通信枢纽单位。

（五）客运车站、码头、民用机场

（1）候车厅、候船厅的建筑面积在 500 m² 以上的客运车站和客运码头。

（2）民用机场。

（六）公共图书馆、展览馆、博物馆、档案馆以及具有火灾危险性的文物保护单位

（1）建筑面积在 2 000 m² 以上的公共图书馆、展览馆。

（2）公共博物馆、档案馆。

（3）具有火灾危险性的县级以上文物保护单位。

（七）发电厂（站）和电网经营企业

（八）易燃易爆危险化学品的生产、充装、储存、供应、销售单位

（1）生产易燃易爆危险化学品的工厂。

（2）易燃易爆气体和液体的灌装站、调压站。

（3）储存易燃易爆危险化学品的专用仓库（堆场、储罐场所）。

（4）易燃易爆危险化学品的专业运输单位。

（5）营业性汽车加油站、加气站，液化石油气供应站（换瓶站）。

（6）经营易燃易爆危险化学品的化工商店（其界定标准，以及经营其他需要界定的易燃易爆危险化学品性质的单位及其标准，由省级消防救援机构根据实际情况确定）。

（九）服装、制鞋等劳动密集型生产、加工企业

生产车间员工在 100 人以上的服装、鞋帽、玩具等劳动密集型企业。

（十）重要的科研单位

界定标准由省级消防救援机构根据实际情况确定。

（十一）高层公共建筑，城市地下铁道、地下观光隧道，粮、棉、木材、百货等物资集中的大型仓库和堆场，国家级和省级等重点工程的施工现场

（1）高层公共建筑的办公楼（写字楼）、公寓楼等。

（2）城市地下铁道、地下观光隧道等地下公共建筑和城市重要的交通隧道。

（3）国家储备粮库、总储备量在 10 000 t 以上的其他粮库。

（4）总储量在 500 t 以上的棉库。

（5）总储量在 10 000 m^3 以上的木材堆场。

（6）总储存价值在 1 000 万元以上的可燃物品仓库、堆场。

（7）国家和省级等重点工程的施工现场。

（十二）其他发生火灾可能性较大以及一旦发生火灾可能造成人身重大伤亡或者财产重大损失的单位

【考点二】消防安全重点单位的界定程序【★★★】

（一）申报

单位申报时需要注意下列要求：

（1）个体工商户如符合企业登记标准且经营规模符合消防安全重点单位界定标准的，要向当地消防救援机构备案。

（2）重点工程的施工现场符合消防安全重点单位界定标准的，由施工单位负责申报备案。工程竣工后，按照"谁使用，谁负责"的原则申报备案。

（3）同一栋建筑物中各自独立的产权单位或者使用单位，符合消防安全重点单位界定标准的，应当各自独立申报备案；建筑物本身符合消防安全重点单位界定标准的，建筑物产权单位也要独立申报备案。

（4）符合消防安全重点单位的界定标准，不在同一县级行政区域且有隶属关系的单位，法人单位要向所在地消防救援机构申报备案；同一县级行政区域内且有隶属关系的单位，下属单位具备法人资格的，各单位都要向所在地消防救援机构申报备案。

（二）核定

消防救援机构接到申报后，对申报备案单位的情况进行核实审定，按照分级管理的原则，对核查确定的消防安全重点单位进行登记造册。

（三）告知

对已确定的消防安全重点单位，消防救援机构采用《消防安全重点单位告知书》的形式，告知消防安全重点单位落实本单位消防安全主体责任，消防安全责任人、消防安全管理人、消防安全管理归口部门要切实履行消防安全工作职责，做好本单位消防安全管理工作。

（四）公告

消防救援机构于每年的第一季度对本辖区消防安全重点单位进行核查调整，由应急管理部门上报本级人民政府，并通过报刊、电视、互联网网站等媒体将本地区的消防安全重点单位向全社会公告。

【考点三】消防安全组织的职责【★★】

（一）消防安全委员会或者消防安全工作领导小组职责

（1）认真贯彻执行《消防法》和国家、行业、地方政府等有关消防管理的行政法规、技术规范。

（2）起草下发本单位有关消防管理工作文件，制定有关消防管理规定、制度，组织、策划重大消防管理活动。

（3）督促、指导单位消防管理部门和其他部门加强消防基础档案和消防设施建设，落实逐级防火责任制，推动消防管理科学化、技术化、法制化、规范化。

（4）组织对本单位专（兼）职消防管理人员的业务培训，指导、鼓励本单位职工积极参加消防活动，推动开展消防知识、技能培训。

（5）组织防火检查和重点时期的抽查工作。

（6）组织对重大火灾隐患的认定和整改工作。

（7）组织对消防安全重点部位消防应急预案的制定、演练、完善工作，依工作实际，统一有关消防工作标准。

（8）支持、配合消防救援机构的日常消防管理监督工作，协助火灾事故的调查、处理以及完成消防救援机构交办的其他工作。

（二）消防安全管理部门职责

（1）依照当地消防救援机构布置的工作，结合单位实际情况，研究和制定计划并贯彻实施。定期或者不定期向单位主管领导和领导小组、当地消防救援机构汇报工作。

（2）负责处理单位消防安全委员会或者消防安全工作领导小组和主管领导交办的日常工作，发现违反消防规定的行为，及时提出纠正意见；如未采纳，可向单位消防安全委员会、消防安全工作领导小组或者向当地消防救援机构报告。

（3）推行逐级防火责任制和岗位防火责任制，贯彻执行国家消防法律法规和单位的各项规章制度。

（4）进行经常性的消防教育，普及消防常识，组织和训练专职（志愿）消防队。

（5）经常深入单位内部进行防火检查，协助各部门搞好火灾隐患整改工作。

（6）负责消防器材分布管理、检查、保管、维修及使用。

（7）协助领导和有关部门处理单位发生的火灾事故，详细登记每起火灾事故，定期分析单位消防工作形势。

（8）严格用火、用电管理，执行审批动火申请制度，安排专人现场进行监督和指导，跟班作业。

（9）建立健全消防档案。

（10）积极参加当地消防救援机构组织的各项安全工作会议，并做好记录，会后向单位消防安全责任人、消防安全管理人汇报有关工作情况。

（三）其他部门消防安全职责

（1）下级部门对上级部门负责，上级部门与直属下级部门按照职责签订《消防安全责任书》和《消防安全管理承诺书》。

（2）明确本部门及所有岗位人员的消防工作职责，真正承担起与部门、岗位相适应的消防安全责任，做到分工合理、责任分明，各司其职、各尽其责。

（3）配合消防安全管理部门、专（兼）职消防队员实施本部门职责范围内的每日防火巡查、每月防火检查等消防安全工作，并在相关的检查记录内签字，及时落实火灾隐患整改措施及防范措施等。

（4）指定责任心强、工作能力强的人员为本部门的消防安全工作人员，负责保管和检查属于本部门管辖范围内的各种消防设施，发生故障后，及时向本部门消防安全责任人和消防安全管理归口部门汇报，协调解决相关事宜。

（5）负责监督、检查和落实与本部门工作有关的消防安全制度的执行和落实。

（6）积极组织本部门职工参加消防知识教育和灭火应急疏散演练，提高消防安全意识。

（7）发生火灾或者其他突发情况时，按照灭火应急疏散预案的规定和分工，履行职责。

【考点四】消防安全职责具体分工【7 ★】

（一）单位职责

1. 一般单位职责

（1）明确各级、各岗位消防安全责任人及其职责，制定本单位的消防安全制度、消防安全操作规程、灭火和应急疏散预案。定期组织开展灭火和应急疏散演练，进行消防工作检查考核，保证各项规章制度落实。

（2）保证防火检查巡查、消防设施器材维护保养、建筑消防设施检测、火灾隐患整改、专职或者志愿消防队和微型消防站建设等消防工作所需资金投入。

（3）按照相关标准配备消防设施、器材，设置消防安全标志，定期检验维修，对建筑消防设施每年至少组织一次全面检测，确保完好有效。设有消防控制室的，实行 24 h 值班制度，每班不少于 2 人，并持证上岗。

（4）保障疏散通道、安全出口、消防车道畅通，保证防火防烟分区、防火间距符合消防技术标准要求。保证建筑构件、建筑材料和室内装修装饰材料等符合消防技术标准要求。人员密集场所的门窗不得设置影响逃生和灭火救援的障碍物。

（5）定期开展防火检查、巡查，及时消除火灾隐患。

（6）根据需要建立专职或者志愿消防队、微型消防站，加强队伍建设，定期组织训练演练，加强消防装备配备和灭火药剂储备，建立与消防专业队伍联勤联动机制，提高扑救初起火灾能力。

（7）消防法律、法规、规章以及政策文件规定的其他职责。

2. 消防安全重点单位职责

除依法履行一般单位消防安全职责外，还应履行下列职责：

（1）明确承担单位消防安全管理的部门，确定消防安全管理人，并报当地消防救援机构备案，组织实施本单位消防安全管理。

（2）建立消防档案，确定消防安全重点部位，设置防火标志，实行严格管理。

（3）按照相关标准和用电、用气安全管理规定，安装、使用电器产品、燃气用具和敷设电气线路、管线，并定期维护保养、检测。

（4）组织员工进行岗前消防安全培训，定期组织消防安全培训和疏散演练。

（5）根据需要建立微型消防站，积极参与消防安全区域联防联控，提高自防自救能力。

（6）积极应用消防远程监控、电气火灾监测、物联网技术等技防物防措施。

3. 火灾高危单位职责

除依法履行一般单位、消防安全重点单位消防安全职责外，还应履行下列职责：

（1）定期召开消防安全工作例会，研究本单位消防工作，处理涉及消防经费投入、消防设施设备购置、火灾隐患整改等重大问题。

（2）鼓励消防安全管理人取得注册消防工程师执业资格，消防安全责任人和特有工种人员须经消防安全培训；自动消防设施操作人员应取得消防设施操作员资格证书。

（3）专职消防队或者微型消防站应当根据本单位火灾危险特性配备相应的消防装备器材，储备足够的灭火救援药剂和物资，定期组织消防业务学习和灭火技能训练。

（4）按照国家标准配备应急逃生设施设备和疏散引导器材。

（5）建立消防安全评估制度，由具有相应从业条件的机构定期开展评估，评估结果向社会公开。

（6）参加火灾公众责任保险。

4. 多单位共用建筑的单位职责

（1）建设（产权）单位提供符合消防安全要求的建筑物，并提供经住房和城乡建设主管部门验收合格或者竣工验收备案抽查合格、已备案的证明文件资料。

（2）产权单位、使用单位、管理单位等在订立的合同中，依照有关规定明确各方的消防安全责任，明确消防专有、共用部位，以及专有、共用消防设施的消防安全责任、义务。

（3）产权单位、使用单位确定责任人或者委托管理单位，对共用的疏散通道、安全出口、建筑消防设施和消防车道进行统一管理；其他单位对各自使用、管理场所依法履行消防安全管理职责。

（4）物业服务单位按照合同约定提供消防安全管理服务，对管理区域内的共用消防设施和疏散通道、安全出口、消防车道进行维护管理，及时劝阻和制止占用、堵塞、封闭疏散通道、安全出口、消防车道等行为，劝阻和制止无效的，立即向相关主管部门报告；定期开展防火检查巡查和消防宣传教育。

（5）当建筑局部施工需要使用明火时，施工单位和使用、管理单位要共同采取措施，将施工区和使用区进行防火分隔，清除动火区域的易燃物、可燃物，配置消防器材，专人监护，确保施工区和使用区的消防安全。

（二）人员职责

1. 消防安全责任人职责

法人单位的法定代表人或者非法人单位的主要负责人是依照法律或者组织章程，行使职权的第一责任人，处于决策者、指挥者的重要地位。为了确保消防安全管理落到实处，必须明确单位的法人代表或者主要负责人是消防安全责任人，对单位的消防安全工作全面负责，在履行单位消防安全管理职责、承担单位因消防违法行为和火灾事故所产生的行政或者刑事责任等方面，承担"第一责任人"的责任。消防安全责任人有关职责，详见本书第一篇第一章有关内容。

2. 消防安全管理人职责

详见本书第一篇第一章有关内容。

3. 专（兼）职消防安全管理人员职责

（1）掌握消防法律法规，了解本单位消防安全状况，及时向上级报告。

（2）提请确定消防安全重点部位，提出落实消防安全管理措施的建议。

（3）实施日常防火检查、巡查，及时发现火灾隐患，落实火灾隐患整改措施。

（4）管理、维护消防设施、灭火器材和消防安全标志。

（5）组织开展消防宣传，对全体员工进行教育培训。

（6）编制灭火和应急疏散预案，组织演练。

（7）记录有关消防安全管理工作开展情况，完善消防档案。

（8）完成其他消防安全管理工作。

4. 自动消防设施操作人员职责

（1）消防控制室值班操作人员履行下列职责：

1）熟悉和掌握消防控制室设备的功能及操作规程，持证上岗；按照规定测试自动消防设施的功能，保障消防控制室设备的正常运行。

2）核实、确认火警信息，火灾确认后，立即报火警并向消防主管人员报告，随即启动灭火和应急疏散预案。

3）及时确认故障报警信息，排除消防设施故障，不能排除的立即向部门主管人员或者消防安全管理人报告。

4）不间断值守岗位，做好消防控制室的火警、故障和值班记录。

（2）自动消防设施维护管理人员履行下列职责：

1）熟悉和掌握消防设施的功能和操作规程。

2）按照管理制度和操作规程等对消防设施进行检查、维护和保养，保证消防设施和消防电源处于正常运行状态，确保有关阀门处于正确位置。

3）发现故障及时排除，不能排除的及时向上级主管人员报告。

4）做好消防设施运行、操作和故障记录。

5. 部门消防安全责任人职责

（1）组织实施本部门的消防安全管理工作计划。

（2）根据本部门的实际情况开展消防安全教育与培训，制定消防安全管理制度，落实消防安全措施。

（3）按照规定实施消防安全巡查和定期检查，管理消防安全重点部位，维护管辖范围的消防设施。

（4）及时发现和消除火灾隐患；不能消除的，应采取相应措施并及时向消防安全管理人报告。

（5）发现火灾，及时报警，并组织人员疏散和扑救初起火灾。

6. 单位员工职责

（1）明确各自消防安全责任，认真执行本单位的消防安全制度和消防安全操作规程。维护消防安全，预防火灾。

（2）保护消防设施和器材，保障消防通道畅通。

（3）发现火灾，及时报警。

（4）参加有组织的灭火工作。

（5）发生火灾后，公共场所的现场工作人员立即组织、引导在场人员安全疏散。

（6）接受单位组织的消防安全培训，做到懂火灾的危险性、懂预防火灾措施、懂扑救火灾方法、懂火灾现场逃生方法（四懂）；做到会报火警、会使用灭火器材、会扑救初起火灾、会组织疏散逃生（四会）。

【考点五】消防安全制度的种类和主要内容【★★】

单位消防安全制度主要包括以下内容：消防安全责任制；消防安全教育、培训；防火巡查、检查；安全疏散设施管理；消防设施器材维护管理；消防（控制室）值班；火灾隐患整改；用火、用电安全管理；灭火和应急疏散预案演练；易燃易爆危险品和场所防火防爆管理；专职（志愿）消防队组织管理；燃气和电气设备检查和管理（包括防雷、防静电）；消防安全工作考评和奖惩等制度。

其中，消防安全责任制主要内容包括：

（1）确定单位消防安全委员会（或者消防安全工作领导小组）领导机构及其责任人的消防安全职责。

（2）明确消防安全管理归口部门和消防安全管理人的消防安全职责。

（3）明确单位各个部门、岗位消防安全责任人以及专（兼）职消防安全管理人员的职责。

（4）明确单位志愿消防队、专职消防队、微型消防站的组成及其人员职责。

（5）明确各个岗位员工的岗位消防安全职责。

【考点六】消防安全制度的落实【★★★★】

（一）确定消防安全责任

单位必须深入推进和落实消防安全责任制，按照消防安全组织要求，明确各级、各部门的消防安全责任人，对本级、本部门的消防安全负责，对下级消防安全工作进行指导、督促，层层落实消防安全责任制。

（二）定期开展防火巡查、检查

（1）单位实行逐级防火检查制度和火灾隐患整改责任制。消防安全责任人对火灾隐患整改负总责，消防安全管理人和消防安全管理归口职能部门具体负责组织火灾隐患整改工作。

（2）单位消防安全责任人、消防安全管理人对本单位落实消防安全制度和消防安全管理措施、执行消防安全操作规程等情况，每月至少组织一次防火检查；社会单位内设部门负责人对本部门落实消防安全制度和消防安全管理措施、执行消防安全操作规程等情况，每周至少开展一次防火检查；员工每天班前、班后进行本岗位防火检查，及时发现火灾隐患。

（3）单位按照规定对消防安全重点部位每日至少进行一次防火巡查；公众聚集场所在营业期间的防火巡查至少每 2 h 一次，营业结束时应当对营业现场进行检查，消除遗留火种；公众聚集场所、医院、养老院、寄宿制的学校、托儿所、幼儿园夜间防火巡查不少于 2 次。

（4）单位防火巡查主要包括下列内容：用火、用电、用气等情况；安全出口、疏散通道、安全疏散指示标志、应急照明等情况；常闭式防火门关闭状态、防火卷帘使用情况；消防设施、器材以及消防安全标志等情况；消防安全重点部位的人员在岗情况；其他消防安全情况。

（5）单位及其内设部门组织开展防火检查，防火检查主要包括下列内容：消防车道、消防水源情况；安全疏散通道、楼梯、安全出口及其疏散指示标志、应急照明情况；消防安全标志的设置情况；灭火器材配置及其完好情况；建筑消防设施运行情况；消防控制室值班情况、消防控制设备运行情况及相关记录；用火、用电、用气情况；消防安全重点部位的管理情况；防火巡查落实情况及其记录；火灾隐患的整改以及防范措施的落实情况；易燃易爆危险品场所防火、防爆和防雷措施的落实情况；楼板、防火墙和竖井孔洞等重点防火分隔部位的封堵情况；消防安全重点部位人员及其他员工消防知识的掌握情况。

（6）人员密集场所在使用（营业）期间，需要进行电焊、气焊等明火作业的，按照规定履行审批手续，落实防护措施。动火期间，需要动火施工的区域与使用、营业区之间进行防火分隔；电焊、气焊等明火作业前，动火管理部门及其人员按照制度规定办理动火审批手续，清除易燃可燃物，配置灭火器材，落实现场监护人和安全措施，在确认无火灾、爆炸危险后方可动火施工；商店、公共娱乐场所禁止在营业时间动火施工。

（7）员工应履行本岗位消防安全职责，遵守消防安全制度和消防安全操作规程，熟悉本岗位火灾危险性，掌握火灾防范措施，进行防火检查，及时发现本岗位的火灾隐患。员工班前、班后防火检查应包括下列内容：用火、用电有无违章情况；安全出口、疏散通道是否畅通，有无堵塞、锁闭情况；消防器材、消防安全标志完好情况；场所有无遗留火种。

（8）发现的火灾隐患应当立即消除；对不能立即消除的，发现人应当向消防安全管理归口部门或者消防安全管理人报告，按程序整改并做好记录。消防安全管理归口部门或者消防安全管理人接到火灾隐患报告后，应当立即组织核查，研究制定整改方案，确定整改措施、整改期限、整改责任人和部门，报单位消防安全责任人审批。社会单位的消防安全责任人应当督促落实火灾隐患整改措施，为整改火灾隐患提供经费和组织保障。

（9）火灾隐患整改责任人和部门应当按照整改方案要求，落实整改措施，并加强整改期间的安全防范，确保消防安全。火灾隐患整改完毕后，消防安全管理人应当组织验收，并将验收结果报告消防安全责任人。对有关部门或机构责令改正的火灾隐患，应当立即着手整改。

（三）组织消防安全知识宣传教育培训

（1）社会单位应当确定专（兼）职消防安全宣传教育培训人员。消防安全宣传教育培训人员应当经过专业培训，具备宣传教育培训能力。

（2）单位应当购置或制作书籍、报刊等消防安全宣传教育培训资料，悬挂或者张贴消防安全宣传标语，利用展板、专栏、广播、电视、网络等形式开展消防安全宣传教育培训。

（3）员工上岗、转岗前，应经过消防安全教育培训合格；在岗人员每半年进行一次消防安全教育培训。

（4）单位消防安全责任人、消防安全管理人和员工通过消防安全教育培训掌握下列内容：有关消防法律法规、消防安全管理制度、保证消防安全的操作规程等；本单位、本岗位的火灾危险性和防火措施；建筑消防设施、灭火器材的性能、使用方法和操作规程；报火警、扑救初起火灾、应急疏散和自救逃生的知识、技能；本单位、场所的安全疏散路线，引导人员疏散的程序和方法等；灭火和应急疏散预案的内容、操作程序。

（四）开展灭火和疏散逃生演练

（1）消防安全责任人、消防安全管理人熟悉本单位灭火力量和扑救初起火灾的组织指挥程序。社会单位员工熟悉或者掌握本单位的下列情况：本单位的消防设施、器材设置情况，灭火器、消火栓等消防器材、设施的使用方法，初起火灾的处置程序和扑救初起火灾基本方法，灭火和应急疏散预案。

（2）员工发现火灾立即呼救，起火部位现场员工于 1 min 内形成灭火第一战斗力量，在第一时间采取如下措施：灭火器材、设施附近的员工利用现场灭火器、消火栓等器材、设施灭火；电话或者火灾报警按钮附近的员工拨打"119"电话报警，报告消防控制室或者单位值班人员；安全出口或者通道附近的员工负责引导人员疏散。

（3）火灾确认后，单位于 3 min 内形成灭火第二战斗力量，及时采取如下措施：通信联络组按照灭火和应急预案要求通知预案涉及的员工赶赴火场，向消防救援机构报警，向火场指挥员报告火灾情况，将火场指挥员的指令下达有关员工；灭火行动组根据火灾情况利用本单位的消防器材、设施扑救火灾；疏散引导组按分工组织引导现场人员疏散；安全救护组负责协助抢救、护送受伤人员；现场警戒组阻止无关人员进入火场，维持火场秩序。

（4）单位消防安全责任人、消防安全管理人和员工应熟悉本单位疏散逃生路线以及引导人员疏散程序，掌握避难逃生设施使用方法，具备火场自救逃生的基本技能。

（5）火灾发生后，员工迅速判明危险地点和安全地点，立即按照疏散逃生的基本要领和方法组织引导疏散逃生。

（6）火灾确认后，应立即启动建筑内的所有火灾声光警报器，同时向整栋建筑进行应急广播，发出疏散通知。

（7）人员密集场所员工在火灾发生时通过喊话、广播等方式稳定火场人员情绪，消除恐慌心理，积极引导群众采取正确的逃生方法，向安全出口、疏散楼梯、避难层（间）、楼顶等安全地点疏散逃生，并防止拥堵踩踏。

（8）人员密集场所的主要出入口张贴《消防安全责任告知书》和《消防安全承诺书》，在显著位置和每个楼层提示场所的火灾危险性，安全出口、疏散通道位置及逃生路线，以及消防器材的位置和使用方法。

（五）消防安全重点单位实行"三项报告"备案制度

"三项报告"备案制度是指消防安全重点单位应定期向当地消防救援机构报告消防安全责任人、消防安全管理人依法履行消防安全职责情况，记录日常消防安全管理情况。"三项报告"备案包括以下三项内容：

1. 消防安全管理人员报告备案

消防安全重点单位依法确定的消防安全责任人、消防安全管理人、专（兼）职消防管理员、消防控制室值班操作人员等，自确定或者变更之日起 5 个工作日内，向当地消防救援机构报告备案，确保消防安全工作有人抓、有人管。消防安全责任人、消防安全管理人要切实履行消防安全职责，接受消防救援机构的业务指导和培训，落实各项消防责任，全面提高本单位消防安全管理水平。

2. 消防设施维护保养报告备案

设有建筑消防设施的消防安全重点单位，应当对建筑消防设施进行日常维护保养，并每年至少进行一次功能检测；不具备维护保养和检测能力的消防安全重点单位应委托具有相应从业条件的机构进行维护保养和检测，保障消防设施完整好用。消防安全重点单位要将维护保养合同、维修保养记录、设备运行记录每月向当地消防救援机构报告备案。提供消防设施维护保养和检测的技术服务机构，必须具有相应从业条件，依照签订的维护保养合同认真履行义务，承担相应责任，确保建筑消防设施正常运行，并自签订维护保养合同之日起 5 个工作日内向当地消防救援机构报告备案。

3. 消防安全自我评估报告备案

消防安全重点单位应对消防安全管理情况每月组织一次自我评估。评估发现的问题和工作薄弱环节，要采取切实可行的措施及时整改。评估情况应自评估完成之日起 5 个工作日内向当地消防救援机构报告备案，并向社会公开。

【考点七】消防安全重点部位的确定【★★★★】

单位应当将容易发生火灾、一旦发生火灾可能严重危及人身和财产安全，以及对消防安全有重大影响的部位确定为消防安全重点部位，设置明显的防火标志，实行严格管理。消防安全重点部位通常可从以下几个方面来考虑：

（1）容易发生火灾的部位，如化工生产车间，油漆、烘烤、熬炼、木工、电焊气割操作间，化验室、汽车库、化学危险品仓库，易燃、可燃液体储罐，可燃、助燃气体钢瓶仓库和储罐，液化石油气瓶或者储罐，氧气站，乙炔站，氢气站，易燃的建筑群等。

（2）发生火灾后对消防安全有重大影响的部位，如与火灾扑救密切相关的变配电室，消防控制室，消防水泵房等。

（3）性质重要、发生事故影响全局的部位，如发电站、变配电站（室），通信设备机房、生产总控制室，电子计算机房，锅炉房，档案室，资料、贵重物品和重要历史文献收藏室等。

（4）财产集中的部位，如储存大量原料、成品的仓库、货场，使用或者存放先进技术设备的实验室，车间、仓库等。

（5）人员集中的部位，如单位内部的礼堂（俱乐部），托儿所，集体宿舍，医院病房等。

【考点八】消防安全重点部位的管理【★★★】

（1）制度管理。
（2）标识化管理。
（3）教育管理。
（4）档案管理。
（5）日常管理。
（6）应急管理。

【考点九】火灾隐患的判定【★★】

《消防监督检查规定》（公安部令第 120 号）将具有下列情形之一的，确定为火灾隐患：

（1）影响人员安全疏散或者灭火救援行动，不能立即改正的。

（2）消防设施未保持完好有效，影响防火灭火功能的。

（3）擅自改变防火分区，容易导致火势蔓延、扩大的。

（4）在人员密集场所违反消防安全规定，使用、储存易燃易爆危险品，不能立即改正的。

（5）不符合城市消防安全布局要求，影响公共安全的。

（6）其他可能增加火灾实质危险性或者危害性的情形。

【考点十】单位火灾隐患的排查内容【★★】

单位通过对消防安全管理的下列环节开展防火检查，排查火灾隐患：

（1）消防法律、法规、规章、制度的贯彻执行情况。

（2）消防安全责任制、消防安全制度、消防安全操作规程建立及落实情况。

（3）单位员工消防安全教育培训情况。

（4）单位灭火和应急疏散预案制定及演练情况。

（5）建筑之间防火间距、消防通道、建筑安全出口、疏散通道、防火分区设置情况。

（6）消火栓，火灾自动报警、自动灭火和防烟排烟系统等自动消防设施运行，灭火器材配置等情况。

（7）电气线路敷设以及电气设备运行情况。

（8）建筑室内装修装饰材料防火性能情况。

（9）生产、储存、经营易燃易爆危险化学品的单位场所设置位置情况。

（10）"三合一"场所（住宿与生产、储存、经营一种或一种以上场所在同一建筑内混合设置）人员住宿与生产、储存、经营部分实行防火分隔，安全出口、疏散通道设置，消火栓、自动消防设施运行，电气线路敷设及电气设备运行等情况。

（11）新建、改建、扩建工程消防设计审查、消防验收情况。

（12）销售和使用领域的消防产品质量情况。

【考点十一】重大火灾隐患判定程序和不予判定的情况【★★】

（一）重大火灾隐患判定程序

《重大火灾隐患判定方法》第 4.2 条规定，重大火灾隐患判定适用下列程序：

（1）现场检查：组织进行现场检查，核实火灾隐患的具体情况，并获取相关影像和文字资料。

（2）集体讨论：组织对火灾隐患进行集体讨论，做出结论性判定意见，参与人数不应少于3人。

（3）专家技术论证：对于涉及复杂疑难的技术问题，判定重大火灾隐患有困难的，应组织专家成立专家组进行技术论证，形成结论性判定意见。结论性判定意见应有 2/3 以上的专家同意。

（二）不予判定为重大火灾隐患的情况

《重大火灾隐患判定方法》第 5.1.3 条规定，下列情形不应判定为重大火灾隐患：

（1）依法进行了消防设计专家评审，并已采取相应技术措施的。

（2）单位、场所已停产停业或停止使用的。

（3）不足以导致重大、特别重大火灾事故或严重社会影响的。

【考点十二】重大火灾隐患直接判定【6★】

根据《重大火灾隐患判定方法》的规定，对符合下列判定要素之一的，直接判定为重大火灾隐患：

（1）生产、储存和装卸易燃易爆危险品的工厂、仓库和专用车站、码头、储罐区，未设置在城市的边缘或相对独立的安全地带。

（2）生产、储存、经营易燃易爆危险品的场所与人员密集场所、居住场所设置在同一建筑物内，或与人员密集场所、居住场所的防火间距小于国家工程建设消防技术标准规定值的75%。

（3）城市建成区内的加油站、天然气或液化石油气加气站、加油加气合建站的储量达到或超过一级站的规定。

（4）甲、乙类生产场所和仓库设置在建筑的地下室或半地下室。

（5）公共娱乐场所、商店、地下人员密集场所的安全出口数量不足或其总净宽度小于国家工程建设消防技术标准规定值的80%。

（6）旅馆、公共娱乐场所、商店、地下人员密集场所未按国家工程建设消防技术标准的规定设置自动喷水灭火系统或火灾自动报警系统。

（7）易燃可燃液体、可燃气体储罐（区）未按国家工程建设消防技术标准的规定设置固定灭火、冷却、可燃气体浓度报警、火灾报警设施。

（8）在人员密集场所违反消防安全规定使用、储存或销售易燃易爆危险品。

（9）托儿所、幼儿园的儿童用房以及老年人活动场所，所在楼层位置不符合国家工程建设消防技术标准的规定。

（10）人员密集场所的居住场所采用彩钢夹芯板搭建，且彩钢夹芯板芯材的燃烧性能等级低于《建筑材料及制品燃烧性能分级》规定的A级。

【考点十三】重大火灾隐患综合判定要素及标准【7★】

（一）重大火灾隐患综合判定要素

1. 总平面布置

《重大火灾隐患判定方法》第7.1条规定了总平面布置方面的综合判定要素：

（1）未按国家工程建设消防技术标准的规定或城市消防规划的要求设置消防车道或消防车道被堵塞、占用。

（2）建筑之间的既有防火间距被占用或小于国家工程建设消防技术标准的规定值的80%，明火和散发火花地点与易燃易爆生产厂房、装置设备之间的防火间距小于国家工程建设消防技术标准的规定值。

（3）在厂房、库房、商场中设置员工宿舍，或是在住宅等民用建筑中从事生产、储存、经营等活动，且不符合《住宿与生产储存经营合用场所消防安全技术要求》的规定。

（4）地下车站的站厅乘客疏散区、站台及疏散通道内设置商业经营活动场所。

2. 防火分隔

《重大火灾隐患判定方法》第 7.2 条规定了防火分隔方面的综合判定要素：

（1）原有防火分区被改变并导致实际防火分区的建筑面积大于国家工程建设消防技术标准规定值的 50%。

（2）防火门、防火卷帘等防火分隔设施损坏的数量大于该防火分区相应防火分隔设施总数的 50%。

（3）丙、丁、戊类厂房内有火灾或爆炸危险的部位未采取防火分隔等防火防爆技术措施。

3. 安全疏散设施及灭火救援条件

《重大火灾隐患判定方法》第 7.3 条规定了安全疏散设施及灭火救援条件方面的综合判定要素：

（1）建筑内的避难走道、避难间、避难层的设置不符合国家工程建设消防技术标准的规定，或避难走道、避难间、避难层被占用。

（2）人员密集场所内疏散楼梯间的设置形式不符合国家工程建设消防技术标准的规定。

（3）除公共娱乐场所、商店、地下人员密集场所外的其他场所或建筑物的安全出口数量或宽度不符合国家工程建设消防技术标准的规定，或既有安全出口被封堵。

（4）按国家工程建设消防技术标准的规定，建筑物应设置独立的安全出口或疏散楼梯而未设置。

（5）商店营业厅内的疏散距离大于国家工程建设消防技术标准规定值的 125%。

（6）高层建筑和地下建筑未按国家工程建设消防技术标准的规定设置疏散指示标志、应急照明，或所设置设施的损坏率大于标准规定要求设置数量的 30%；其他建筑未按国家工程建设消防技术标准的规定设置疏散指示标志、应急照明，或所设置设施的损坏率大于标准规定要求设置数量的 50%。

（7）设有人员密集场所的高层建筑的封闭楼梯间或防烟楼梯间的门的损坏率大于其设置总数的 20%，其他建筑的封闭楼梯间或防烟楼梯间的门的损坏率大于其设置总数的 50%。

（8）人员密集场所内疏散走道、疏散楼梯间、前室的室内装修材料的燃烧性能等级不符合《建筑内部装修设计防火规范》的规定。

（9）人员密集场所的疏散走道、楼梯间、疏散门或安全出口设置栅栏、卷帘门。

（10）人员密集场所的外窗被封堵或被广告牌等遮挡。

（11）高层建筑的消防车道、救援场地设置不符合要求或被占用，影响火灾扑救。

（12）消防电梯无法正常运行。

4. 消防给水及灭火设施

《重大火灾隐患判定方法》第 7.4 条规定了消防给水及灭火设施方面的综合判定要素：

（1）未按国家工程建设消防技术标准的规定设置消防水源、储存泡沫液等灭火剂。

（2）未按国家工程建设消防技术标准的规定设置室外消防给水系统，或已设置但不符合标准的规定或不能正常使用。

（3）未按国家工程建设消防技术标准的规定设置室内消火栓系统，或已设置但不符合标准的规定或不能正常使用。

（4）除旅馆、公共娱乐场所、商店、地下人员密集场所外，其他场所未按国家工程建设消防技术标准的规定设置自动喷水灭火系统。

（5）未按国家工程建设消防技术标准的规定设置除自动喷水灭火系统外的其他固定灭火设施。

（6）已设置的自动喷水灭火系统或其他固定灭火设施不能正常使用或运行。

5. 防烟排烟设施

《重大火灾隐患判定方法》第7.5条规定了防烟排烟设施方面的综合判定要素：人员密集场所、高层建筑和地下建筑未按国家工程建设消防技术标准的规定设置防烟排烟设施，或已设置但不能正常使用或运行。

6. 消防供电

《重大火灾隐患判定方法》第7.6条规定了消防供电方面的综合判定要素：

（1）消防用电设备的供电负荷级别不符合国家工程建设消防技术标准的规定。

（2）消防用电设备未按国家工程建设消防技术标准的规定采用专用的供电回路。

（3）未按国家工程建设消防技术标准的规定设置消防用电设备末端自动切换装置，或已设置但不符合标准的规定或不能正常自动切换。

7. 火灾自动报警系统

《重大火灾隐患判定方法》第7.7条规定了火灾自动报警系统方面的综合判定要素：

（1）除旅馆、公共娱乐场所、商店、其他地下人员密集场所以外的其他场所未按国家工程建设消防技术标准的规定设置火灾自动报警系统。

（2）火灾自动报警系统不能正常运行。

（3）防烟排烟系统、消防水泵以及其他自动消防设施不能正常联动控制。

8. 消防安全管理

《重大火灾隐患判定方法》第7.8条规定了消防安全管理方面的综合判定要素：

（1）社会单位未按消防法律法规要求设置专职消防队。

（2）消防控制室操作人员未按《消防控制室通用技术要求》的规定持证上岗。

9. 其他

《重大火灾隐患判定方法》第7.9条规定了其他方面的综合判定要素：

（1）生产、储存场所的建筑耐火等级与其生产、储存物品的火灾危险性类别不相匹配，违反国家工程建设消防技术标准的规定。

（2）生产、储存、装卸和经营易燃易爆危险品的场所或有粉尘爆炸危险场所未按规定设置防爆电气设备和泄压设施，或防爆电气设备和泄压设施失效。

（3）违反国家工程建设消防技术标准的规定使用燃油、燃气设备，或燃油、燃气管道敷设和紧急切断装置不符合标准规定。

（4）违反国家工程建设消防技术标准的规定在可燃材料或可燃构件上直接敷设电气线路或安装电气设备，或采用不符合标准规定的消防配电线缆和其他供配电线缆。

（5）违反国家工程建设消防技术标准的规定在人员密集场所使用易燃、可燃材料装修、装饰。

（二）重大火灾隐患综合判定标准

按照重大火灾隐患判定原则和程序，符合下列情形之一的，综合判定为重大火灾隐患：

（1）人员密集场所存在上述"3.安全疏散设施及灭火救援条件"的第（1）款至第（9）款、"5.防烟排烟设施"、"9.其他"第（3）款规定的综合判定要素3条及3条以上的。

（2）易燃、易爆危险品场所存在上述"1.总平面布置"第（1）款至第（3）款、"4.消防给水及灭火设施"第（5）款和第（6）款规定的综合判定要素3条及3条以上的。

（3）人员密集场所、易燃易爆危险品场所、重要场所存在上述"（一）重大火灾隐患综合判定要素"规定的任意综合判定要素4条及4条以上的。

（4）其他场所存在上述"（一）重大火灾隐患综合判定要素"规定的任意综合判定要素6条及6条以上的。

【考点十四】消防档案的内容【★★★】

消防档案主要包括两个方面的内容，即消防安全基本情况和消防安全管理情况，并附有必要的图表。

消防安全基本情况的内容有：单位基本概况和消防安全重点部位情况；建筑物或者场所施工、使用或者开业前的消防设计审查、消防验收以及消防安全检查的文件、资料；消防安全管理组织机构和各级消防安全责任人；消防安全管理制度；消防设施、灭火器材情况；专职消防队员、志愿消防队员及其消防装备配备情况；与消防安全有关的重点工种人员情况；新增消防产品、防火材料的合格证明材料；灭火和应急疏散预案。

消防安全管理情况主要有两项内容：一是消防救援机构依法填写制作的各类法律文书。这主要包括《消防监督检查记录表》《责令改正通知书》以及涉及消防行政处罚的有关法律文书。二是有关工作记录。其主要有：①消防设施定期检查记录、自动消防设施检查检测报告以及维修保养记录；②火灾隐患及其整改情况记录；③防火检测、巡查记录；④有关燃气、电气设备检测等记录；⑤消防安全培训记录；⑥灭火和应急疏散预案的演练记录；⑦火灾情况记录；⑧消防奖惩情况记录。上述第①～④项记录要填写检查人员的姓名、时间、部位、内容、发现的火灾隐患以及处理措施等；第⑤项记录要填写培训的时间、参加人员、内容等；第⑥项记录要填写演练的时间、地点、内容、参加部门以及人员等。

第三章 社会单位消防安全宣传与教育培训

【考点一】消防安全宣传的主要内容和形式【★★★】

（一）单位消防安全宣传的主要内容和形式

（1）各单位应建立消防安全宣传教育制度，健全机构，落实人员，明确责任，定期组织开展消防安全宣传活动。

（2）各单位应制定灭火和应急疏散预案，张贴疏散逃生路线图。消防安全重点单位至少每半年、其他单位至少每年应组织一次灭火、疏散逃生演练。

（3）各单位应设置消防安全宣传阵地，配备消防安全宣传教育资料，经常开展消防安全宣传教育活动；单位广播、闭路电视、电子屏幕、局域网等应经常宣传消防安全知识。

（二）学校消防安全宣传的主要内容和形式

（1）学校应落实相关学科课程中消防安全教育内容，针对不同年龄段的学生分类开展消防安全宣传工作；每学年至少应组织师生开展一次疏散逃生演练、消防知识竞赛、消防趣味运动会等活动；有条件的学校应组织学生在在校期间至少参观一次消防科普教育场馆。

（2）学校应利用"全国中小学生安全教育日""防灾减灾日""科技活动周""119消防宣传日"等集中开展消防安全宣传活动。

（3）小学、初级中学每学年应布置一次由学生与家长共同完成的消防安全家庭作业；普通高中、中等职业学校、高等学校应鼓励学生参加消防安全志愿服务活动，将学生参与消防安全活动纳入校外社会实践、志愿活动考核体系，每名学生在校期间参加消防安全志愿活动应不少于4 h。

（4）校园电视、广播、网站、报刊、电子显示屏、板报等，应经常播、刊、发消防安全内容，每月不少于一次；有条件的学校应建立消防安全宣传教育场所，配置必要的消防设备、宣传资料。

（5）学校教室、行政办公楼、宿舍及图书馆、实验室、餐厅、礼堂等，应在醒目位置设置疏散逃生标志等消防安全提示。

（三）人员密集场所消防安全宣传的主要内容和形式

（1）人员密集场所应在安全出口、疏散通道和消防设施等位置设置消防安全提示，结合场所情况，向在场人员提示场所火灾危险性、疏散出口和路线、灭火和逃生设备器材位置及使用方法。

（2）文化娱乐场所、商场市场、宾馆饭店以及大型活动现场应通过电子显示屏、广播或主持人提示等形式向顾客告知安全出口位置和消防安全注意事项。

（3）公共交通运输工具的候车（机、船）场所、站台等应在醒目位置设置消防安全提示，宣传消防安全常识；电子显示屏、车（机、船）载视频和广播系统应经常播放消防安全知识。

【考点二】消防安全教育培训的主要内容和形式【★★★★★】

（一）单位消防安全教育培训的主要内容和形式

（1）单位应重点对下列人员进行不同形式的消防安全教育培训：①新上岗和进入新岗位的职工岗前培训。②在岗职工定期培训。③消防安全管理相关人员专业培训。

（2）消防安全教育培训形式主要包括：定期开展全员消防教育培训，落实从业人员上岗前消防安全培训制度；组织全体从业人员参加灭火、疏散演练；到消防安全教育场馆参观体验，确保人人懂本场所火灾危险性，并会报警、会灭火、会逃生。

职工的消防安全教育培训内容主要包括：本单位的火灾危险性、防火灭火措施、消防设施及灭火器材的操作使用方法、人员疏散逃生知识等。

（二）学校消防安全教育的主要内容和形式

（1）在开学初、放寒（暑）假前、学生军训期间，对学生普遍进行专题消防安全教育。

（2）结合不同课程实验课的特点和要求，对学生进行有针对性的消防安全教育。

（3）组织学生到当地消防站参观体验。

（4）每学年至少组织学生开展一次应急疏散演练。

（5）对寄宿学生进行经常性的安全用火用电教育和应急疏散演练。

（三）社区居民委员会、村民委员会消防安全教育培训的主要内容和形式

社区居民委员会、村民委员会应开展下列消防安全教育培训工作：

（1）利用文化活动站、学习室等场所，对居民、村民进行经常性防火和灭火技能的消防安全宣传教育。

（2）组织志愿消防队、治安联防队和灾害信息员、保安人员等开展防火和灭火等消防安全教育培训。

（3）在火灾多发季节、农业收获季节、重大节日和乡村民俗活动期间，有针对性地开展关于防火和灭火技能的消防安全教育培训。

第四章 灭火和应急疏散预案 编制与实施

【考点一】预案编制原则、分级和分类【★★★★】

（一）预案编制原则

灭火和应急疏散预案的编制应遵循以人为本、依法依规、符合实际、注重实效的原则，明确应急职责、规范应急程序、细化保障措施。

（二）预案的分级

预案根据设定灾情的严重程度和场所的危险性，从低到高依次分为以下五级：

（1）一级预案是针对可能发生无人员伤亡或被困，燃烧面积小的普通建筑火灾的预案。

（2）二级预案是针对可能发生3人以下伤亡或被困，燃烧面积大的普通建筑火灾，燃烧面积较小的高层建筑、地下建筑、人员密集场所、易燃易爆危险品场所、重要场所等特殊场所火灾的预案。

（3）三级预案是针对可能发生3人以上10人以下伤亡或被困，燃烧面积小的高层建筑、地下建筑、人员密集场所、易燃易爆危险品场所、重要场所等特殊场所火灾的预案。

（4）四级预案是针对可能发生10人以上30人以下伤亡或被困，燃烧面积较大的高层建筑、地下建筑、人员密集场所、易燃易爆危险品场所、重要场所等特殊场所火灾的预案。

（5）五级预案是针对可能发生30人以上伤亡或被困，燃烧面积大的高层建筑、地下建筑、人员密集场所、易燃易爆危险品场所、重要场所等特殊场所火灾的预案。

（三）预案的分类

按照单位规模大小、功能及业态划分、管理层次等要素，预案可分为总预案、分预案和专项预案三类。

【考点二】预案编制程序【★★】

（一）成立预案编制工作组

针对可能发生的火灾事故，结合本单位部门职能分工，成立以单位主要负责人或分管负责人为组长，单位相关部门人员参加的预案编制工作组，也可以委托专业机构提供技术服务，明确工作职责和任务分工，制定预案编制工作计划，组织开展预案编制工作。

（二）资料收集与评估

（1）全面分析本单位火灾危险性、危险因素、可能发生的火灾类型及危害程度。

（2）确定消防安全重点部位和火灾危险源，进行火灾风险评估。

（3）客观评价本单位消防安全组织、员工消防技能、消防设施等方面的应急处置能力。

（4）针对火灾危险源和存在问题，提出组织灭火和应急疏散的主要措施。

（5）收集借鉴国内外同行业火灾教训及应急工作经验。

（三）编写预案

（1）预案应针对可能发生的各种火灾事故和影响范围分级分类编制，科学编写预案文本，明确应急机构人员组成及工作职责、火灾事故的处置程序以及预案的培训和演练要求等。

（2）集团性、连锁性企业应制定预案编制指导意见，对所属下级单位提出明确要求。下级单位应编制符合本单位实际的预案。

（3）单位应编制总预案，单位内各部门应结合岗位火灾危险性编写分预案，消防安全重点部位应编写专项预案。

（4）分班作业的单位或场所应针对不同的班组，分别制定预案和组织演练。

（5）经营单位应针对营业和非营业等不同时间段，分别制定预案和组织演练。

（6）多产权、多家使用单位应委托统一消防安全管理的部门编制总预案，各单位、业主应根据自身实际制定分预案。

（7）鼓励单位应用建筑信息化管理（BIM）、大数据、移动通信等信息技术，制定数字化预案及应急处置辅助信息系统。

（四）评审与发布

（1）预案编制完成后，单位主要负责人应组织有关部门和人员，依据国家有关方针政策、法律法规、规章制度以及其他有关文件对预案进行评审。

（2）预案评审通过后，由本单位主要负责人签署发布，以正式文本的形式发放到每一名员工。

（五）适时修订预案

预案修订工作应安排专人负责，根据单位和场所生产经营储存性质、功能分区的改变及日常检查巡查、预案演练和实施过程中发现的问题，及时修订，确保预案适应单位基本情况。

【考点三】预案的主要内容【6 ★】

预案的主要内容包括编制目的、编制依据、适用范围、应急工作原则、单位基本情况、火灾情况设定、组织机构及职责、应急响应、应急保障、应急响应结束以及后期处置等。

（一）单位基本情况

（1）说明单位名称、地址、使用功能、建筑面积、建筑结构及主要人员等情况，还应包括单位总平面图、分区平面图、立面图、剖面图、疏散示意图等。各类图样制图要求如下：

1）单位总平面图应体现本单位的总体布局，标明其地理位置，周边 300 ~ 500 m 范围内的重要建筑、公共消防设施、微型消防站、区域联防组织等情况说明，内部主要建筑、设备、通道的毗连情况，消防水源、消火栓分布以及要害部位的所在位置，对不同危险级别的区域应用不同颜色区分警示。对于生产企业，应标明以下内容：①生产、管理和生活区域；②高温、有害物质和易燃易爆危险品布置区域；③危险品的品名、仓储位置、储存形式和储量；④常年主导风向、运输路线和附近水源。

2）单位分区平面图应反映总平面图内某消防安全重点部位灭火和应急疏散战斗行动部署情况，主要包括消防安全重点部位的平面布局，周围环境、消防水源、各种灭火器材数量的分布，水带铺设路线和人员物资疏散路线等。

3）单位立面图应以正面和侧面投影图形式标明消防安全重点部位的外貌和灭火行动部署情况，主要包括建筑或消防设施的立面布局，水带铺设路线以及应急救援箱、微型消防站位置等内容。

4）单位剖面图应标明建筑内部结构或比较复杂的部位灭火行动部署情况，主要包括建筑内部的分层情况。

5）疏散示意图应标明各安全出口、避难层、疏散通道位置以及疏散路线指示等情况说明。

（2）说明单位的火灾危险源情况，包括火灾危险源的位置、性质和可能发生的事故，明确危险源区域的操作人员和防护手段，危险品的仓储位置、形式和数量等。

（3）说明单位的消防设施情况，包括设施类型、数量、性能、参数、联动逻辑关系以及产品的型号、规格、生产企业和具体参数等内容。

（4）生产加工企业还应说明生产的主要产品、主要原材料、生产能力、主要生产工艺及处置流程、主要生产设施及装备等内容。

（5）涉及危险化学品的单位还应说明工艺处置技术小组人员情况，危险化学品的品名、性质、数量、存放位置及方式、防护及处置措施，运输车辆情况及主要的运输产品、运量、运地、行车路线和处理危险化学品物质存放处等内容，明确标注不能用水扑救或用水扑救后产生有毒有害物质的危险化学品。

（二）火灾情况设定

（1）预案应设定和分析可能发生的火灾事故情况，包括常见引火源、可燃物的性质、危及范围、爆炸可能性、泄漏可能性以及蔓延可能性等内容，可能影响预案组织实施的因素、客观条件等均应考虑到位。

（2）预案应明确最有可能发生火灾事故的情况列表，表中含有着火地点、火灾事故性质以及火灾事故影响人员的状况等。

（3）预案应考虑天气因素，分析大风、雷电、暴雨、高温、寒冬等恶劣气候对生产工艺、生产设施设备、消防设施设备、人员疏散造成的影响，并制定针对性措施。

（4）对外服务的场所设定火灾事故情况，应将外来人员不熟悉本单位疏散路径的最不利情形考虑在内。

（5）中小学校、幼儿园、托儿所、早教中心、医院、养老院、福利院设定火灾事故情况，应将服务对象人群行动不便的最不利情形考虑在内。

（三）组织机构及职责

1. 组织机构

（1）预案应明确单位的指挥机构，消防安全责任人任总指挥，消防安全管理人任副总指挥，消防工作归口职能部门负责人参加并具体组织实施。

（2）预案宜建立在单位消防安全责任人或者消防安全管理人不在位的情况下，由当班的单位负责人或第三人替代指挥的梯次指挥体系。

（3）预案应明确通信联络组、灭火行动组、疏散引导组、防护救护组、安全保卫组、后勤保障组等行动机构。

2. 岗位职责

（1）指挥机构由总指挥、副总指挥、消防工作归口职能部门负责人组成，负责人员和资源配置、应急队伍指挥调动、协调事故现场等有关工作，批准预案的启动与终止，组织预案的演练，组织保护事故现场，收集整理相关数据、资料，对预案实施情况进行总结讲评。

（2）通信联络组由现场工作人员及消防控制室值班人员组成，负责与指挥机构和当地消防部门、区域联防单位及其他应急行动涉及人员的通信、联络。

（3）灭火行动组由自动灭火系统操作员、指定的一线岗位人员和专职或志愿消防员组成，负责在发生火灾后立即利用消防设施、器材就地扑救初起火灾。

（4）疏散引导组由指定的一线岗位人员和专职或志愿消防员组成，负责引导人员正确疏散、逃生。

（5）防护救护组由指定的具有医护知识的人员组成，负责协助抢救、护送受伤人员。

（6）安全保卫组由保安人员组成，负责阻止与场所无关人员进入现场，保护火灾现场，协助消防部门开展火灾调查。

（7）后勤保障组由相关物资保管人员组成，负责抢险物资、器材器具的供应及后勤保障。

（四）应急响应

1. 响应措施

单位制定的各级预案应与辖区消防部门预案密切配合、无缝衔接，可根据现场火情变化及时变更火警等级，响应措施如下：①一级预案应明确由单位值班带班负责人到场指挥，拨打"119"报告一级火警，组织单位志愿消防队和微型消防站值班人员到场处置，采取有效措施控制火灾扩大；②二级预案应明确由消防安全管理人到场指挥，拨打"119"报告二级火警，调集单位志愿消防队、微型消防站和专业消防力量到场处置，组织疏散人员、扑救初起火灾、抢救伤员、保护财产，控制火势扩大蔓延；③三级以上预案应明确由消防安全责任人到场指挥，拨打"119"报告相应等级火警，同时调集单位所有消防力量到场处置，组织疏散人员、扑救初起火灾、抢救伤员、保护财产，有效控制火灾蔓延扩大，请求周边区域联防单位到场支援。

2. 指挥调度

（1）预案应明确统一通信方式，统一通信器材。指挥机构负责人应使用统一的通信器材下达指令，行动机构承担任务人员应使用统一的通信器材接受指令和报告动作信息。鼓励统一使用对讲系统。

（2）预案应统一规定灭火疏散行动中各种可能的通信用语，通信用词应清晰、简洁，指令、反馈表达完整、准确。

（3）预案应设计各种火灾处置场景下的指令、反馈环节，确定不同情况下下达的指令和做出的反馈。

（4）预案应要求指挥机构在了解现场火情的情况下，科学下达指令，使到达一线参与灭火行动的人员位置、数量、构成符合灭火行动需要。

（5）预案应要求指挥机构了解起火部位、危及部位、受威胁人员分布及数量，科学下达疏散引导行动指令，使到达一线参与疏散引导行动的人员位置、数量、构成符合疏散引导行动需要。

3. 通信联络

（1）预案应将应急联络工作中涉及的相关人员、单位的电话号码详列成表，便于使用。

（2）预案应明确要求通信联络组承担任务人员做好信息传递，及时传达各项指令和反馈现场信息。

（3）预案应对通信联络组承担任务人员进行分工，满足各项通知任务同时进行的要求。

（4）预案应明确通信联络组承担任务人员向总指挥、副总指挥、消防部门、区域联防单位等报告火情的基本规范，保证准确传递下列火灾情况信息：①起火单位、详细地址；②起火建筑结构、起火物、有无存储易燃易爆危险品；③起火部位或楼层；④人员受困情况；⑤火情大小、火势蔓延情况、水源情况等其他信息。

4. 灭火行动

（1）设有自动消防设施的单位，预案应要求自动消防设施设置在自动状态，保证一旦发生火灾立即动作；确有特殊原因需要设置在手动状态的，消防控制室值班人员应在火灾确认后立即将其调整到自动状态，并确认设备启动。

（2）预案应规定各类自动消防设施启动的基本原则，明确不同区域启动自动消防设施的先后顺序、启动时机、方法、步骤，提高应急行动的有效性。

（3）预案应明确保障一线灭火行动人员安全的原则，在本单位火灾类别范围下，规定灭火行动组一线人员进入现场扑救火灾的范围、撤离火灾现场的条件、撤离信号和安全防护措施。

（4）预案应根据承担灭火行动任务人员岗位经常位置，规定灭火行动组在接到通知或指令后立即到达现场的时间要求。

（5）预案应规定不同性质的场所火灾所使用的灭火方法，并明确一线灭火行动可使用的灭火器、消火栓等消防设施、器材，指出迅速找到消防设施、器材的途径和方法。

（6）预案应明确易燃易爆危险品场所的人员救护、工艺操作、事故控制、灭火等方面的应急处置措施。

（7）对完成灭火任务的，预案应要求一线灭火行动人员检查确认后通过通信器材向指挥机构报告。

5. 疏散引导

（1）疏散引导行动应与灭火行动同时进行。

（2）预案应明确事故现场人员清点、撤离的方式、方法，非事故现场人员紧急疏散的方式、方法，周边区域的单位、社区人员疏散的方式、方法，疏散引导组完成任务后的报告。对外服务的场所的预案应预见疏散的顾客自行离开的情形，规定有效的清点措施和记录方法。

（3）预案应对同时启用应急广播疏散、智能疏散系统引导疏散、人力引导疏散等多种疏散引导方法提出要求。

（4）有应急广播系统的单位，预案应对启动应急广播的时机、播音内容、语调语速、选用语种等做出规定。

（5）设置有智能应急照明和疏散逃生引导系统的单位，预案应明确根据火灾现场所处方位调整疏散指示标志的引导方向。

（6）预案应根据疏散引导组人员岗位经常位置，规定疏散引导组在接到通知或指令后立即到达现场的时间要求。

（7）预案应对疏散引导组人员的站位原则做出规定，对现场指挥疏散的用语分情况进行规范列举，明确需要佩戴、携带的防毒面具、湿毛巾等防护用品，保证疏散引导秩序井然。

（8）预案应对疏散人员引导疏散的安全区域和每个小组完成疏散任务后的站位做出规定。

（五）应急保障

（1）通信与信息保障。制定信息通信系统及维护方案，保障有 24 h 有效的报警装置和有效的内部、外部通信联络手段，确保应急期间信息通畅。

（2）应急队伍保障。说明应急组织机构管理机制，制定每日值班表，保障应急工作需要。

（3）物资装备保障。说明单位应急物资和装备的类型、数量、性能、存放位置、运输及使用条件、管理责任人及其联系方式等内容。

（4）其他保障。说明经费保障、治安保障、技术保障、后勤保障等其他应急工作需求的相关保障措施。

【考点四】预案的培训【★★】

（1）在预案中承担相应任务的所有人员，均应参加培训。承担任务的人员发生调整，新进人员应在消防工作归口职能部门的指导下及时熟悉预案内容；调整幅度较大的，应组织集中培训。

（2）培训目的是使参训人员熟悉预案内容，了解火灾发生时各行动机构人员的工作任务及各方之间应做到的协调配合，掌握必要的灭火技术，熟悉消防设施、器材的操作使用方法。

（3）培训的主要内容是预案的全部内容，职责、个人角色及其意义，应急演练及灭火疏散行动中的注意事项，防火、灭火常识，灭火基本技能，常见消防设施的原理、性能及操作使用方法。

（4）对培训效果进行考核和评估，保存相关记录，培训周期不低于1年。

【考点五】预案的演练【7★】

（一）演练的组织

（1）消防安全重点单位应至少每半年组织一次演练，火灾高危单位应至少每季度组织一次演练，其他单位应至少每年组织一次演练。在火灾多发季节或有重大活动保卫任务的单位，应组织全要素综合演练。单位内的有关部门应结合实际适时组织专项演练，宜每月组织开展一次疏散演练。

（2）单位全要素综合演练由指挥机构统一组织，专项演练由消防工作归口职能部门或内设部门组织。

组织专项消防演练，一般应在消防工作归口职能部门指导下进行，保证专项消防演练能够有机融入本单位整体演练要求。

（3）组织全要素综合演练时，可以报告当地消防部门给予业务指导，地铁、建筑高度超过100 m的多功能建筑，应适时与消防部门组织联合演练。

（4）演练应确保安全有序，注重能力提高。

（二）演练的准备

（1）制定实施方案，确定假想起火部位，明确重点检验目标。

（2）可以通知单位员工组织演练的大概时间，但不应告知员工具体的演练时间，实施突击演练，实地检验员工处置突发事件的能力。

（3）设定假想起火部位时，应选择人员集中、火灾危险性较大和重点部位作为演练目标，根据实际情况确定火灾模拟形式。

（4）设置观察岗位，指定专人负责记录演练参与人员的表现，演练结束讲评时做参考。

（5）组织演练前，应在建筑入口等显著位置设置"正在消防演练"的标志牌，进行公告。

（6）模拟火灾演练中应落实火源及烟气控制措施，防止造成人员伤害。

（7）疏散路径的楼梯口、转弯处等容易引起摔倒、踩踏的位置应设置引导人员，小学、幼儿园、医院、养老院、福利院等应直接确定每个引导人员的服务对象。

（8）演练会影响顾客或周边居民的，应提前一定时间做出有效公告，避免引起不必要的惊慌。

（三）演练的实施

（1）演练应设定现场发现火情和系统发现火情分别实施，并按照下列要求及时处置：

1）由人员现场发现的火情，发现火情的人应立即通过火灾报警按钮或通信器材向消防控制室或值班室报告火警，使用现场灭火器材进行扑救。

2）消防控制室值班人员通过火灾自动报警系统或视频监控系统发现火情的，应立即通过通信器材通知一线岗位人员到现场，值班人员应立即拨打"119"报警，并向单位应急指挥部报告，同时启动应急程序。

（2）应急指挥部负责人接到报警后，应按照下列要求及时处置：

1）准确做出判断，根据火情，启动相应级别应急预案。

2）通知各行动机构按照职责分工实施灭火和应急疏散行动。

3）将发生火灾情况通知在场所有人员。

4）派相关人员切断发生火灾部位的非消防电源、燃气阀门，停止通风空调，启动消防应急照明和疏散指示系统、消防水泵和防烟排烟风机等一切有利于火灾扑救及人员疏散的设施设备。

（3）从假想火点起火开始至演练结束，均应按预案规定的分工、程序和要求进行。

（4）指挥机构、行动机构及其承担任务人员按照灭火和疏散任务需要开展工作，对现场实际发展超出预案预期的部分，随时做出调整。

（5）模拟火灾演练中应落实火源及烟气控制措施，加强人员安全防护，防止造成人身伤害。对演练情况下发生的意外事件，应予妥善处置。

（6）对演练过程进行拍照、摄录，妥善保存演练相关文字、图片、录像等资料。

（四）总结讲评

（1）演练结束后应进行现场总结讲评。

（2）总结讲评由消防工作归口职能部门组织，所有承担任务的人员均应参加讲评。

（3）现场总结讲评应就各观察岗位发现的问题进行通报，对表现好的方面予以肯定，并强调实际灭火和疏散行动中的注意事项。

（4）演练结束后，指挥机构应组织相关部门或人员总结讲评会议，全面总结消防演练情况，提出改进意见，形成书面报告，通报全体承担任务人员。总结报告应包括以下内容：

1）通过演练发现的主要问题。

2）对演练准备情况的评价。

3）对预案有关程序、内容的建议和改进意见。

4）对训练、器材设备方面的改进意见。

5）演练的最佳顺序和时间建议。

6）对演练情况设置的意见。

7）对演练指挥机构的意见等。

第五章　施工现场消防安全管理

【考点一】总平面布置的原则【★★】

（一）明确总平面布局内容

下列临时用房和临时设施应纳入施工现场总平面布局：

（1）施工现场的出入口、围墙、围挡。

（2）施工现场内的临时道路。

（3）给水管网或管路，以及配电线路敷设或架设的走向、高度。

（4）施工现场办公用房、宿舍、发电机房、变配电房、可燃材料库房、易燃易爆危险品库房、可燃材料堆场及其加工场、固定动火作业场等。

（5）临时消防车道、消防救援场地和消防水源。

（二）重点区域的布置原则

1. 施工现场出入口的布置原则

《建设工程施工现场消防安全技术规范》第3.1.3条规定，施工现场出入口的设置应满足消防车通行的要求，并宜布置在不同方向，其数量不宜少于2个。当确有困难只能设置1个出入口时，应在施工现场内设置满足消防车通行的环形道路。

2. 固定动火作业场的布置原则

《建设工程施工现场消防安全技术规范》第3.1.5条规定，固定动火作业场应布置在可燃材料堆场及其加工场、易燃易爆危险品库房等全年最小频率风向的上风侧；宜布置在临时办公用房、宿舍、可燃材料库房、在建工程等全年最小频率风向的上风侧。

3. 危险品库房等的布置原则

《建设工程施工现场消防安全技术规范》第3.1.6条规定，易燃易爆危险品库房应远离明火作业区、人员密集区和建筑物相对集中区；第3.1.7条规定，可燃材料堆场及其加工场、易燃易爆危险品库房不应布置在架空电力线下。

【考点二】防火间距【★★★】

（一）临时用房、临时设施与在建工程的防火间距

（1）人员住宿、可燃材料及易燃易爆危险品储存等场所严禁设置于在建工程内。

（2）《建设工程施工现场消防安全技术规范》第3.2.1条规定，易燃易爆危险品库房与在建工程的防火间距不应小于15 m。可燃材料堆场及其加工场、固定动火作业场与在建工程的防火间距不应小于10 m。其他临时用房、临时设施与在建工程的防火间距不应小于6 m。

（二）临时用房、临时设施的防火间距

施工现场主要临时用房、临时设施的防火间距不应小于表5-5-1的规定。当办公用房、宿舍成组布置时，其防火间距可适当减小，但应符合以下要求：

（1）每组临时用房的栋数不应超过10栋，组与组之间的防火间距不应小于8 m。

（2）组内临时用房之间的防火间距不应小于 3.5 m；当建筑构件燃烧性能等级为 A 级时，其防火间距可减少到 3 m。

表 5-5-1　　　　　　　　　施工现场主要临时用房、临时设施的防火间距　　　（单位：m）

名称	办公用房、宿舍	发电机房、变配电房	可燃材料库房	厨房操作间、锅炉房	可燃材料堆场及其加工场	固定动火作业场	易燃易爆危险品库房
办公用房、宿舍	4	4	5	5	7	7	10
发电机房、变配电房	4	4	5	5	7	7	10
可燃材料库房	5	5	5	5	7	7	10
厨房操作间、锅炉房	5	5	5	5	7	7	10
可燃材料堆场及其加工场	7	7	7	7	7	10	10
固定动火作业场	7	7	7	7	10	10	12
易燃易爆危险品库房	10	10	10	10	10	12	12

注：1. 临时用房、临时设施的防火间距应按临时用房外墙外边线或堆场、作业场、作业棚边线间的最小距离计算，当临时用房外墙有凸出可燃构件时，应从其凸出可燃构件的外缘算起。

2. 两栋临时用房相邻较高一面的外墙为防火墙时，防火间距不限。

3. 表 5-5-1 未规定的，可按同等火灾危险性的临时用房、临时设施的防火间距确定。

【考点三】临时消防车道【★★★】

（一）临时消防车道设置要求

（1）施工现场内应设置临时消防车道，临时消防车道与在建工程、临时用房、可燃材料堆场及其加工场的距离不宜小于 5 m，且不宜大于 40 m。施工现场周边道路满足消防车通行及灭火救援要求时，施工现场内可不设置临时消防车道。

（2）临时消防车道的设置应符合以下规定：

1）临时消防车道宜为环形，如设置环形车道确有困难时，应在临时消防车道尽端设置尺寸不小于 12 m×12 m 的回车场。

2）临时消防车道的净宽度和净空高度均不应小于 4 m。

3）临时消防车道的右侧应设置消防车行进路线指示标识。

4）临时消防车道路基、路面及其下部设施应能承受消防车通行压力及工作荷载。

（二）临时消防救援场地的设置

1. 下列施工现场须设临时消防救援场地

（1）建筑高度大于 24 m 的在建工程。

（2）建筑工程单体占地面积大于 3 000 m² 的在建工程。

（3）超过 10 栋，且成组布置的临时用房。

2. 临时消防救援场地的设置要求

（1）临时消防救援场地应在在建工程装饰装修阶段设置。

（2）临时消防救援场地应设置在成组布置的临时用房场地的长边一侧及在建工程的长边一侧。

（3）场地宽度应满足消防车正常操作要求且不应小于 6 m，与在建工程外脚手架的净距不宜小于 2 m，且不宜超过 6 m。

【考点四】临时用房的防火要求【★★★】

（一）宿舍、办公用房的防火要求

宿舍、办公用房的防火设计应符合下列规定：

（1）建筑构件的燃烧性能等级应为 A 级。当临时用房是金属夹芯板时，其芯材的燃烧性能等级应为 A 级。

（2）建筑层数不应超过 3 层，每层建筑面积不应大于 300 m²。

（3）建筑层数为 3 层或每层建筑面积大于 200 m² 时，应设置不少于 2 部疏散楼梯，房间疏散门至疏散楼梯的最大距离不应大于 25 m。

（4）单面布置用房时，疏散走道的净宽度不应小于 1 m；双面布置用房时，疏散走道的净宽度不应小于 1.5 m。

（5）疏散楼梯的净宽度不应小于疏散走道的净宽度。

（6）宿舍房间的建筑面积不应大于 30 m²，其他房间的建筑面积不宜大于 100 m²。

（7）房间内任一点至最近疏散门的距离不应大于 15 m，房门的净宽度不应小于 0.8 m；房间建筑面积超过 50 m² 时，房门的净宽度不应小于 1.2 m。

（8）隔墙应从楼地面基层隔断至顶板基层底面。

（二）特殊临时用房的防火要求

除宿舍、办公用房外，施工现场内诸如发电机房、变配电房、厨房操作间、锅炉房、可燃材料和易燃易爆危险品库房是施工现场火灾危险性较大的临时用房，对于这些临时用房提出防火要求，有利于火灾风险的控制。

发电机房、变配电房、厨房操作间、锅炉房、可燃材料和易燃易爆危险品库房的防火设计应符合下列规定：

（1）建筑构件的燃烧性能等级应为 A 级。

（2）层数应为 1 层，建筑面积不应大于 200 m²。

（3）可燃材料库房单个房间的建筑面积不应超过 30 m²，易燃易爆危险品库房单个房间的建筑面积不应超过 20 m²。

（4）房间内任一点至最近疏散门的距离不应大于 10 m，房门的净宽度不应小于 0.8 m。

（三）其他防火要求

其他防火设计应符合下列规定：

（1）宿舍、办公用房不应与厨房操作间、锅炉房、变配电房等组合建造。

（2）施工现场人员较为密集的用房，如会议室、文化娱乐室、培训室、餐厅等房间应设置在临时用房的第一层，其疏散门应向疏散方向开启。

【考点五】在建工程防火要求【★★★★】

（一）临时疏散通道的防火要求

在建工程作业场所临时疏散通道的设置应符合下列规定：

（1）耐火极限不应低于 0.50 h。

（2）设置在地面上的临时疏散通道，其净宽度不应小于 1.5 m；利用在建工程施工完毕的水平结构、楼梯作临时疏散通道时，其净宽度不宜小于 1 m；用于疏散的爬梯及设置在脚手架上的临时疏散通道，其净宽度不应小于 0.6 m。

（3）临时疏散通道为坡道，且坡度大于 25° 时，应修建楼梯或台阶踏步或设置防滑条。

（4）临时疏散通道不宜采用爬梯，确需采用爬梯时，应有可靠固定措施。

（5）临时疏散通道侧面如为临空面，必须沿临空面设置高度不小于 1.2 m 的防护栏杆。

（6）临时疏散通道设置在脚手架上时，脚手架应采用不燃材料搭设。

（7）临时疏散通道应设置明显的疏散指示标识。

（8）临时疏散通道应设置应急照明设施。

（二）既有建筑进行扩建、改建施工的防火要求

既有建筑进行扩建、改建施工时，必须明确划分施工区和非施工区。施工区不得营业、使用和居住；非施工区继续营业、使用和居住时，应符合下列要求：

（1）施工区和非施工区之间应采用不开设门、窗、洞口的耐火极限不低于 3.00 h 的不燃烧体隔墙进行防火分隔。

（2）非施工区内的消防设施应完好和有效，疏散通道应保持畅通，并应落实日常值班及消防安全管理制度。

（3）施工区的消防安全应配有专人值守，发生火情应能立即处置。

（4）施工单位应向居住和使用者进行消防安全宣传教育，告知建筑消防设施、疏散通道的位置及使用方法，同时应组织进行疏散演练。

（5）外脚手架搭设不应影响安全疏散、消防车正常通行及灭火救援操作。

（三）其他防火要求

1. 外脚手架、支模架

外脚手架、支模架的架体宜采用不燃或难燃材料搭设。其中，高层建筑和既有建筑改造工程的外脚手架、支模架的架体应采用不燃材料搭设。

2. 安全防护网

下列安全防护网应采用阻燃型安全防护网：

（1）高层建筑外脚手架的安全防护网。

（2）既有建筑外墙改造时，其外脚手架的安全防护网。

（3）临时疏散通道的安全防护网。

3. 安全疏散

作业场所应设置明显的疏散指示标志，其指示方向应指向最近的临时疏散通道入口；作业层的醒目位置应设置安全疏散示意图。

【考点六】灭火器设置场所及配置要求【★★】

（一）设置场所

在建工程及临时用房的下列场所应配置灭火器：

（1）易燃易爆危险品存放及使用场所。

（2）动火作业场所。

（3）可燃材料存放、加工及使用场所。

（4）发电机房、变配电房、厨房操作间、锅炉房、设备用房、宿舍、办公用房等临时用房。

（5）其他具有火灾危险的场所。

（二）配置要求

施工现场灭火器配置应符合下列规定：

（1）灭火器的类型应与配备场所可能发生火灾类型相匹配。

（2）灭火器的最低配置基准应符合表 5-5-2 的规定。

表 5-5-2　　　　　　　　　　　灭火器最低配置基准

项目	固体物质火灾		液体或可熔化固体物质火灾、气体火灾	
	单具灭火器最小配置灭火级别	单位灭火级别最大保护面积 / （m^2/A）	单具灭火器最小配置灭火级别	单位灭火级别最大保护面积 / （m^2/B）
易燃易爆危险品存放及使用场所	3A	50	89B	0.5
固定动火作业场	3A	50	89B	0.5
临时动火作业点	2A	50	55B	0.5
可燃材料存放、加工及使用场所	2A	75	55B	1.0
厨房操作间、锅炉房	2A	75	55B	1.0
自备发电机房	2A	75	55B	1.0
变配电房	2A	75	55B	1.0
宿舍、办公用房	1A	100	—	—

（3）灭火器的配置数量应按照《建筑灭火器配置设计规范》的有关规定经计算确定，且每个场所的灭火器数量不应少于 2 具。

（4）灭火器的最大保护距离应符合表 5-5-3 的规定。

表 5 - 5 - 3　　　　　　　　　　灭火器的最大保护距离　　　　　　　　　（单位：m）

灭火器配置场所	固体物质火灾	液体或可熔化固体物质火灾、气体火灾
易燃易爆危险品存放及使用场所	15	9
固定动火作业场	15	9
临时动火作业点	10	6
可燃材料存放、加工及使用场所	20	12
厨房操作间、锅炉房	20	12
发电机房、变配电房	20	12
宿舍、办公用房	25	—

【考点七】施工现场临时消防用水要求【★★★】

（一）消防用水量

临时消防用水量应为临时室外消防用水量和临时室内消防用水量之和；临时室外消防用水量应按临时用房和在建工程的临时室外消防用水量的较大者确定，施工现场火灾次数可按同时发生 1 次确定。

（二）临时室外消防给水系统设置要求

1. 设置条件

临时用房建筑面积之和大于 1 000 m² 或在建工程单体体积大于 10 000 m³ 时，应设置临时室外消防给水系统。当施工现场处于市政消火栓 150 m 保护范围内，且市政消火栓的数量满足室外消防用水量要求时，可不设置临时室外消防给水系统。

2. 设置要求

施工现场临时室外消防给水系统的设置应符合下列要求：

（1）给水管网宜布置成环状。

（2）临时室外消防给水干管的管径应依据施工现场临时消防用水量和干管内水流速度进行计算确定，且不应小于 DN100 mm。

（3）室外消火栓应沿在建工程、临时用房、可燃材料堆场及其加工场均匀布置，距在建工程、临时用房、可燃材料堆场及其加工场的外边线距离不应小于 5 m。

（4）消火栓的间距不应大于 120 m。

（5）消火栓的最大保护半径不应大于 150 m。

（三）临时室内消防给水系统设置要求

1. 设置条件

建筑高度大于 24 m 或单体体积超过 30 000 m³ 的在建工程，应设置临时室内消防给水系统。

2. 设置要求

（1）室内消防竖管的设置要求。在建工程临时室内消防竖管的设置应符合下列要求：

1）消防竖管的设置位置应便于消防救援人员操作，其数量不应少于 2 根；当结构封顶时，应将消防竖管设置成环状。

2）消防竖管的管径应根据在建工程临时消防用水量、消防竖管内水流速度进行计算确定，且不应小于 DN 100 mm。

（2）消防水泵接合器的设置要求。设置室内消防给水系统的在建工程，应设消防水泵接合器。消防水泵接合器应设置在室外便于消防车取水的部位，与室外消火栓或消防水池取水口的距离宜为 15 ～ 40 m。

（3）室内消火栓接口及消防软管接口的设置要求。设置临时室内消防给水系统的在建工程，各结构层均应设置室内消火栓接口及消防软管接口，并应符合下列要求：

1）消火栓接口及软管接口应设置在位置明显且易于操作的部位。

2）消火栓接口的前端应设置截止阀。

3）消火栓接口或软管接口的间距，多层建筑不大于 50 m，高层建筑不大于 30 m。

（4）消防水带、水枪及软管的设置要求。《建设工程施工现场消防安全技术规范》第 5.3.13 条规定，在建工程结构施工完毕的每层楼梯处应设置消防水带、水枪及软管，且每个设置点不应少于 2 套。

（5）中转水池及加压水泵的设置要求。建筑高度超过 100 m 的在建工程，应在适当楼层增设临时中转水池和加压水泵，中转水池的有效容积不应少于 10 m³，上、下两个中转水池的高差不宜超过 100 m。

（四）其他设置要求

（1）临时消防给水系统的给水压力应满足消防水枪充实水柱长度不小于 10 m 的要求；给水压力不能满足要求时，应设置消火栓泵，消火栓泵不应少于 2 台，且应互为备用；消火栓泵宜设置自动启动装置。

（2）当外部消防水源不能满足施工现场的临时消防用水量要求时，应在施工现场设置临时蓄水池。临时蓄水池宜设置在便于消防车取水的部位，其有效容积不应小于施工现场火灾延续时间内一次灭火的全部消防用水量。

（3）施工现场临时消防给水系统应与施工现场生产、生活给水系统合并设置，但应设置将生产、生活用水转为消防用水的应急阀门。应急阀门不应超过 2 个，且应设置在易于操作的场所，并设置明显标识。

（4）严寒和寒冷地区的现场临时消防给水系统，应采取防冻措施。

【考点八】临时应急照明设置【★★★】

（一）临时应急照明设置场所

施工现场的下列场所应配备临时应急照明：

（1）自备发电机房及变配电房。

（2）水泵房。

（3）无天然采光的作业场所及疏散通道。

（4）高度超过 100 m 的在建工程的室内疏散通道。

（5）发生火灾时仍需坚持工作的其他场所。

（二）临时应急照明设置要求

作业场所应急照明的照度不应低于正常工作所需照度的 90%，疏散通道的照度值不应小于 0.5 lx。临时消防应急照明灯具宜选用自备电源的应急照明灯具，自备电源的连续供电时间不应小于 1 h。

【考点九】施工现场消防安全管理制度【★★】

施工单位应针对施工现场可能导致火灾发生的施工作业及其他活动，制定消防安全管理制度。消防安全管理制度应包括下列主要内容：

（1）消防安全教育与培训制度。

（2）可燃材料及易燃易爆危险品管理制度。

（3）用火、用电、用气管理制度。

（4）消防安全检查制度。

（5）应急预案演练制度。

【考点十】施工现场防火技术方案【★★】

施工现场防火技术方案应包括下列主要内容：

（1）施工现场重大火灾危险源辨识。

（2）施工现场防火技术措施，即施工人员在具有火灾危险的场所进行施工作业或实施具有火灾危险的工序时，在"人、机、料、环、法"等方面应采取的防火技术措施。

（3）临时消防设施、临时疏散设施配备，并应具体明确以下相关内容：

1）明确配置灭火器的场所、选配灭火器的类型和数量及最小灭火级别。

2）确定消防水源，临时消防给水管网的管径、敷设线路、给水工作压力及消防水池、消防水泵、消火栓等设施的位置、规格、数量等。

3）明确设置应急照明的场所和应急照明灯具的类型、数量、安装位置等。

4）在建工程永久性消防设施临时投入使用的安排及说明。

5）明确安全疏散的线路（位置）、疏散设施搭设的方法及要求等。

（4）临时消防设施和消防警示标识布置图。

【考点十一】施工现场灭火及应急疏散预案【★★★】

施工单位应编制施工现场灭火及应急疏散预案。灭火及应急疏散预案包括以下主要内容：

（1）应急灭火处置机构及各级人员应急处置职责。

（2）报警、接警处置的程序和通信联络的方式。

（3）扑救初起火灾的程序和措施。

（4）应急疏散及救援的程序和措施。

【考点十二】消防安全检查【★★★】

施工过程中，施工现场的消防安全负责人应定期组织消防安全管理人员对施工现场的消防安全进行检查。消防安全检查应包括下列主要内容：

（1）可燃物及易燃易爆危险品的管理是否落实。

（2）动火作业的防火措施是否落实。

（3）用火、用电、用气是否存在违章操作，电、气焊及保温防水施工是否执行操作规程。

（4）临时消防设施是否完好有效。

（5）临时消防车通道及临时疏散设施是否畅通。

【考点十三】可燃材料及易燃易爆危险品管理【★★】

（1）可燃材料及易燃易爆危险品应按计划限量进场。进场后，可燃材料宜存放于库房内，如露天存放时，应分类成垛堆放，垛高不应超过 2 m，单垛体积不应超过 50 m³，垛与垛之间的最小间距不应小于 2 m，且应采用不燃或难燃材料覆盖；易燃易爆危险品应分类专库储存，库房内通风良好，并设置禁火标志。

（2）室内使用油漆及其有机溶剂、乙二胺、冷底子油或其他可燃材料、易燃易爆危险品的物资作业时，应保持良好通风，作业场所严禁明火，并应避免产生静电。

（3）施工产生的可燃、易燃建筑垃圾或余料，应及时清理。

【考点十四】用火、用电、用气管理【★★★★】

（一）用火管理

1. 动火作业管理

动火作业是指在施工现场进行明火、爆破、焊接、气割或采用酒精炉、煤油炉、喷灯、砂轮、电钻等工具进行可能产生火焰、火花和炽热表面的临时性作业。

为保证动火作业安全，施工现场动火作业应符合下列要求：

（1）施工现场动火作业前，应由动火作业人提出动火作业申请。动火作业申请至少应包含动火作业的人员、内容、部位或场所、时间、作业环境及灭火救援措施等内容。

（2）动火作业应办理动火许可证。动火许可证的签发人收到动火申请后，应前往现场查验并确认动火作业的防火措施落实后，方可签发动火许可证。

（3）动火操作人员应具有相应资格，并持证上岗作业。

（4）焊接、切割、烘烤或加热等动火作业前，应对作业现场的可燃物进行清理；作业现场及其附近无法移走的可燃物，应采用不燃材料对其覆盖或隔离。

（5）施工作业安排时，宜将动火作业安排在使用可燃建筑材料的施工作业前进行。确需在使用可燃建筑材料的施工作业之后进行动火作业的，应采取可靠的防火措施。

（6）严禁在裸露的可燃材料上直接进行动火作业。

（7）焊接、切割、烘烤或加热等动火作业，应配备灭火器材，并设动火监护人进行现场监护，每个动火作业点均应设置一个监护人。

（8）五级（含五级）以上风力天气时，应停止焊接、切割等室外动火作业。

（9）动火作业后，应对现场进行检查，确认无火灾危险后，动火操作人员方可离开。

2. 其他用火管理

（1）施工现场存放和使用易燃易爆危险品的场所（如油漆间、液化气间等），严禁明火。

（2）施工现场不应采用明火取暖。

（3）厨房操作间炉灶使用完毕后，应将炉火熄灭，排油烟机及油烟管道应定期清理油垢。

（二）用电管理

施工现场用电应符合下列要求：

（1）施工现场供用电设施的设计、施工、运行、维护应符合《建设工程施工现场供用电安全规范》的要求。

（2）电气线路应具有相应的绝缘强度和机械强度，严禁使用绝缘老化或失去绝缘性能的电气线路，严禁在电气线路上悬挂物品。破损、烧焦的插座、插头应及时更换。

（3）电气设备特别是易产生高热的设备，应与可燃、易燃易爆和腐蚀性物品保持一定的安全距离。

（4）有爆炸和火灾危险的场所，按危险场所等级选用相应的电气设备。

（5）配电屏上每个电气回路应设置漏电保护器、过载保护器，距配电屏 2 m 范围内不应堆放可燃物，5 m 范围内不应设置可能产生较多易燃易爆气体、粉尘的作业区。

（6）可燃材料库房不应使用高热灯具，易燃易爆危险品库房内应使用防爆灯具。

（7）普通灯具与易燃物距离不宜小于 300 mm；聚光灯、碘钨灯等高热灯具与易燃物距离不宜小于 500 mm。

（8）电气设备不应超负荷运行或带故障使用。

（9）禁止私自改装现场供用电设施；现场供用电设施的改装应经具有相应资格的电气工程师批准，并由具有相应资格的电工实施。

（10）应定期对电气设备和线路的运行及维护情况进行检查。

（三）用气管理

施工现场用气应符合下列要求：

（1）储装气体的罐瓶及其附件应合格、完好和有效；严禁使用减压器及其他附件缺损的氧气瓶，严禁使用乙炔专用减压器、回火防止器及其他附件缺损的乙炔瓶。

（2）气瓶运输、存放、使用时，应符合下列规定：

1）气瓶应保持直立状态，并采取防倾倒措施，乙炔瓶严禁横躺卧放。

2）严禁碰撞、敲打、抛掷、滚动气瓶。

3）气瓶应远离火源，距火源距离不应小于 10 m，并应采取避免高温和防止暴晒的措施。

4）燃气储装瓶罐应设置防静电装置。

（3）气瓶应分类储存，库房内通风良好；空瓶和实瓶同库存放时，应分开放置，两者间距不应小于 1.5 m。

（4）气瓶使用时，应符合下列规定：

1）使用前，应检查气瓶及气瓶附件的完好性，检查连接气路的气密性，并采取避免气体泄漏的措施，严禁使用已老化的橡皮气管。

2）氧气瓶与乙炔瓶的工作间距不应小于 5 m，气瓶与明火作业点的距离不应小于 10 m。

3）冬季使用气瓶，如气瓶的瓶阀、减压器等发生冻结，严禁用火烘烤或用铁器敲击瓶阀，禁止猛拧减压器的调节螺丝。

4）氧气瓶内剩余气体的压力不应小于 0.1 MPa。

5）气瓶用后应及时归库。

第六章 大型群众性活动消防安全管理

【考点一】大型群众性活动消防安全责任【★★★★★】

根据《大型群众性活动安全管理条例》第五条规定，大型群众性活动的承办者对其承办活动的安全负责，承办者的主要负责人为大型群众性活动的安全责任人。消防安全作为大型群众性活动安全工作的重要部分，其消防安全责任也应由承办者及承办者的主要负责人负责。

《消防法》第二十条规定，举办大型群众性活动，承办人应当依法向公安机关申请安全许可，制定灭火和应急疏散预案并组织演练，明确消防安全责任分工，确定消防安全管理人员，保持消防设施和消防器材配置齐全、完好有效，保证疏散通道、安全出口、疏散指示标志、应急照明和消防车道符合消防技术标准和管理规定。

【考点二】大型群众性活动消防安全管理工作职责【★★★★】

（一）承办单位消防安全责任人

承办单位消防安全责任人作为大型群众性活动消防安全保卫工作领导小组组长，是大型群众性活动消防安全工作的第一责任人，必须履行以下消防安全职责：

（1）贯彻执行消防法律法规，保障承办活动消防安全符合规定，掌握活动的消防安全情况。

（2）将消防工作与承办的大型群众性活动统筹安排，批准实施大型群众性活动消防安全工作方案。

（3）为大型群众性活动的消防安全提供必要的经费和组织保障。

（4）确定逐级消防安全责任，批准实施消防安全制度和保障消防安全的操作规程。

（5）组织防火巡查、防火检查，督促落实火灾隐患整改，及时处理涉及消防安全的重大问题。

（6）根据消防法律法规的规定建立志愿消防队。

（7）组织制定符合大型群众性活动实际的灭火和应急疏散预案，并实施演练。

（8）依法向当地消防救援机构申报举办大型群众性活动的消防安全检查手续，在取得合格手续的前提下方可举办。

（二）承办单位消防安全管理人

承办单位消防安全管理人作为大型群众性活动消防安全保卫工作领导小组副组长，对大型群众性活动承办单位的消防安全责任人负责，并组织落实下列消防安全管理工作：

（1）拟订大型群众性活动消防安全工作方案，组织实施大型群众性活动的消防安全管理工作。

（2）组织制定消防安全制度和保障消防安全的操作规程并检查督促其落实。

（3）拟订消防安全工作的资金投入和组织保障方案。

（4）组织实施防火巡查、防火检查和火灾隐患整改工作。

（5）组织实施对承办活动所需的消防设施、灭火器材和消防安全标志进行检查，确保其完好有效，确保疏散通道和安全出口畅通。

（6）组织管理志愿消防队。

（7）对参加活动的演职、服务、保障等人员进行消防知识、技能的宣传教育和培训，组织灭火和应急疏散预案的实施和演练。

（8）单位消防安全责任人委托的其他消防安全管理工作。

（9）协调活动场地所属单位做好相关消防安全工作。

消防安全管理人应当定期向消防安全责任人报告消防安全情况，及时报告涉及消防安全的重大问题。未确定消防安全管理人的，消防安全管理工作由单位消防安全责任人负责实施。

（三）活动场地产权单位

活动场地的产权单位应当向大型群众性活动的承办单位提供符合消防安全要求的建筑物、场所和场地。对于承包、租赁或者委托经营、管理的，当事人在订立的合同中依照有关规定明确各方的消防安全责任；消防车道、涉及公共消防安全的疏散设施和其他建筑消防设施应当由产权单位或者委托管理的单位统一管理。

（四）灭火行动组

灭火行动组履行以下工作职责：

（1）结合活动举办实际，制定灭火和应急疏散预案，并报请领导小组审批后实施。

（2）实施灭火和应急疏散预案的演练，对预案存在的不合理的地方进行调整，确保预案贴近实战。

（3）对举办活动场地及相关设施组织消防安全检查，督促相关职能部门整改火灾隐患，确保活动举办安全。

（4）组织力量在活动举办现场利用现有消防装备实施消防安全保卫，确保第一时间处置火灾事故或突发性事件。

（5）发生火灾事故时，组织人员对现场进行保护，协助当地公安机关进行事故调查。

（6）对发生的火灾事故进行分析，吸取教训，积累经验，为今后的活动举办提供强有力的安全保障。

（五）通信保障组

通信保障组履行以下工作职责：

（1）建立通信平台。有条件的单位可利用无线通信平台，无条件的单位将领导小组各级领导及成员的联系方式汇编成册，建立通信联络平台。

（2）保证第一时间将领导小组组长的各项指令传达到每一个参战单位和人员，实现上下通信畅通无阻。

（3）与当地消防救援机构保持紧密联系，确保第一时间向消防救援机构报警，争取灭火救援时间，最大限度地减少人员伤亡和财产损失。

（六）疏散引导组

疏散引导组履行以下工作职责：

（1）掌握活动举办场所各安全通道、出口位置，了解安全通道、安全出口畅通情况。

（2）在关键部位设置工作人员，确保安全通道、安全出口畅通。

（3）在发生火灾或突发事件的第一时间，引导参加活动的人员从最近的安全通道、安全出口疏散，确保参加活动人员生命安全。

（七）安全防护救护组

安全防护救护组履行以下工作职责：

（1）做好可能发生的事件的前期预防，做到心中有数。

（2）聘请医疗机构的专业人员备齐相应的医疗设备和急救药品到活动现场，做好应对突发事件的准备工作。

（3）一旦发生突发事件，确保第一时间到场处置，确保人身安全。

（八）防火巡查组

防火巡查组履行以下工作职责：

（1）巡查活动现场消防设施是否完好有效。

（2）巡视活动现场安全出口、疏散通道是否畅通。

（3）巡查活动现场消防安全重点部位的运行状况、工作人员在岗情况。

（4）巡查活动过程用火用电情况。

（5）巡查活动过程中的其他消防不安全因素。

（6）纠正巡查过程中的消防违章行为。

（7）及时向活动的消防安全管理人报告巡查情况。

【考点三】大型群众性活动消防安全管理的档案管理【★★★】

大型群众性活动消防档案应当包括消防安全基本情况和消防安全管理情况。

（一）消防安全基本情况包含的内容

（1）活动基本概况和活动消防安全重点部位情况。

（2）活动场所符合消防安全条件的相关文件。

（3）活动消防安全管理组织机构和各级消防安全责任人。

（4）活动消防安全工作方案、消防安全制度。

（5）消防设施、灭火器材情况。

（6）现场防火巡查力量、志愿消防队等力量部署及消防装备配备情况。

（7）与活动消防安全有关的重点工作人员情况。

（8）临时搭建的活动设施的耐火性能检测情况。

（9）灭火和应急疏散预案。

（二）消防安全管理情况包含的内容

（1）活动前消防救援机构进行消防安全检查的文件或资料，以及落实整改意见的情况。

（2）活动所需消防设备设施的配备、运行情况。

（3）防火检查、巡查记录。

（4）消防安全培训记录。

（5）灭火和应急疏散预案的演练记录。

（6）火灾情况记录。

（7）消防奖惩情况记录。

【考点四】大型群众性活动消防安全管理的实施【★★】

（一）前期筹备阶段

在前期筹备阶段，大型群众性活动承办单位应做到以下几点：①依法办理举办大型群众性活动的各类许可事项。②对活动场所、场地的消防安全情况进行收集整理，特别是要对活动场所和场地是否进行消防设计审查、消防验收等情况进行调研。③同场地的产权单位签订包括消防安全责任划分在内的相关协议。④组织相关人员对活动场所、场地进行消防安全检查，对活动场所、场地消防安全状况不符合消防法律法规和技术规范要求的，应要求活动场所、场地产权单位进行相关的整改，要求其提供的活动场所、场地符合消防安全要求。不应使用未经消防验收的场所、场地举办大型群众性活动。

（1）编制大型群众性活动消防工作方案。消防工作方案应当包括下列内容：

1）活动的时间、地点、活动内容、主办单位、承办单位、协办单位、活动场所可容纳的人员数量以及活动预计参加人数等基本情况。

2）消防安全责任人、消防安全管理人等消防工作组织机构。

3）消防安全工作人员的数量、任务分配和识别标志。

4）活动场所消防安全平面图、临时设施消防设计图样、消防设施位置图、安全出口安全疏散流线图等与消防安全相关的图样资料。

5）相关工作人员消防安全培训计划。

6）根据活动举办时间，安排各项消防安全工作计划，倒排工作时间节点。

7）确定活动的消防安全重点部位情况及具体消防工作措施。

8）消防车道情况。

9）现场秩序维护、人员疏导措施。

10）拟订灭火和应急疏散预案。

11）联系有关保安机构，组织具有专业消防知识和技能的巡查人员。

（2）室内场所。检查室内活动场所重点部位消防安全现状、固定消防设施及其运行情况、消防安全通道和安全出口设置情况。

（3）室外场所。了解室外消防设施的配置情况及消防车道预留情况。

（4）设计符合消防安全要求的舞台等为活动搭建的临时设施。

（二）集中审批阶段

在集中审批阶段，大型群众性活动承办单位应做好以下工作：

（1）领导小组对各项消防安全工作方案以及各小组的组成人员进行全面复核，确保工作方案符合现场保卫工作实际、各职能小组结构合理，形成最强的战斗集体。

（2）对制定的灭火和应急疏散预案进行审定，确保灭火和应急疏散预案合理有效。

（3）对灭火和应急疏散预案组织实施实战演练，及时调整预案，确保预案切合实际。

（4）对活动搭建的临时设施进行全面检查，强化过程管理，确保施工期间的消防安全。

（5）在活动举办前，对活动所需的用电线路进行全负荷运行测试，确保用电安全。

（三）现场保卫阶段

根据先期制定的预案，现场保卫主要分为活动现场保卫和外围流动保卫两个方面。其中活动现场保卫包括现场防火监督保卫和现场灭火保卫两种。

【考点五】大型群众性活动消防安全管理的工作内容【★★】

（一）防火巡查

大型群众性活动应当组织具有专业消防知识和技能的巡查人员在活动举办前 2 h 进行一次防火巡查；在活动举办全程开展防火巡查；活动结束时应当对活动现场进行检查，消除遗留火种。防火巡查的内容应包括以下几个方面：

（1）及时纠正违章行为。

（2）妥善处置火灾危险，无法当场处置的，应当立即报告。

（3）发现初起火灾应当立即报警并及时扑救。

防火巡查应当填写巡查记录，巡查人员及其主管人员应当在巡查记录上签名。

（二）防火检查

大型群众性活动应当在活动前 12 h 内进行防火检查。检查的内容应当包括：

（1）有关部门或机构所提意见的整改情况以及防范措施的落实情况。

（2）安全疏散通道、疏散指示标志、应急照明和安全出口情况。

（3）消防车道、消防水源情况。

（4）灭火器材配置及有效情况。

（5）用电设备运行情况。

（6）重点操作人员以及其他人员消防知识的掌握情况。

（7）消防安全重点部位的管理情况。

（8）易燃易爆危险品和场所防火防爆措施的落实情况以及其他重要物资的防火安全情况。

（9）防火巡查情况。

（10）消防安全标志的设置情况和完好、有效情况。

（11）其他需要检查的内容。

防火检查应当填写检查记录，检查人员和被检查部门负责人应当在检查记录上签名。

（三）制定灭火和应急疏散预案

大型群众性活动的承办单位制定的灭火和应急疏散预案应当包括下列内容：

（1）组织机构，包括灭火行动组、通信联络组、疏散引导组、安全防护救护组。

（2）报警和接警处置程序。

（3）应急疏散的组织程序和措施。

（4）扑救初起火灾的程序和措施。

（5）通信联络、安全防护救护的程序和措施。

第七章　大型商业综合体消防安全管理[①]

【考点一】大型商业综合体消防安全责任

（一）基本概念

根据《大型商业综合体消防安全管理规则（试行）》第四条规定，大型商业综合体是指已建成并投入使用且建筑面积不小于 50 000 m² 的，集购物、住宿、餐饮、娱乐、展览、交通枢纽等两种或两种以上功能于一体的单体建筑和通过地下连片车库、地下连片商业空间、下沉式广场、连廊等方式连接的多栋商业建筑组合体。

（二）消防安全责任要求

（1）大型商业综合体的产权单位、使用单位是大型商业综合体消防安全责任主体，对大型商业综合体的消防安全工作负责。

（2）大型商业综合体的消防安全责任人应当由产权单位、使用单位的法定代表人或主要负责人担任。消防安全管理人应当由消防安全责任人指定，负责组织实施本单位的消防安全管理工作。

（3）大型商业综合体有两个以上产权单位、使用单位的，各单位对其专有部分的消防安全负责，对共有部分的消防安全共同负责。

大型商业综合体有两个以上产权单位、使用单位的，应当明确一个产权单位、使用单位，或者共同委托一个委托管理单位作为统一管理单位，并明确统一消防安全管理人，对共用的疏散通道、安全出口、建筑消防设施和消防车道等实施统一管理，同时协调、指导各单位共同做好大型商业综合体的消防安全管理工作。

【考点二】大型商业综合体安全疏散与避难逃生管理

（一）疏散通道、安全出口的消防安全管理

（1）疏散通道、安全出口应当保持畅通，禁止堆放物品、锁闭出口、设置障碍物。

（2）常用疏散通道、货物运送通道、安全出口处的疏散门采用常开式防火门时，应当确保在发生火灾时自动关闭并反馈信号。

（3）常闭式防火门应当保持常闭，门上应当有正确启闭状态的标识，闭门器、顺序器应当完好有效。

（4）商业营业厅、观众厅、礼堂等安全出口、疏散门不得设置门槛和其他影响疏散的障碍物，且在门口内外 1.4 m 范围内不得设置台阶。

（5）疏散门、疏散通道及其尽端墙面上不得有镜面反光类材料遮挡、误导人员视线等影响人员安全疏散行动的装饰物，疏散通道上空不得悬挂可能遮挡人员视线的物体及其他可燃物，

[①]　本章为 2020 年新增内容，在以前年度无考点，应试人员可结合《大型商业综合体消防安全管理规则（试行）》进行学习。

疏散通道侧墙和顶部不得设置影响疏散的凸出装饰物。

（二）消防应急照明灯具和疏散指示标志的消防安全管理

（1）消防应急照明灯具、疏散指示标志应当保持完好、有效，各类场所疏散照明照度应当符合消防技术标准要求。

（2）营业厅、展览厅等面积较大场所内的疏散指示标志，应当保证其指向最近的疏散出口，并使人员在走道上任何位置均能看见、了解所处楼层。

（3）疏散楼梯通至屋面时，应当在每层楼梯间内设有"可通至屋面"的明显标识，宜在屋面设置辅助疏散设施。

（4）建筑内应当采用灯光疏散指示标志，不得采用蓄光型指示标志替代灯光疏散指示标志，不得采用可变换方向的疏散指示标志。

（三）安全疏散和避难逃生的消防安全管理

（1）楼层的窗口、阳台等部位不得有影响逃生和灭火救援的栅栏。

（2）安全出口、疏散通道、疏散楼梯间不得安装栅栏，人员导流分隔区应当有在火灾时自动开启的门或易于打开的栏杆。

（3）各楼层疏散楼梯入口处、电影院售票厅、宾馆客房的明显位置应当设置本层的楼层显示、安全疏散指示图，电影院放映厅和展厅门口应当设置厅平面疏散指示图，疏散指示图上应当标明疏散路线、安全出口和疏散门、人员所在位置和必要的文字说明。

（4）除休息座椅外，有顶棚的步行街上、中庭内、自动扶梯下方严禁设置店铺、摊位、游乐设施，严禁堆放可燃物。

（5）举办展览、展销、演出等活动时，应当事先根据场所的疏散能力核定容纳人数，活动期间应当对人数进行控制，采取防止超员的措施。

（6）主要出入口、人员易聚集的部位应当安装客流监控设备，除公共娱乐场所、营业厅和展览厅外，各使用场所应当设置允许容纳使用人数的标识。

（7）建筑内各经营主体营业时间不一致时，应当采取确保各场所人员安全疏散的措施。

（四）其他消防安全管理要求

（1）平时需要控制人员随意出入的安全出口、疏散门或设置门禁系统的疏散门，应当保证火灾时能从内部直接向外推开，并应当在门上设置"紧急出口"标识和使用提示。可根据实际需要选用以下方法之一或其他等效的方法：

1）设置安全控制与报警逃生门锁系统，其报警延迟时间不应超过15 s。

2）设置能远程控制和现场手动开启的电磁门锁装置，且与火灾自动报警系统联动。

3）设置推闩式外开门。

（2）大型商业综合体营业厅内的柜台和货架应当合理布置，疏散通道设置应当符合下列要求：

1）营业厅内主要疏散通道应当直通安全出口。

2）柜台和货架不得占用疏散通道的设计疏散宽度或阻挡疏散路线。

3）疏散通道的地面上应当设置明显的疏散指示标识。

4）营业厅内任一点至最近安全出口或疏散门的直线距离不得超过37.5 m，且行走距离不得超过45 m。

5）营业厅的安全疏散路线不得穿越仓储、办公等功能用房。

（3）大型商业综合体各防火分区或楼层应当设置疏散引导箱，配备过滤式消防自救呼吸器、瓶装水、毛巾、哨子、发光指挥棒、疏散用手电筒等疏散引导用品，明确各防火分区或楼层区域的疏散引导员。

【考点三】大型商业综合体消防安全重点部位管理

（一）餐饮场所的消防安全管理

（1）餐饮场所宜集中布置在同一楼层或同一楼层的集中区域。

（2）餐饮场所严禁使用液化石油气及甲、乙类液体燃料。

（3）餐饮场所使用天然气作燃料时，应当采用管道供气。设置在地下且建筑面积大于150 m² 或座位数大于 75 座的餐饮场所不得使用燃气。

（4）不得在餐饮场所的用餐区域使用明火加工食品，开放式食品加工区应当采用电加热设施。

（5）厨房区域应当靠外墙布置，并应采用耐火极限不低于 2.00 h 的隔墙与其他部位分隔。

（6）厨房内应当设置可燃气体探测报警装置，排油烟罩及烹饪部位应当设置能够联动切断燃气输送管道的自动灭火装置，并能够将报警信号反馈至消防控制室。

（7）炉灶、烟道等设施与可燃物之间应当采取隔热或散热等防火措施。

（8）厨房燃气用具的安装使用及其管路敷设、维护保养和检测应当符合消防技术标准及管理规定，厨房的油烟管道应当至少每季度清洗一次。

（9）餐饮场所营业结束时，应当关闭燃气设备的供气阀门。

（二）其他重点部位的消防安全管理

（1）儿童活动场所，包括儿童培训机构和设有儿童活动功能的餐饮场所，不应设置在地下、半地下建筑内或建筑的四层及四层以上楼层。

（2）电影院在电影放映前，应当播放消防宣传片，告知观众防火注意事项、火灾逃生知识和路线。

（3）宾馆的客房内应当配备应急手电筒、防烟面具等逃生器材及使用说明，客房内应当设置醒目、耐久的"请勿卧床吸烟"提示牌，客房内的窗帘和地毯应当采用阻燃制品。

（4）仓储场所不得采用金属夹芯板搭建，内部不得设置员工宿舍，物品入库前应当有专人负责检查，核对物品种类和性质，物品应分类分垛储存。

（5）展厅内布展时用于搭建和装修展台的材料均应采用不燃和难燃材料，确需使用的少量可燃材料，应当进行阻燃处理。

（6）汽车库不得擅自改变使用性质和增加停车数，汽车坡道上不得停车，汽车出入口设置的电动起降杆应当具有断电自动开启功能。

（7）配电室内建筑消防设施设备的配电柜、配电箱应当有区别于其他配电装置的明显标识，配电室工作人员应当能正确区分消防配电和其他民用配电线路，确保火灾情况下消防配电线路正常供电。

（8）锅炉房、柴油发电机房、制冷机房、空调机房、油浸变压器室的防火分隔不得被破坏，其内部设置的防爆型灯具、火灾报警装置、事故排风机、通风系统、自动灭火系统等应当保持完好有效。

（9）燃油锅炉房、柴油发电机房内设置的储油间总储存量不应大于 1 m³；燃气锅炉房应当设置可燃气体探测报警装置，并能够联动控制锅炉房燃烧器上的燃气速断阀、供气管道上的紧急切断阀和通风换气装置。

（10）柴油发电机房内的柴油发电机应当定期维护保养，每月至少启动试验一次，确保应急情况下正常使用。

【考点四】大型商业综合体专兼职消防队伍建设和管理

（1）建筑面积大于 500 000 m² 的大型商业综合体应当设置单位专职消防队。

（2）未建立单位专职消防队的大型商业综合体应当组建志愿消防队，并以"3 min 到场"扑救初起火灾为目标，依托志愿消防队建立微型消防站。

微型消防站每班（组）灭火处置人员不应少于 6 人，且不得由消防控制室值班人员兼任。

（3）专职消防队和微型消防站应当制定并落实岗位培训、队伍管理、防火巡查、值守联动、考核评价等管理制度，确保值守人员 24 h 在岗在位，做好应急出动准备。

专职消防队和微型消防站应当组织开展日常业务训练，不断提高扑救初起火灾的能力。训练内容包括体能训练、灭火器材和个人防护器材的使用等。微型消防站队员每月技能训练不少于半天，每年轮训不少于 4 天，岗位练兵累计不少于 7 天。

（4）大型商业综合体的建筑面积大于或等于 200 000 m² 时，应当至少设置 2 个微型消防站。

附录 A

重要考点分布图

[考点一] 单位的消防安全责任 [★★]

[考点二] 建设工程消防设计审查验收制度 [★★★★]

[考点三] 举办大型群众性活动的消防安全要求 [★★★]

[考点四] 消防技术服务机构和执业人员的规定 [★★★]

[考点五] 《中华人民共和国消防法》相关规定 [10★]

[考点六] 《中华人民共和国安全生产法》相关规定 [★★]

[考点七] 《中华人民共和国行政处罚法》相关规定 [★★★★]

[考点八] 《中华人民共和国刑法》相关规定 [6★]

[考点九] 《机关、团体、企业、事业单位消防安全管理规定》相关规定 [10★]

[考点十] 《社会消防安全教育培训规定》相关规定 [6★]

[考点十一] 《火灾事故调查规定》相关规定 [★★]

[考点十二] 《消防产品监督管理规定》相关规定 [★★★]

[考点十三] 《注册消防工程师管理规定》相关规定 [★★★★]

[考点十四] 《注册消防工程师制度暂行规定》相关规定 [★★★★★]

第一章 消防法及相关法律法规

[考点] 注册消防工程师职业道德 [6★]

第二章 注册消防工程师职业道德

第一篇 消防法及相关法律法规与消防职业道德

附图 1 第一篇消防法及相关法律法规与消防职业道德

第二篇 建筑防火检查

第一章 建筑分类和耐火等级检查
- [考点一] 建筑分类 [★★★]
- [考点二] 建筑高度及层数检查 [★★]
- [考点三] 火灾危险性分类 [★★★]
- [考点四] 火灾危险性检查 [★★★]
- [考点五] 汽车库、修车库、停车场检查 [★★★]
- [考点六] 建筑构件的燃烧性能和耐火极限检查 [★★★★]
- [考点七] 建筑分类与建筑耐火等级适应性检查 [★★★]
- [考点八] 建筑最多允许层数与耐火等级适应性检查 [★★★]

第二章 总平面布局与平面布置检查
- [考点一] 城市总体布局的消防安全 [★★]
- [考点二] 企业总平面布局 [★★★]
- [考点三] 防火间距 [★★★★★]
- [考点四] 消防车道 [★★★★]
- [考点五] 消防车登高操作场地 [★★★★★]
- [考点六] 厂房、仓库平面布置 [9★]
- [考点七] 民用建筑平面布置 [10★]
- [考点八] 汽车库、修车库 [★★★]
- [考点九] 人防工程 [★★★]
- [考点十] 消防电梯 [9★]
- [考点十一] 消防救援口 [★★★★]

第三章 防火防烟分区检查
- [考点一] 防火分区 [6★]
- [考点二] 中庭 [★★]
- [考点三] 有顶棚的步行街 [★★★★]
- [考点四] 电梯井和管道井等竖向井道 [★★]
- [考点五] 建筑外（幕）墙 [★★★★]
- [考点六] 变形缝 [★★★★]
- [考点七] 防烟分区 [★★★★]
- [考点八] 挡烟垂壁 [★★★★]
- [考点九] 防烟和排烟设施 [★★★★]
- [考点十] 防火墙 [★★★★]
- [考点十一] 防火门 [★★★]
- [考点十二] 防火窗 [★★★]
- [考点十三] 防火卷帘 [6★]
- [考点十四] 排烟防火阀 [★★★]
- [考点十五] 防火阀 [★★★]
- [考点十六] 防火隔间 [★★★]

第四章 安全疏散设施检查
- [考点一] 安全出口 [9★]
- [考点二] 疏散门 [9★]
- [考点三] 安全疏散距离 [★★★★]
- [考点四] 疏散走道 [7★]
- [考点五] 避难走道 [7★]
- [考点六] 疏散楼梯间的设置形式 [9★]
- [考点七] 疏散楼梯的平面布置及净宽度 [11★]
- [考点八] 疏散楼梯间的安全性 [★★★★★★]
- [考点九] 疏散楼梯间的检查方法 [★★★★★★]
- [考点十] 防火隔间 [★★★]
- [考点十一] 避难层（间）[★★★★]
- [考点十二] 病房楼、老年人照料设施的避难间 [8★]
- [考点十三] 下沉式广场等室外开敞空间 [6★]

第五章 防爆检查
- [考点一] 建筑防爆检查 [7★]
- [考点二] 电气防爆检查 [6★]
- [考点三] 消防供电检查内容 [★★★★]
- [考点四] 通风和空调系统检查内容 [6★]
- [考点五] 供暖系统检查内容 [★★]

第六章 建筑装修和保温系统检查
- [考点一] 建筑内部装修检查 [9★]
- [考点二] 特别场所建筑内部装修设计检查内容 [6★]
- [考点三] 建筑内部装修防火施工与验收 [★★★★★]
- [考点四] 建筑外墙的装饰检查内容 [★★★★★]
- [考点五] 建筑外墙外保温系统检查内容 [8★]

附图 2 第二篇 建筑防火检查

第三篇 消防设施安装、检测与维护管理

第二章 消防给水

[考点一] 消防给水系统的分类 [★★★★★]
[考点二] 设备、系统组件、管材、管件及其他设备、材料进场检查 [★★★★]
[考点三] 消防水泵的检查 [★★]
[考点四] 消防稳压设施和消防水系接合器的检查 [★★]
[考点五] 管材、管件、阀门及其附件的现场检查 [★★]
[考点六] 消防水泵的选择、安装及控制操作等要求 [9★]
[考点七] 消防稳压泵和高位消防水箱的安装 [7★]
[考点八] 消防水泵接合器的安装 [★★★]
[考点九] 消防水泵房的设计计要求 [★★★]
[考点十] 给水管网的连接方式及安装要求 [★★★★]
[考点十一] 临时高压消防给水系统设计要求 [6★]
[考点十二] 消防给水系统试压和冲洗 [★★★★]
[考点十三] 消防给水系统及消火栓系统工程验收 [★★★★★]
[考点十四] 消防给水系统的维护管理 [★★★]
[考点十五] 消防水源的维护管理 [★★★]
[考点十六] 消防给水供水设施设备的维护管理 [8★]
[考点十七] 阀门及减压阀门的维护管理 [★★★]

第四章 自动喷水灭火系统

[考点一] 自动喷水灭火系统的构成及及分类 [★★★★]
[考点二] 自动喷水灭火系统喷头的选型 [★★★]
[考点三] 自动喷水灭火系统喷头的现场检验要求 [9★]
[考点四] 末端试水装置设置要求 [★★★]
[考点五] 自动喷水灭火系统报警阀现场检查内容及要求 [★★★★]
[考点六] 自动喷水灭火系统其他组件的现场检查 [★★★]
[考点七] 自动喷水灭火系统喷头安装与质量检查 [★★★★]
[考点八] 自动喷水灭火系统报警阀组安装与检测 [★★★★]
[考点九] 自动喷水灭火系统水流报警装置安装与技术检测 [★★★]
[考点十] 自动喷水灭火系统试压、冲洗 [★★★]
[考点十一] 自动喷水灭火系统竣工验收 [★★★★]
[考点十二] 末端试水装置设置要求 [★★★]
[考点十三] 自动喷水灭火系统巡查内容及周期 [★★]
[考点十四] 自动喷水灭火系统维护频次要求 [9★]
[考点十五] 湿式报警阀组常见故障分析、处理 [6★]
[考点十六] 预作用装置常见故障分析、处理 [★★]
[考点十七] 雨淋报警阀组常见故障分析、处理 [★★★]
[考点十八] 水流指示器常见故障分析、处理 [★★★★]

第一章 消防设施维护管理与质量控制管理

[考点一] 消防设施施工前准备、质量控制和问题处理 [★★★]
[考点二] 消防设施施工现场检查 [★★★★]
[考点三] 消防设施施工安装调试 [★★★]
[考点四] 消防设施技术检测工安装前的检查 [★★★]
[考点五] 消防设施维护管理 [★★★★]
[考点六] 消防控制室的设备监控管理 [★★★★]
[考点七] 消防控制室合账控制案建立 [★★★★]
[考点八] 消防控制室管理要求 [★★★]
[考点九] 消防控制室值班应急处置程序 [★★★★]
[考点十] 消防控制室控制、显示要求 [★★★★]

第三章 消火栓系统

[考点一] 消火栓的选择工 [★★★★]
[考点二] 消火栓箱的检查 [★★]
[考点三] 室内消火栓的安装 [★★★]
[考点四] 消防水带的检查 [★★★]
[考点五] 消防接口的检查 [★★★]
[考点六] 市政和室外消火栓的安装及检测验收 [★★★]
[考点七] 室内消火栓的安装 [★★★]
[考点八] 消火栓的检测验收 [★★★]
[考点九] 减压阀的调试 [★★★]
[考点十] 消防水栓的调试和测试 [★★★]
[考点十一] 消火栓系统的检测验收 [7★]
[考点十二] 消火栓系统的维护管理 [★★★★]
[考点十三] 消火栓外观和漏水维护管理 [★★★]

第五章 水喷雾灭火系统

[考点一] 水喷雾灭火系统喷头工作压力及选型 [★★★★]
[考点二] 水喷雾灭火系统喷头安装 [★★★]
[考点三] 水喷雾灭火系统雨淋报警阀安装 [★★★]
[考点四] 管道的安装和水压试验 [9★]
[考点五] 水喷雾灭火系统调试 [6★]
[考点六] 水喷雾灭火系统验收 [★★★]
[考点七] 水喷雾灭火系统维护管理 [★★]

附图3-1 第三篇消防设施安装、检测与维护管理（第一至五章）

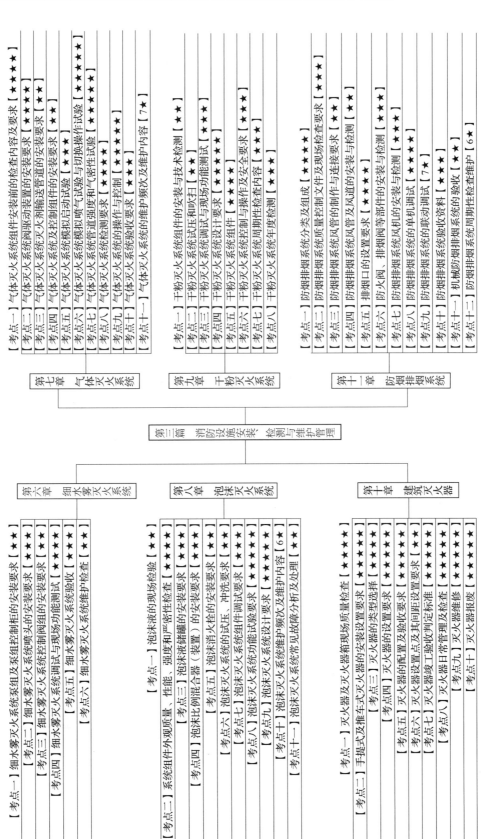

附图 3-2 第三篇消防设施安装、检测与维护管理（第六至十一章）

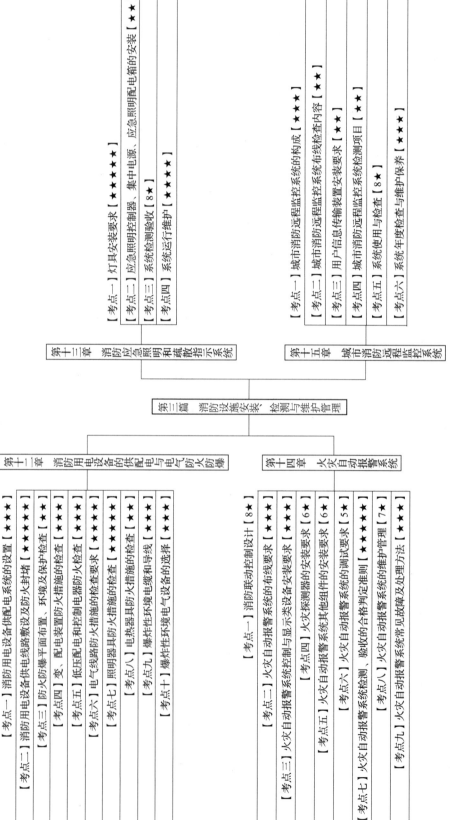

附图 3-3 第三篇消防设施安装、检测与维护管理（第十二至十五章）

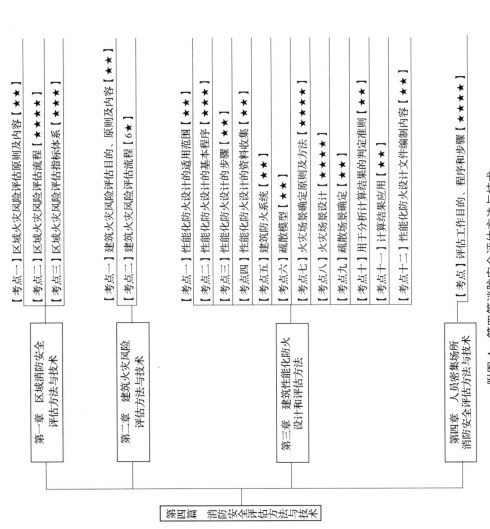

附图 4 第四篇消防安全评估方法与技术

第一章 区域消防安全评估方法与技术
- [考点一] 区域火灾风险评估原则及内容 [★★]
- [考点二] 区域火灾风险评估流程 [★★★★]
- [考点三] 区域火灾风险评估指标体系 [★★★★]

第二章 建筑火灾风险评估方法与技术
- [考点一] 建筑火灾风险评估目的、原则及内容 [★★]
- [考点二] 建筑火灾风险评估流程 [6★]

第三章 建筑性能化防火设计和评估方法
- [考点一] 性能化防火设计的适用范围 [★★]
- [考点二] 性能化防火设计的基本程序 [★★★★]
- [考点三] 性能化防火设计的步骤 [★★]
- [考点四] 性能化防火设计的资料收集 [★★]
- [考点五] 建筑防火系统 [★★]
- [考点六] 疏散模型 [★★]
- [考点七] 火灾场景确定原则及方法 [★★★★]
- [考点八] 火灾场景设计 [★★★★★]
- [考点九] 疏散场景确定 [★★★]
- [考点十] 用于分析计算结果的判定准则 [★★★]
- [考点十一] 计算结果应用 [★★]
- [考点十二] 性能化防火设计文件编制内容 [★★]

第四章 人员密集场所消防安全评估方法与技术
- [考点一] 评估工作目的、程序和步骤 [★★★★]

第四篇 消防安全评估方法与技术

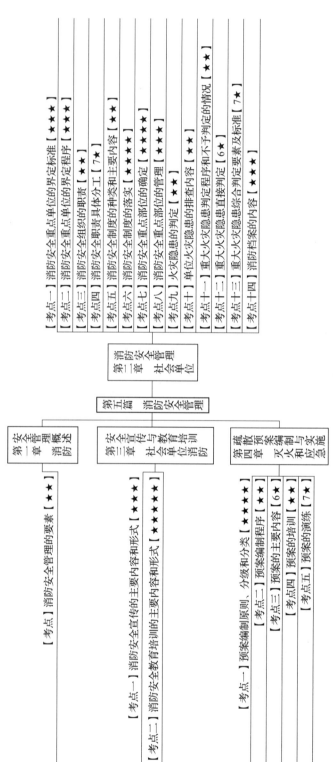

附图 5-1　第五篇消防安全管理（第一至四章）

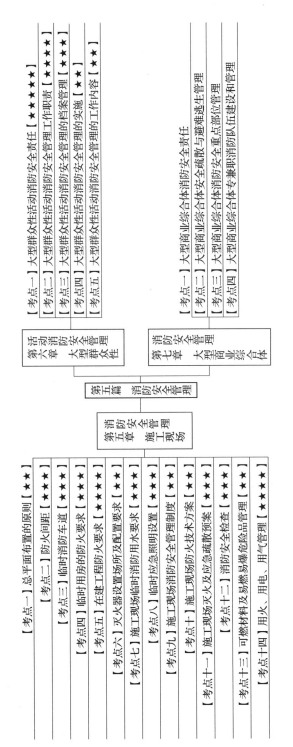

附图 5-2　第五篇消防安全管理（第五至七章）

[考点一] 总平面布置的原则 [★★]

[考点二] 防火间距 [★★★★]

[考点三] 临时消防车道 [★★★]

[考点四] 临时用房的防火要求 [★★★★]

[考点五] 在建工程防火要求 [★★★★★]

[考点六] 灭火器设置场所及配置要求 [★★★]

[考点七] 施工现场临时消防用水要求 [★★★]

[考点八] 临时应急照明设置 [★★★]

[考点九] 施工现场消防安全管理制度 [★★★]

[考点十] 施工现场防火技术方案 [★★★]

[考点十一] 施工现场灭火及应急疏散预案 [★★★]

[考点十二] 消防安全检查 [★★★★]

[考点十三] 可燃材料及易燃易爆危险品管理 [★★★]

[考点十四] 用火、用电、用气管理 [★★★]

[考点一] 大型群众性活动消防安全责任 [★★★★★]

[考点二] 大型群众性活动消防安全管理工作职责 [★★★★]

[考点三] 大型群众性活动消防安全管理的档案管理 [★★★★]

[考点四] 大型群众性活动消防安全管理的实施 [★★]

[考点五] 大型群众性活动消防安全管理的工作内容 [★★]

[考点一] 大型商业综合体消防安全责任

[考点二] 大型商业综合体安全疏散与避难逃生管理

[考点三] 大型商业综合体消防安全重点部位管理

[考点四] 大型商业综合体专兼职消防队伍建设和管理

第六章　大型群众性活动消防安全管理

第七章　大型商业综合体消防安全管理

第五章　施工现场消防安全管理

第五篇　消防安全管理

附录 B-1
考前冲刺试卷

一、单项选择题（共 80 题，每题 1 分。每题的备选项中，只有 1 个最符合题意）

1. 消防设施检测机构在某单位自动喷水灭火系统未安装完毕的情况下出具了合格的《建筑消防设施检测报告》。针对这种行为，根据《中华人民共和国消防法》，应对消防设施检测机构进行处罚。对消防设施检测机构的罚款金额说法，正确的是（　　　）。

    A. 5 万元以上 10 万元以下　　　　　　　　B. 10 万元以上 20 万元以下

    C. 5 千元以上 5 万元以下　　　　　　　　D. 1 万元以上 5 万元以下

2. 某商业广场首层为超市，设置了 12 个安全出口，超市经营单位为了防盗封闭了 10 个安全出口，根据《中华人民共和国消防法》，消防救援机构在责令超市经营单位改正的同时，应当并处（　　　）。

    A. 5 000 元以上 5 万元以下罚款　　　　　B. 责任人 5 日以下拘留

    C. 1 000 元以上 5 000 元以下罚款　　　　D. 警告或者 500 元以下罚款

3. 某服装生产企业在厂房内设置了 15 间员工宿舍，总经理陈某拒绝执行消防救援机构责令搬迁员工宿舍的通知。某天深夜，该厂房发生火灾，造成员工宿舍内的 2 名员工死亡，根据《中华人民共和国刑法》，陈某犯消防责任事故罪，后果严重，应予以处（　　　）。

    A. 三年以下有期徒刑或者拘役　　　　　　B. 七年以上十年以下有期徒刑

    C. 五年以上七年以下有期徒刑　　　　　　D. 三年以上五年以下有期徒刑

4. 已确定消防安全管理人的单位，消防安全责任人不应履行的消防安全职责是（　　　）。

    A. 贯彻执行消防法规，保证单位消防安全符合规定，掌握本单位的消防安全情况

    B. 将消防工作与本单位的生产、科研、经营、管理等活动统筹安排，批准实施年度消防工作计划

    C. 拟订年度消防工作计划，组织实施日常消防安全管理工作

    D. 确定逐级消防安全责任，批准实施消防安全制度和保障消防安全的操作规范

5. 高某持有国家一级注册消防工程师资格证书，注册于某消防安全评估机构，按照《注册消防工程师管理规定》，高某不应（　　　）。

    A. 使用注册消防工程师称谓　　　　　　　B. 开展消防安全评估

    C. 参加继续教育　　　　　　　　　　　　D. 以个人名义承接执业业务

6. 下列消防安全宣传教育培训，不属于社会单位组织开展的是（　　　）。

    A. 对新上岗的员工进行上岗前消防安全培训

    B. 在火灾多发季节、农业收获季节和重大节假日，组织开展有针对性的消防安全宣传教育

C. 对在岗的员工每年至少进行一次消防安全培训，并通过多种形式开展经常性的消防安全宣传教育

D. 对公众聚集场所员工每半年至少进行一次消防安全培训

7. 注册消防工程师职业道德的基本规范可以归纳为爱岗敬业、客观公正、公平竞争、提高技能、保守秘密、奉献社会和（　　　）。

A. 行业协同　　　　　B. 依法执业　　　　　C. 服务业主　　　　　D. 顾全大局

8. 某大型食品冷藏库独立建造一个氨制冷机房，该氨制冷机房应确定为（　　　）。

A. 乙类厂房　　　　　B. 乙类仓库　　　　　C. 甲类厂房　　　　　D. 甲类仓库

9. 南昌、衡阳和哈尔滨曾先后发生过 3 起建筑火灾坍塌事故。建筑分别在火灾发生后 115 min、196 min、537 min 时坍塌，坍塌建筑的底部或底部数层均为钢筋混凝土框架结构，上部均为砖混结构。事实上，下列建筑结构中，耐火性能相对较低的是（　　　）。

A. 砖混结构　　　　　　　　　　　　B. 钢筋混凝土框架结构

C. 钢结构　　　　　　　　　　　　　D. 钢筋混凝土排架结构

10. 对某建筑高度为 120 m 的酒店进行消防验收检测，消防车道、消防车登高操作场地、消防救援窗口的实测结果中，不符合现行国家消防技术标准要求的是（　　　）。

A. 建筑设置环形消防车道，车道净宽度为 4 m

B. 消防车登高操作场地的长度和宽度分别为 15 m 和 12 m

C. 消防车道的转弯半径为 15 m

D. 消防救援窗口的净高度和净宽度均为 1.1 m，下沿距室内地面 1.1 m

11. 在对某高层多功能组合建筑进行防火检查时，查阅资料得知，该建筑耐火等级为一级，十层至顶层为普通办公用房，九层及以下为培训、娱乐、商业等功能建筑，防火分区划分符合规范要求。该建筑的下列做法中，不符合现行国家消防技术标准的是（　　　）。

A. 消防水泵房设于地下二层，其室内地面与室外出入口地坪高差为 10 m

B. 常压燃气锅炉房布置在主楼屋面上，使用管道天然气作燃料，距离通向屋面的安全出口 10 m

C. 裙楼五层的歌舞厅，各厅室的建筑面积均小于 200 m²，与其他区域共用安全出口

D. 主楼六层设有儿童早教培训班，设有独立的安全出口

12. 下列关于消防电梯的说法中，正确的是（　　　）。

A. 建筑高度大于 24 m 的住宅应设置消防电梯

B. 消防电梯轿厢的内部装修应采用难燃材料

C. 消防电梯从首层至顶层的运行时间为 100 s

D. 满足消防电梯要求的客梯或货梯可以兼作消防电梯

13. 对防火分区进行检查时，应该检查防火分区的建筑面积。根据现行国家消防技术标准的规定，下列因素中，不影响防火分区的建筑面积划分的是（　　　）。

A. 使用性质　　　B. 防火间距　　　C. 耐火等级　　　D. 建筑高度

14. 某建筑的排烟系统采用活动式挡烟垂壁，按现行国家消防技术标准和系统使用功能以及质量要求进行施工，下列工作中，不属于挡烟垂壁安装工作的是（   ）。

A. 挡烟垂壁与建筑主体结构安装固定

B. 模拟火灾时挡烟垂壁动作功能

C. 挡烟垂壁之间的缝隙衔接控制

D. 挡烟垂壁与建筑结构之间的缝隙控制

15. 某建筑面积为 44 000 m^2 的地下商场，采用防火分隔措施将商场分隔为多个建筑面积不大于 20 000 m^2 的区域。该商场对区域之间局部需要联通的部位采取的防火分隔措施中，符合现行国家标准《建筑设计防火规范》的是（   ）。

A. 采用耐火极限为 3.00 h 的防火墙分隔，墙上设置了甲级防火门

B. 采用防烟楼梯间分隔，楼梯间门为甲级防火门

C. 采用防火隔间分隔，墙体采用耐火极限为 2.00 h 的防火隔墙

D. 采用避难走道分隔，避难走道防火隔墙的耐火极限为 2.00 h

16. 在对某办公楼进行检查时，调阅图样资料得知，该楼为钢筋混凝土框架结构，柱、梁、楼板的设计耐火极限分别为 3.00 h、2.00 h、1.50 h，每层划分为 2 个防火分区。下列检查结果中，不符合现行国家消防技术标准的是（   ）。

A. 将内走廊上原设计的常闭式甲级防火门改为常开式甲级防火门

B. 将二层原设计的防火墙移至一层餐厅中部的次梁对应位置上，防火分区面积仍然符合规范要求

C. 将其中一个防火分区原设计的活动式防火窗改为常闭式防火窗

D. 排烟防火阀处于开启状态，但能与火灾报警系统联动和现场手动关闭

17. 某商场的防火分区采用防火墙和防火卷帘进行分隔。对该建筑防火卷帘的检查测试结果中，不符合现行国家消防技术标准要求的是（   ）。

A. 垂直卷帘电动启、闭的运行速度为 7 m/min

B. 防火卷帘装配温控释放装置，当释放装置的感温元件周围温度达到 79℃时，释放装置动作，卷帘依自重下降关闭

C. 疏散通道上的防火卷帘的控制器在接收到专门用于联动防火卷帘的感烟火灾探测器的报警信号后下降至距楼板面 1.8 m 处

D. 防火卷帘的控制器及手动按钮盒安装在底边距地面高度为 1.5 m 的位置

18. 下列疏散出口的检查结果中，不符合现行国家消防技术标准的是（   ）。

A. 容纳 200 人的观众厅，其 2 个外开疏散门的净宽度均为 1.2 m

B. 教学楼内位于两个安全出口之间的建筑面积 55 m^2、使用人数 45 人的教室设有 1 个净宽度为 1 m 的外开门

C. 单层的棉花储备仓库在外墙上设置净宽度为 4 m 的金属卷帘门作为疏散门

D. 建筑面积为 200 m^2 的房间，其相邻 2 个疏散门洞净宽度均为 1.5 m，疏散门中心线之间的距离为 6.5 m

19. 某地下商场，地下 1 层，建筑面积近 40 000 m²，通过设置避难走道划分为建筑面积小于 20 000 m² 的两个区域。下列关于避难走道的说法，错误的是（   ）。

A. 商场至避难走道入口处设防烟前室，开向前室的门采用乙级防火门

B. 避难走道在 2 个不同疏散方向上分别设置 1 个直通室外地面的出口

C. 避难走道入口处防烟前室的使用面积为 6 m²

D. 避难走道的吊顶、墙壁和地面采用不燃材料装修

20. 某鳗鱼饲料加工厂，其饲料加工车间地上 6 层，建筑高度 36 m，每层建筑面积 2 000 m²，同时工作人数 8 人；饲料仓库，地上 3 层，建筑高度 20 m，每层建筑面积 300 m²，同时工作人数 3 人。对该工厂的安全疏散设施进行防火检查，下列检查结果中，不符合现行国家消防技术标准要求的是（   ）。

A. 饲料仓库室外疏散楼梯周围 1.5 m 处的外墙面上设置一个通风高窗

B. 饲料加工车间疏散楼梯采用封闭楼梯间

C. 饲料仓库设置 2 个安全出口

D. 饲料加工车间疏散楼梯净宽度为 1.1 m

21. 某 6 层建筑，建筑高度 23 m，每层建筑面积 1 100 m²，一、二层为商业店面，三层至五层为老年人照料设施，其中，三层设有与疏散楼梯直接连接的开敞式外廊，六层为办公区，对该建筑的避难间进行防火检查，下列检查结果中，不符合现行国家消防技术标准要求的是（   ）。

A. 避难间仅设于四、五层每座疏散楼梯间的相邻部位

B. 避难间可供避难的净面积为 12 m²

C. 避难间内共设有消防应急广播、灭火器 2 种消防设施和器材

D. 避难间采用耐火极限 2.00 h 的防火隔墙和甲级防火门与其他部位分隔

22. 某购物中心，地下 2 层，建筑面积 65 000 m²，设置南、北 2 个开敞的下沉式广场，下列做法中正确的是（   ）。

A. 分隔后的购物中心不同区域通向北下沉式广场开口最近边缘的水平距离为 12 m

B. 南、北下沉式广场各设置 1 部直通室外地面并满足疏散宽度指标的疏散楼梯

C. 南下沉式广场上方设雨棚，其开口面积为室外开敞空间地面面积的 20%

D. 下沉式广场设置商业零售点，但不影响人员疏散

23. 下列内容中，不属于电气防爆检查的是（   ）。

A. 可燃粉尘干式除尘器是否布置在系统的负压段上

B. 导线材质

C. 电气线路敷设方式

D. 带电部件的接地

24. 某建筑地上 5 层，建筑面积 5 800 m²，燃气锅炉房采用机械通风，应检查该风机的事故排风量是否满足换气次数不少于（   ）次 /h。

A. 6   B. 10   C. 12   D. 15

25. 某建筑高度为 26 m 的办公楼，设有集中空调系统和自动喷水灭火系统，其室内装修的下列做法中，不符合现行国家消防技术标准要求的是（　　）。

　　A. 会客厅采用经阻燃处理的布艺做装饰

　　B. 将开关和接线盒安装在难燃胶合板上

　　C. 会议室顶棚采用岩棉装饰板吊顶

　　D. 走道顶棚采用金属龙骨纸面石膏板吊顶

26. 对某高层宾馆建筑的室内装修工程进行现场检查。下列检查结果中，不符合现行国家消防技术标准规定的是（　　）。

　　A. 客房吊顶采用轻钢龙骨石膏板

　　B. 窗帘采用普通布艺材料制作

　　C. 疏散走道两侧的墙面采用大理石

　　D. 防火门的表面贴了彩色阻燃人造板，门框和门的规格尺寸未减小

27. 在对建筑外墙装饰材料进行防火检查时，发现的下列做法中，不符合现行国家消防技术标准规定的是（　　）。

　　A. 3 层综合建筑，外墙的装饰层采用防火塑料装饰板

　　B. 25 层住宅楼，外墙的装饰层采用大理石

　　C. 建筑高度 48 m 的医院，外墙的装饰层采用多彩涂料

　　D. 建筑高度 55 m 的教学楼，外墙的装饰层采用铝塑板

28. 外保温系统与基层墙体、装饰层之间无空腔时，建筑外墙外保温系统的下列做法中，不符合现行国家消防技术标准要求的是（　　）。

　　A. 建筑高度为 48 m 的办公建筑采用 B_1 级外保温材料

　　B. 建筑高度为 23.9 m 的办公建筑采用 B_2 级外保温材料

　　C. 建筑层数为 3 层的老年人照料设施采用 B 级外保温材料

　　D. 建筑高度为 26 m 的住宅建筑采用 B_2 级外保温材料

29. 某大型城市综合体设有三个消防控制室，对消防控制室的下列检查结果中，不符合现行国家标准《消防控制室通用技术要求》的是（　　）。

　　A. 确定了主消防控制室和分消防控制室

　　B. 分消防控制室之间的消防设备可以互相控制并传输、显示状态信息

　　C. 主消防控制室可对系统内共用的消防设施进行控制，并显示其状态信息

　　D. 主消防控制室可对分消防控制室内的消防设备及其控制的消防系统和设备进行控制

30. 某商场消防控制室先后接到地下室仓库内的 2 个感烟探测器，以及自动喷水灭火系统的水流指示器和报警阀压力开关等的动作信号，下列值班人员的工作程序中，正确的是（　　）。

　　A. 组织扑救火灾　　　　　　　　　　B. 电话落实火情

　　C. 拨打"119"电话报警　　　　　　　D. 现场查看火情

31. 某消防工程施工单位对已安装的消防水泵进行调试，水泵的额定流量为 30 L/s，扬程

为 100 m，系统设计工作压力为 1.0 MPa。下列调试结果中，符合现行国家标准《消防给水及消火栓系统技术规范》的是（　　　）。

　　A. 自动直接启动消防水泵时，消防水泵在 60 s 时投入正常运行

　　B. 消防水泵零流量时，水泵出水口压力表的显示压力为 1.3 MPa

　　C. 以备用电源的切换方式启动消防水泵时，消防水泵在 2 min 时投入正常运行

　　D. 消防水泵出流量为 45 L/s 时，出口处压力表显示为 0.55 MPa

32. 下列有关消防水泵接合器安装说法中，错误的是（　　　）。
　　A. 墙壁消防水泵接合器安装高度距地面宜为 1.1 m

　　B. 消防水泵接合器的安装，应按接口、本体、连接管、止回阀、安全阀、放空管、控制阀的顺序进行

　　C. 止回阀的安装方向应使消防用水能从消防水泵接合器进入系统

　　D. 消防水泵接合器接口距离外消火栓或消防水池的距离宜为 15 ~ 40 m

33. 某在建 30 层写字楼，建筑高度 98 m，建筑面积 150 000 m²，周边设有城市供水设施。根据现行国家标准《建设工程施工现场消防安全技术规范》，该在建工程临时室外消防用水量应按（　　　）计算。

　　A. 火灾延续时间 1 h，消火栓用水量 10 L/s

　　B. 火灾延续时间 0.5 h，消火栓用水量 15 L/s

　　C. 火灾延续时间 1.5 h，消火栓用水量 20 L/s

　　D. 火灾延续时间 2 h，消火栓用水量 20 L/s

34. 某消防工程施工单位对系统设计工作压力为 0.8 MPa 的消火栓系统进行水压严密性试验，下列做法中，正确的是（　　　）。

　　A. 试验压力 0.96 MPa，稳压 12 h

　　B. 试验压力 1.0 MPa，稳压 10 h

　　C. 试验压力 0.8 MPa，稳压 24 h

　　D. 试验压力 1.2 MPa，稳压 8 h

35. 某消防技术服务机构对不同工程项目的消防应急灯具在蓄电池电源供电时的持续工作时间进行检测，根据现行国家标准《消防应急照明和疏散指示系统技术标准》，下列检测结果中，不符合标准规范要求的是（　　　）。

　　A. 某建筑高度为 55 m，建筑面积为 10 000 m² 的办公建筑的消防应急照明灯具持续工作时间为 0.5 h

　　B. 某建筑面积为 1 500 m² 的幼儿园的消防应急照明灯具持续工作时间为 0.5 h

　　C. 某建筑面积为 1 500 m² 的养老院的消防应急照明灯具持续工作时间为 0.5 h

　　D. 某建筑面积为 1 000 m² 的 KTV 的消防应急照明灯具持续工作时间为 0.5 h

36. 在对建筑高度和建筑层数进行检查时，错误的做法是（　　　）。
　　A. 局部凸出屋顶的瞭望塔、冷却塔等辅助用房占屋面面积为 1/5 时，不计入建筑高度

　　B. 住宅建筑室内顶板面高出屋外设计地面的高度为 1.3 m 的半地下室不计入建筑层数

C. 住宅建筑底部设置的屋内高度为 2 m 的自行车库不计入建筑层数

D. 对于台阶式地坪，建筑高度按其中建筑高度最大者确定

37. 室内灭火栓的性能和质量应符合现行国家标准《室内消火栓》的要求。对室内消火栓进行施工现场检验时，下列检验项目中，不属于进场检验项目的是（　　）。

A. 油漆等外观质量检查

B. 机械损伤检查

C. 水压强度试验

D. 密封性能试验

38. 根据《消防给水及消火栓系统技术规范》的规定，下列关于消防给水及消火栓系统日常维护管理的说法中，正确的是（　　）。

A. 每季度应该手动启动消防水泵运转一次，并检查电源供电情况

B. 每季度应该对消火栓进行一次外观和漏水检查，发现有不正常的消火栓应及时更换

C. 每月应该模拟消防水泵自动控制的条件自动启动消防水泵运转一次，并自动记录自动巡检情况

D. 每月应该检查消防水池、消防水箱等蓄水设施的结构材料是否完好，发现问题及时处理

39. 某消防技术服务机构对某单位安装的自动喷水灭火系统进行检测，检测结果如下：①开启末端试水装置，以 1.1 L/s 的流量放水，带延迟功能的水流指示器 15 s 时动作。②末端试水装置安装高度为 1.5 m。③最不利点末端放水试验时，自放水开始至水泵启动时间为 3 min。④报警阀距地面的高度为 1.2 m。

上述检测结果中，符合现行国家标准要求的共有（　　）个。

A. 1　　　　　　　B. 2　　　　　　　C. 3　　　　　　　D. 4

40. 某消防工程施工单位对室内消火栓进行进场检验，根据现行国家标准《消防给水及消火栓系统技术规范》，下列关于消火栓固定接口密封性能试验抽样数量的说法，正确的是（　　）。

A. 宜从每批中抽查 0.5%，但不应少于 5 个，当仅有 1 个不合格时，应再抽查 1% 但不应少于 10 个

B. 宜从每批中抽查 1%，但不应少于 3 个，当仅有 1 个不合格时，应再抽查 2% 但不应少于 5 个

C. 宜从每批中抽查 0.5%，但不应少于 3 个，当仅有 1 个不合格时，应再抽查 1% 但不应少于 5 个

D. 宜从每批中抽查 1%，但不应少于 5 个，当仅有 1 个不合格时，应再抽查 2% 但不应少于 10 个

41. 某商业综合体建筑中庭高度为 15 m，设置湿式自动喷水灭火系统。根据现行国家标准，属于该中庭使用的喷头的进场检验内容的是（　　）。

A. 标准覆盖面积洒水喷头的外观

B. 非仓库型特殊应用喷头的型号、规格

C. 扩大覆盖面积洒水喷头的响应时间指数

D. 非仓库型特殊应用喷头的工作压力

42. 某消防工程施工单位对自动喷水灭火系统闭式喷头进行密封性能试验，下列试验压力和保压时间的做法中，正确的是（ 　　）。

A. 试验压力 2.0 MPa，保压时间 5 min

B. 试验压力 3.0 MPa，保压时间 1 min

C. 试验压力 3.0 MPa，保压时间 3 min

D. 试验压力 2.0 MPa，保压时间 2 min

43. 检测建筑内自动喷水灭火系统报警阀水力警铃声强时，打开报警阀试水阀，放水流量为 1.5 L/s，水力警铃喷嘴处压力为 0.1 MPa。在距离水力警铃 3 m 处测试水力警铃声强。根据现行国家消防技术标准，警铃声强至少不应小于（ 　　）dB。

A. 70　　　　　　　B. 60　　　　　　　C. 65　　　　　　　D. 75

44. 物业管理公司对自动喷水灭火系统进行维护管理，定期巡视检查测试，根据《自动喷水灭火系统施工及验收规范》的要求，下列检查项目中，属于每月检查项目的是（ 　　）。

A. 消防水源供水能力的测试

B. 室外阀门井中进水管道控制阀门的开启状态

C. 控制阀门的铅封、锁链

D. 所有报警阀旁的放水试验阀放水测试及其启动性能测试

45. 下列关于自动喷水灭火系统水力警铃故障原因的说法中，错误的是（ 　　）。

A. 未按照水力警铃的图样进行组件的安装

B. 水力警铃产品质量不合格或损坏

C. 水力警铃的喷嘴堵塞或叶轮、铃锤组件卡阻

D. 水力警铃前的延迟器下部孔板的溢出水孔堵塞

46. 某国家重点工程的地下变电站装有 3 台大型油浸变压器，设置了水喷雾灭火系统。系统安装初调完毕后进行试喷试验时，所有离心雾化型水雾喷头始终只能喷出水流，均不能成雾。现场用仪器测得水雾喷头入口处压力为 0.36 MPa，并拆下全部离心雾化型水雾喷头与设计图样、喷头样本和产品相关检测资料核对无异常。可能造成这种现象的原因是（ 　　）。

A. 水泵额定流量偏小　　　　　　　　B. 管网压力偏低

C. 喷头存在质量问题　　　　　　　　D. 管网压力偏高

47. 根据现行国家标准《水喷雾灭火系统技术规范》，关于水喷雾灭火系统管道水压试验的说法，正确的是（ 　　）。

A. 水压试验时应采取防冻措施的最高环境温度为 4℃

B. 不能参与试压的设备，应加以隔离或拆除

C. 试验的测试点宜设在系统管网的最高点

D. 水压试验的试验压力应为设计压力的 1.2 倍

48. 根据现行国家标准《社会单位灭火和应急疏散预案编制及实施导则》，某大型商业综合体物业管理单位编制了灭火和应急疏散预案，确定了各组织机构的主要职责。下列做法中，错误的是（ 　　）。

A. 疏散引导组由保安人员组成，负责引导人员正确疏散、逃生

B. 通信联络组由现场工作人员及消防控制室值班人员组成，负责与指挥机构和当地消防部门、区域联防单位及其他应急行动涉及人员的通信、联络

C. 后勤保障组由物资保管人员组成，负责抢险物资、器材器具的供应和后勤保障

D. 灭火行动组由自动灭火系统操作员、指定的一线岗位人员和志愿消防员组成，负责在发生火灾后利用消防设施、器材就地扑救初起火灾

49. 某地上 3 层汽车库，每层建筑面积为 3 600 m^2，建筑高度为 12 m，采用自然排烟，对该汽车库的下列防火检查结果中，不符合现行国家标准规范要求的是（　　）。

A. 外墙上的排烟口采用上悬窗

B. 屋顶的排烟口采用平推窗

C. 每层自然排烟口的总面积为 54 m^2

D. 防烟分区内最远点距排烟口的距离为 30 m

50. 对气体灭火系统进行维护保养，应定期对系统功能进行测试。下列关于模拟喷气试验的说法中，错误的是（　　）。

A. 每年应对防护区进行一次模拟喷气试验

B. IG 541 混合气体灭火系统应采用其充装的灭火剂进行模拟喷气试验

C. 七氟丙烷系统模拟喷气试验时，试验瓶的数量不应小于灭火剂储存容器数的 10%，且不少于 1 个

D. 高压二氧化碳灭火系统应采用其充装的灭火剂进行模拟喷气试验

51. 下列关于气体灭火系统功能验收的说法中，错误的是（　　）。

A. 设有灭火剂备用量的系统，必须进行模拟切换操作试验且合格

B. 柜式气体灭火装置进行模拟喷气试验时，宜采用自动启动方式且合格

C. 使用高压氮气启动选择阀的二氧化碳灭火系统，选择阀必须在容器阀动作之后或同时打开

D. 气体灭火系统功能验收时，应按规范要求进行主、备用电源切换试验并合格

52. 泡沫产生装置进场检验时，下列检查项目中，不属于外观质量检查项目的是（　　）。

A. 材料材质　　　　　　B. 铭牌标记　　　　　　C. 机械损伤　　　　　　D. 表面保护涂层

53. 对某石化企业的原油储罐区安装的低倍数泡沫自动灭火系统进行喷泡沫试验。下列喷泡沫试验的方法和结果中，符合现行国家标准《泡沫灭火系统施工及验收规范》的是（　　）。

A. 以自动控制方式进行 1 次喷泡沫试验，喷射泡沫的时间为 2 min

B. 以手动控制方式进行 1 次喷泡沫试验，喷射泡沫的时间为 1 min

C. 以手动控制方式进行 1 次喷泡沫试验，喷射泡沫的时间为 30 s

D. 以自动控制方式进行 2 次喷泡沫试验，喷射泡沫的时间为 30 s

54. 下列关于干粉灭火系统组件选型及设置要求的说法中，正确的是（　　）。

A. 喷头的单孔直径不应大于 6 mm

B. 应采用快开型选择阀

C. 采用局部应用灭火方式时，可不设置火灾声光警报器

D. 干粉灭火剂输送管道分支可使用四通管件

55. 消防技术服务机构对某单位设置的预制干粉灭火装置进行验收前检测。根据现行国家标准《干粉灭火系统设计规范》，下列检测结果中，不符合规范要求的是（　　）。

A. 1 个防护区内设置了 5 套预制干粉灭火装置

B. 干粉储存容器的工作压力为 2.5 MPa

C. 预制干粉灭火装置的灭火剂储存量为 120 kg

D. 预制干粉灭火装置的管道长度为 15 m

56. 某消防工程施工单位对进场的一批手提式二氧化碳灭火器进行现场检查，根据现行国家标准《建筑灭火器配置验收及检查规范》，（　　）不属于该批灭火器的进场检查项目。

A. 市场准入证明　　　　　　　　　　B. 压力表指针位置

C. 筒体机械损伤　　　　　　　　　　D. 永久性钢印标志

57. 对灭火器整体结构及箱门开启性能实施检查时，翻盖式灭火器箱的箱盖开启角度不得小于（　　）。

A. 155°　　　　　B. 165°　　　　　C. 170°　　　　　D. 100°

58. 对建筑灭火器的配置进行检查时，应注意检查灭火器的适用性。宾馆客房区域的走道上不应设置（　　）。

A. 水型灭火器　　　　　　　　　　　B. 碳酸氢钠灭火器

C. 泡沫灭火器　　　　　　　　　　　D. 磷酸铵盐干粉灭火器

59. 某二类高层建筑设有独立的机械排烟系统，该机械排烟系统的组件可不包括（　　）。

A. 在 280℃的环境条件下能够连续工作 30 min 的排烟风机

B. 公称动作温度为 70℃的防火阀

C. 采取了隔热防火措施的镀锌钢板风道

D. 可手动和电动启动的常闭排烟口

60. 建筑防烟排烟系统运行周期性维护管理中，不属于每半年检查项目的是（　　）。

A. 排烟防火阀　　　B. 排烟阀（口）　　　C. 送风阀（口）　　　D. 联动功能

61. 某商场消防设施维护管理人员对商场设置的防烟排烟系统进行巡查。下列内容中，不属于防烟排烟系统每周巡查内容的是（　　）。

A. 检查风管（道）及风口等部件的完好状况，查看有无异物变形

B. 检查系统电源状态及电压

C. 手动或自动启动、复位试验检查排烟窗，查看有无开关障碍

D. 检查室外进风口、出风口是否通畅

62. 在对某大厦的消防电源及其配电进行验收时，下列验收检查结果中，不符合现行国家标准《建筑设计防火规范》的是（　　）。

A. 大厦的消防配电干线采用阻燃电缆直接明敷在与动力配电线路共用的电缆井内，并分

别布置在电缆井的两侧

B. 大厦的消防用电设备采用了专用的供电回路，并在地下一层设置了柴油发电机作为备用消防电源

C. 大厦的消防配电干线按防火分区划分，配电支线未穿越防火分区

D. 消防控制室、消防水泵房、防烟和排烟风机房的消防用电设备的供电，在其配电线路的最末一级配电箱处设置了自动切换装置

63. 下列关于消防应急照明和疏散指示系统运行维护的说法中，错误的是（　　　）。

A. 应保持系统持续正常运行，不得随意中断

B. 对集中控制型系统，应保证每月、季对系统进行一次手动应急启动功能检查

C. 对非集中控制型系统，应保证每季对每一台灯具进行一次蓄电池电源供电状态下的应急工作持续时间检查

D. 对集中控制型系统，应保证每年对每一个防火分区至少进行一次火灾状态下自动应急启动功能检查

64. 消防技术服务机构对某高层写字楼的消防应急照明系统进行检测，下列检测结果中，不符合现行国家标准《建筑设计防火规范》的是（　　　）。

A. 在二十层楼梯间前室测得的地面照度值为 4.0 lx

B. 在二层疏散走道测得的地面照度值为 2.0 lx

C. 在消防水泵房切断正常照明前、后测得的地面照度值相同

D. 在十六层避难层测得的地面照度值为 5.0 lx

65. 消防设施检测机构的人员对某建筑内火灾自动报警系统进行检测时，对在宽度小于 3 m 的内走道顶棚上安装的点型感烟火灾探测器进行检查。下列检查结果中，符合现行国家消防技术标准要求的是（　　　）。

A. 探测器的安装间距为 16 m
B. 探测器至端墙的距离为 8 m
C. 探测器的安装间距为 14 m
D. 探测器至端墙的距离为 10 m

66. 常用检验仪器包括：①称重器；②压力表；③液位计；④流量计。上述 4 种检验仪器中，可适用于低压二氧化碳灭火系统灭火剂泄漏检查的仪器共有（　　　）种。

A. 1
B. 2
C. 3
D. 4

67. 对某多层办公楼设置的自带蓄电池非集中控制型消防应急照明和疏散指示系统功能进行调试。根据现行国家标准《消防应急照明和疏散指示系统技术标准》，下列调试结果不符合标准规范要求的是（　　　）。

A. 手动操作应急照明配电箱的应急启动控制按钮，应急照明配电箱切断主要电源输出

B. 启动应急照明配电箱的应急启动控制按钮，其所配接的持续型灯具的光源由节电点亮模式转入应急点亮模式的时间为 10 s

C. 走廊的地面水平最低照度为 1.0 lx

D. 灯具应急点亮的持续工作时间达到 45 min

68. 各地在智慧消防建设过程中，积极推广应用城市消防远程监控系统。根据现行国家标

准《城市消防远程监控系统技术规范》，下列系统和装置中，属于城市消防远程监控系统构成部分的是（　　　）。

   A. 火灾警报系统   B. 火灾探测警报系统

   C. 消防联动控制系统   D. 用户信息传输装置

69. 对某区域进行区域火灾风险评估时，应遵照系统性、实用性、可操作性原则进行评估。下列区域火灾风险评估的做法中，错误的是（　　　）。

   A. 把评估范围确定为整个区域范围内存在火灾风险的社会因素、建筑群和交通路网等

   B. 在信息采集时采集评估区域内的人口情况、经济情况和交通情况等

   C. 建立评估指标体系时将区域基础信息、火灾危险源作为二级指标

   D. 在进行风险识别时把火灾风险源分为重大危险因素和人为因素两类

70. 对建筑进行火灾风险评估之后，需要采取一定的风险控制措施，下列措施中，不属于常用的风险控制措施的是（　　　）。

   A. 风险规避   B. 风险降低   C. 风险分析   D. 风险转移

71. 为了防止建筑物在火灾时发生轰燃，有效的方法是采用自动喷水灭火系统保护建筑物，自动喷水灭火系统必须在（　　　）之前启动并控制火灾的增长。

   A. 火灾自动报警系统的感烟探测器探测到火灾

   B. 火灾自动报警系统的感温探测器探测到火灾

   C. 火灾自动报警系统接收到手动报警设备的报警信号

   D. 起火房间达到轰燃阶段

72. 某商业大厦进行消防安全检查，发现存在火灾隐患，根据现行国家标准《重大火灾隐患判定方法》，可以直接判定为重大火灾隐患的是（　　　）。

   A. 消防电梯故障

   B. 火灾自动报警系统集中控制器电源不能正常切换

   C. 防烟排烟风机不能联动启动

   D. 第十层开办幼儿园且有 80 名儿童住宿

73. 应急演练是针对可能发生的事故情况，依据灭火和应急疏散预案而模拟开展的应急活动。根据现行国家标准《社会单位灭火和应急疏散预案编制及实施导则》，下列针对灭火和应急疏散预案进行的应急演练说法中，错误的是（　　　）。

   A. 消防安全重点单位应至少每年组织一次演练

   B. 火灾高危单位应至少每季度组织一次演练

   C. 在火灾多发季节或有重大活动保卫任务的单位，应组织全要素综合演练

   D. 单位内的有关部门应结合实际适时组织专项演练，宜每月组织开展一次疏散演练

74. 某在建工程，单体体积为 35 000 m^3，设计建筑高度为 23.5 m，临时用房建筑面积为 1 200 m^2，设置了临时室内、室外消防给水系统。该建设工程施工现场临时消防设施设置的做法中，不符合现行国家消防技术标准要求的是（　　　）。

A. 临时室外消防给水干管的管径采用 *DN* 100 mm

B. 设置了两根室内临时消防竖管

C. 每个室内消火栓处只设置接口，未设置消防水带和消防水枪

D. 在建工程临时室外消防用水量按火灾延续时间 1 h 确定

75. 在建工程施工过程中，施工现场的消防安全负责人应定期组织消防安全管理人员对施工现场的消防安全进行检查。施工现场定期防火检查内容不包括（   ）。

    A. 防火巡查是否有记录   B. 动火作业的防火措施是否落实

    C. 临时消防设施是否有效   D. 临时消防车道是否畅通

76. 某市在会展中心举办农产品交易会，有 2 000 个厂商参展，根据《中华人民共和国消防法》，下列做法中不符合举办大型群众性活动消防安全规定的是（   ）。

A. 由举办单位负责人担任交易会的消防安全责任人

B. 会展中心的消防水泵有故障，拟联系政府专职消防队现场守护

C. 制定灭火和应急疏散预案并组织演练

D. 保证疏散通道、安全出口畅通

77. 某大型群众性活动的承办单位依法办理了申报手续，制定了灭火和应急疏散预案，并成立了防火巡查组，下列职责中，不属于防火巡查组职责范围的是（   ）。

A. 巡查活动现场消防设施是否完好有效

B. 巡查活动现场安全出口、疏散通道是否通畅

C. 巡查活动现场舞台布景的设置

D. 巡查活动过程中临时用电线路布置情况

78. 某消防技术服务机构对防火门实施了以下检验项目：①检查是否提供出厂合格证明文件；②检查耐火性能是否符合设计要求；③检查是否在防火门上明显部位设置永久性标志牌；④检查防火门的配件是否存在机械损伤。根据现行国家标准《防火卷帘、防火门、防火窗施工及验收规范》，上述检验项目中属于防火门进场检验项目的共有（   ）项。

    A. 1   B. 2   C. 3   D. 4

79. 消防工程施工工地的现场检查包括消防产品的合法性检查、一致性检查及产品质量检查，某工地对消火栓进行的下列检查项目中，属于合法性检查项目的是（   ）。

    A. 型式检验报告   B. 抽样试验   C. 型号规格   D. 设计参数

80. 某 20 层大厦每层为一个防火分区，防烟楼梯间及前室安装了机械加压送风系统。下列对该系统进行联动调试的方法和结果中，符合现行国家标准《建筑防烟排烟系统技术标准》要求的有（   ）。

A. 使第九层的两只独立的感烟探测器报警，相应的送风口和加压送风机联动启动

B. 风机联动启动后，在顶层楼梯间送风口处测得的风速为 8 m/s

C. 按下第十层楼梯间前室门口的一只手动火灾报警按钮，相应的加压送风机联动启动

D. 风机联动启动后，测得第三层前室与走道之间的压差值为 40 Pa

二、多项选择题（共 20 题，每题 2 分。每题的备选项中，有 2 个或 2 个以上符合题意，至少有 1 个错项。错选，本题不得分；少选，所选的每个选项得 0.5 分）

81. 某景区，一字形排列建有 6 栋 2 层木结构建筑，使用性质为餐饮、商店。每栋之间间距 4 ～ 8.7 m 不等，部分外墙开有窗户。其中，3 栋建筑每层建筑面积为 630 m²，另 3 栋建筑每层建筑面积分别为 900 m²、450 m²、500 m²。有关部门组织专家论证后，在相邻建筑外墙之间中线处加砌了平行于外墙且高出屋面 0.5 m、厚 370 mm 的防火墙。后在防火检查中发现，景区位于建筑抗震 7 度设防区，该防火墙顶部无约束支座，其高度大于最大允许砌筑高度。下列处理措施中，正确的是（　　）。

    A. 按相关规定封闭相邻外墙上的门、窗和洞口

    B. 调整相邻外墙上的门、窗、洞口不正对且开口面积之和不大于外墙面积的 10%

    C. 将相邻外墙改造为厚 240 mm 砖墙且高出屋面 0.5 m

    D. 在相邻外墙屋檐处增设水幕

    E. 增设湿式自动喷水灭火系统

82. 某大型地下商业建筑，占地面积 30 000 m²。下列对该建筑防火分隔措施的检查结果中，不符合现行国家标准要求的有（　　）。

    A. 消防控制室房间门采用乙级防火门

    B. 空调机房房间门采用乙级防火门

    C. 气体灭火系统储瓶间房间门采用乙级防火门

    D. 变配电室房间门采用乙级防火门

    E. 通风机房房间门采用乙级防火门

83. 某丙类厂房建筑高度为 45 m，对其消防救援窗口进行防火检查。下列消防救援窗口设置的做法中，符合国家标准要求的有（　　）。

    A. 消防救援窗口采用易碎安全玻璃，并在外侧设置明显标志

    B. 每个防火分区设置 1 个消防救援窗口

    C. 消防救援窗口设置在三层以上楼层

    D. 消防救援窗口的净高度和净宽度均为 1.2 m

    E. 消防救援窗口的下沿距室内地面高度为 1.2 m

84. 下列安全出口和疏散门的防火检查结果中，不符合现行国家标准要求的有（　　）。

    A. 单层的谷物仓库在外墙上设置净宽度为 5 m 的金属推拉门作为疏散门

    B. 多层老年人照料设施中位于走道尽端的康复用房，建筑面积 45 m²，设置 1 个疏散门

    C. 多层办公楼封闭楼梯间的门采用双向弹簧门

    D. 防烟楼梯间首层直接对外的门采用与楼梯段等宽的向外开启的安全玻璃门

    E. 多层建筑内建筑面积 300 m² 的歌舞厅室内最远点至疏散门距离为 12 m

85. 某住宅小区，均为 10 层住宅楼，建筑高度 31 m。每栋设有两个单元，每个单元标准层建筑面积为 600 m²，户门均采用乙级防火门且至最近安全出口的最大距离为 12 m。下列防火检查结果中，符合现行国家标准要求的有（　　）。

A. 抽查一层住宅的外窗，与楼梯间外墙上的窗口最近边缘的水平距离为 1.5 m

B. 疏散楼梯采用敞开楼梯间

C. 敞开楼梯间内局部敷设的天然气管道采用钢套管保护并设置切断气源的装置

D. 每栋楼每个单元设 1 部疏散楼梯，单元之间的疏散楼梯可通过屋面连通

E. 敞开楼梯间内设置垃圾道，垃圾道开口采用甲级防火门进行防火分隔

86. 下列安全出口的检查结果中，符合现行国家消防技术标准的有（　　）。

A. 高层厂房（仓库）的防烟楼梯间前室的使用面积为 6 m²

B. 服装厂房设置的封闭楼梯间各层均采用常闭式乙级防火门，并向楼梯间开启

C. 多层办公楼封闭楼梯间的入口门采用常开的乙级防火门，并有自行关闭和信号反馈功能

D. 室外地坪标高 –0.15 m，室内地面标高 –10 m 的地下 2 层建筑，其疏散楼梯采用封闭楼梯间

E. 高层宾馆中连接"一"字形内走廊的 2 个防烟楼梯间前室的入口中心线之间的距离为 60 m

87. 某设计院对有爆炸危险的甲类厂房进行设计。下列防爆设计方案中，符合现行国家标准《建筑设计防火规范》的有（　　）。

A. 厂房承重结构采用钢筋混凝土结构

B. 厂房的总控制室独立设置

C. 厂房的地面采用不发火花地面

D. 厂房的分控制室贴邻厂房外墙设置，并采用耐火极限不低于 3.00 h 的防火隔墙与其他部位分隔

E. 厂房利用门、窗作为泄压设施，窗玻璃采用普通玻璃

88. 对某民用建筑设置的消防水泵进行验收检查，根据现行国家标准《消防给水及消火栓系统技术规范》，关于消防水泵验收要求的做法，正确的有（　　）。

A. 消防水泵采用自灌式引水方式，并应保证全部有效储水被有效利用

B. 消防水泵就地和远程启泵功能正常

C. 打开消防出水管上的试水阀，当采用主电源启动消防水泵时，消防水泵启动正常

D. 消防水泵启动控制置于自动启动挡

E. 消防水泵停泵时间，水锤消除设施后的压力不应超过水泵出口设计工作压力的 1.6 倍

89. 根据现行国家标准《自动喷水灭火系统施工及验收规范》，关于自动喷水灭火系统应每月检查维护项目的说法，正确的有（　　）。

A. 每月利用末端试水装置对水流指示器进行试验

B. 每月对消防水泵的供电电源进行检查

C. 每月对喷头进行一次外观及备用数量检查

D. 每月对消防水池，消防水箱的水位及消防气压给水设备的气体压力进行检查

E. 寒冷季节，每月检查设置储水设备的房间，保持室温不低于 5℃，任何部位不得结冰

90. 在自动喷水灭火系统设备和组件安装完成后应对系统进行调试。根据现行国家标准《自动喷水灭火系统施工及验收规范》，系统调试主控项目应包括的内容有（　　）。

A. 水源测试　　　　B. 消防水泵调试　　　C. 排水设施调试

D. 电动阀调试　　　E. 稳压泵调试

91. 某消防技术服务机构对某歌舞厅的灭火器进行日常检查维护。该消防技术服务机构的下列检查维护工作中，符合现行国家标准要求的有（   ）。

   A. 每半月对灭火器的零部件完整性开展检查并记录

   B. 将筒体严重锈蚀的灭火器送至专业维修单位维修

   C. 每半月对灭火器的驱动气体压力开展检查并记录

   D. 将筒体明显锈蚀的灭火器送至该灭火器的生产企业维修

   E. 将灭火剂泄漏的灭火器送至该灭火器的生产企业维修

92. 消防工程施工单位对安装在某大厦地下车库的机械排烟系统进行系统联动调试。下列调试方法和结果中，符合现行国家标准《建筑防烟排烟系统技术标准》的有（   ）。

   A. 手动开启任一常闭排烟口，相应的排烟风机联动启动

   B. 模拟火灾报警后 12 s 相应的排烟口、排烟风机联动启动

   C. 补风机启动后，在补风口处测得的风速为 8 m/s

   D. 模拟火灾报警后 20 s 相应的补风机联动启动

   E. 排烟风机启动后，在排烟口处测得的风速为 12 m/s

93. 消防工程施工单位的技术人员对某商场的火灾自动报警系统进行联动调试。下列对防火门和防火卷帘联动调试的结果中，符合现行国家标准要求的有（   ）。

   A. 常开防火门所在防火分区内的两只独立的火灾探测器报警后，防火门关闭

   B. 常开防火门所在防火分区内的一只手动火灾报警按钮动作后，防火门关闭

   C. 防火分区内一只专门用于联动防火卷帘的感温火灾探测器报警后，疏散走道上的防火卷帘下降至距楼板面 1.8 m 处

   D. 防火分区内两只独立的感烟火灾探测器报警后，疏散走道上的防火卷帘下降至距楼板面 1.8 m 处

   E. 防火分区内两只独立的感烟火灾探测器报警后，用于防火分区分隔的防火卷帘直接下降至楼板面

94. 根据现行国家标准《建筑消防设施的维护管理》，火灾自动报警系统报警控制器的检测内容主要包括（   ）。

   A. 联动控制器及控制模块的手动、自动联动控制功能

   B. 火灾显示盘和 CRT 显示器的报警、显示功能

   C. 火灾报警、故障报警、火警优先功能

   D. 自检、消音功能

   E. 打印机打印功能

95. 对火灾自动报警系统实施检查维护，每月度/季度应开展一次检查和试验的项目包括（   ）。

   A. 火灾警报器火灾警报功能检查

   B. 消防泵控制箱的消防水泵手动控制功能检查

   C. 预作用喷水灭火系统排气阀前电动阀的直接手动控制功能检查

D. 风机控制柜的风机手动控制功能检查

E. 消火栓联动控制功能检查

96. 某大型商业综合体，建筑面积为 50 000 m²，耐火等级为一级，设有购物中心、餐饮中心、电影院，并在地下一层设置地铁换乘车站。下列消防部门对该建筑进行检查的结果中，符合《大型商业综合体消防安全管理规则（试行）》的是（　　）。

A. 一楼营业厅至最近安全出口的行走距离为 50 m

B. 地下一层设置的建筑面积为 200 m² 的餐饮中心使用燃气作业

C. 三层新开业了一家建筑面积为 500 m² 的儿童培训机构

D. 消防控制室 2 人值班，并设有 24 h 不间断值班制度

E. 其中一扇防火门可正常关闭，两侧 1 m 范围内未放置物品，并以蓝色标识线划定范围

97. 进行区域消防安全评估时，应对区域消防救援力量进行分析评估。对区域消防救援力量评估的主要内容有（　　）。

A. 消防通信指挥调度能力　　　　　　B. 消防教育水平

C. 火灾预警能力　　　　　　　　　　D. 消防装备配置水平

E. 万人拥有消防站

98. 某城市天然气调配站建有 4 个储气罐，消防检查发现存在火灾隐患。根据现行国家标准《重大火灾隐患判定方法》，下列检查结果中，属于重大火灾隐患综合判定要素的有（　　）。

A. 未按规定设置防爆电气设备

B. 有一个天然气储罐未设置固定喷水冷却装置

C. 室外消火栓阀门关闭不严漏水

D. 消防车道被堵塞

E. 有一个天然气储罐已设置的固定喷水冷却装置不能正常使用

99. 某高层宾馆按照指定的消防应急预案，组织进行灭火和应急疏散演练。下列程序中，正确的有（　　）。

A. 确认火灾后，消防控制室值班人员先报告值班领导

B. 接到火警后，立即通知保安人员进行确认

C. 确认火灾后，消防控制室值班人员立即将火灾报警联动控制开关转入自动状态，同时拨打"119"报警

D. 确认火灾后，通知宾馆内各层客人疏散

E. 确认火灾后，组织宾馆专业消防队进行初期灭火

100. 根据现行国家标准《自动喷水灭火系统施工及验收规范》，关于自动喷水灭火系统洒水喷头的选型，正确的有（　　）。

A. 图书馆书库采用边墙型洒水喷头

B. 总建筑面积为 5 000 m² 的商场营业厅采用隐蔽式洒水喷头

C. 办公室吊顶下安装下垂型洒水喷头

D. 无吊顶的汽车库选用直立型快速响应喷头

E. 印刷厂净空高度为 13 m、最大储物高度为 10 m 的纸质品仓库采用早期抑制快速响应喷头

附录 B-2
考前冲刺试卷参考答案与解析

一、单项选择题（共 80 题，每题 1 分。每题的备选项中，只有 1 个最符合题意）

1. A 根据《中华人民共和国消防法》第六十九条规定，消防产品质量认证、消防设施检测等消防技术服务机构出具虚假文件的，责令改正，处 5 万元以上 10 万元以下罚款，并对直接负责的主管人员和其他直接责任人员处 1 万元以上 5 万元以下罚款。

2. A 根据《中华人民共和国消防法》第六十条规定，单位违反规定，有占用、堵塞、封闭疏散通道、安全出口或者有其他妨碍安全疏散行为的，责令改正，处 5 000 元以上 5 万元以下罚款。

3. A 根据《中华人民共和国刑法》第一百三十九条第一款规定，违反消防管理法规，经消防监督机构通知采取改正措施而拒绝执行，造成严重后果的，犯消防责任事故罪，对直接责任人员，处三年以下有期徒刑或者拘役；后果特别严重的，处三年以上七年以下有期徒刑。

4. C 选项 A、B、D 是消防安全责任人的消防安全职责。选项 C 为消防安全管理人应履行的消防安全职责。

5. D 根据《注册消防工程师管理规定》第三十一条规定，注册消防工程师享有下列权利：①使用注册消防工程师称谓；②保管和使用注册证和执业印章；③在规定的范围内开展执业活动；④对违反相关法律、法规和国家标准、行业标准的行为提出劝告，拒绝签署违反国家标准、行业标准的消防安全技术文件；⑤参加继续教育；⑥依法维护本人的合法执业权利。故不选 A、B、C。根据该文件第三十三条规定，注册消防工程师不得同时在两个以上消防技术服务机构，或者消防安全重点单位执业；不得以个人名义承接执业业务、开展执业活动。故选 D。

6. B 选项 B 为各社区居民委员会、村民委员会组织开展的消防安全宣传教育培训。

7. B 注册消防工程师职业道德的基本规范可以归纳为：爱岗敬业，依法执业，客观公正，公平竞争，提高技能，保守秘密，奉献社会。

8. A 根据《建筑设计防火规范》第 3.1.1 条的条文说明可知氨制冷机房属于乙类厂房。

9. C 根据《建筑设计防火规范》第 3.2.11 条的条文说明，建筑的钢结构在高温条件下会出现强度降低和蠕变现象，极易失去承载力。钢结构或其他金属结构的防火保护措施一般包括无机耐火材料包覆和防火涂料喷涂等方式，考虑到砖石、沙浆、防火板等无机耐火材料包覆的可靠性更好，应优先采用。故钢结构耐火性能相对较低，故选 C。

10. B　根据《建筑设计防火规范》第 7.2.2 条规定，消防车登高操作场地的长度和宽度分别不应小于 15 m 和 10 m。对于建筑高度大于 50 m 的建筑，场地的长度和宽度分别不应小于 20 m 和 10 m。故选 B。

11. D　根据《建筑设计防火规范》第 5.4.4 条规定，儿童活动场所不得设置地下、半地下；当采用一、二级耐火等级的建筑时，不超过 3 层，故选 D。

12. D　根据《建筑设计防火规范》第 7.3.1 条规定，建筑高度大于 33 m 的住宅建筑应设置消防电梯，故不选 A。根据该规范第 7.3.8 条规定，消防电梯应符合下列规定：①应能每层停靠；②电梯的载质量不应小于 800 kg；③电梯从首层至顶层的运行时间不宜大于 60 s；④电梯的动力与控制电缆、电线、控制面板应采取防水措施；⑤在首层的消防电梯入口处应设置供消防救援人员专用的操作按钮；⑥电梯轿厢的内部装修应采用不燃材料；⑦电梯轿厢内部应设置专用消防对讲电话。故不选 B、C。根据该规范第 7.3.4 条规定，符合消防电梯要求的客梯或货梯可兼作消防电梯，故选 D。

13. B　工业建筑检查时，根据火灾危险性类别、建筑耐火等级、建筑层数等因素确定每个防火分区的最大允许建筑面积；民用建筑检查时，根据建筑耐火等级、建筑高度或层数、使用性质等因素确定每个防火分区的最大允许建筑面积。

14. B　模拟火灾时挡烟垂壁动作功能属于活动式挡烟垂壁调试工作内容。

15. B　根据《建筑设计防火规范》第 5.3.5 条规定，总建筑面积大于 20 000 m² 的地下或半地下商店，应采用无门、窗、洞口的防火墙，以及耐火极限不低于 2.00 h 的楼板分隔为多个建筑面积不大于 20 000 m² 的区域，故不选 A。相邻区域确需局部连通时，应采用下沉式广场等室外开敞空间、防火隔间、避难走道、防烟楼梯间等方式进行连通，并应符合下列规定：①防火隔间的墙应为耐火极限不低于 3.00 h 的防火隔墙，并应符合防火隔间的设置规定，故不选 C。②防烟楼梯间的门应采用甲级防火门，故选 B。根据该规范第 6.4.14 条规定，避难走道防火隔墙的耐火极限不应低于 3.00 h，楼板的耐火极限不应低于 1.50 h，故不选 D。

16. B　根据《建筑设计防火规范》第 6.1.1 条规定，防火墙应直接设置在建筑的基础或框架、梁等承重结构上，框架、梁等承重结构的耐火极限不应低于防火墙的耐火极限。

17. B　根据《防火卷帘》第 6.4.7 条规定，防火卷帘应装配温控释放装置，当释放装置的感温元件周围温度达到 73℃ ±0.5℃时，释放装置动作，卷帘应依自重下降关闭，故选 B。

18. A　根据《建筑设计防火规范》第 5.5.19 条规定，人员密集的公共场所和观众厅的疏散门，其净宽度不得小于 1.4 m。

19. A　根据《建筑设计防火规范》第 6.4.14 条规定，避难走道的设置应符合下列规定：①避难走道直通地面的出口不应少于 2 个，并应设置在不同方向；当避难走道仅与一个防火分区相通且该防火分区至少有 1 个直通室外的安全出口时，可设置 1 个直通地面的出口。任一防火分区通向避难走道的门至该避难走道最近直通地面的出口的距离不应大于 60 m，故不选 B。②避难走道内部装修材料的燃烧性能等级应为 A 级，故不选 D。③防火分区至避难走道入口处应设置防烟前室，前室的使用面积不应小于 6 m^2，故不选 C；开向前室的门应采用甲级防火门，故选 A。

20. A　根据《建筑设计防火规范》第 3.1.1 条的条文说明，饲料加工车间属于丙类厂房。根据该规范第 6.4.5 条规定，除疏散门外，室外疏散楼梯周围 2 m 内的墙面上不应设置门、窗、洞口，疏散门不应正对梯段，故选 A。根据该规范第 3.7.6 条规定，高层厂房和甲、乙、丙类多层厂房的疏散楼梯应采用封闭楼梯间或室外楼梯，故不选 B。根据该规范第 3. 8. 2 条规定，每座仓库的安全出口不应少于 2 个，当一座仓库的占地面积不大于 300 m^2 时，可设置 1 个安全出口。仓库内每个防火分区通向疏散走道、楼梯或室外的出口不宜少于 2 个，当防火分区的建筑面积不大于 100 m^2 时，可设置 1 个出口，故不选 C。根据该规范第 3.7.5 条规定，厂房疏散楼梯的最小净宽度不宜小于 1.1 m，故不选 D。

21. C　根据《建筑设计防火规范》第 5.5.24A 条规定，当老年人照料设施设置与疏散楼梯或安全出口直接连通的开敞式外廊、与疏散走道直接连通且符合人员避难要求的室外平台等时，可不设置避难间，因此，三层可以不设，故不选 A；避难间内可供避难的净面积不应小于 12 m^2，故不选 B。根据该规范第 5.5.24 条规定，避难间应靠近楼梯间，并应采用耐火极限不低于 2.00 h 的防火隔墙和甲级防火门与其他部位分隔，故不选 D；避难间应设置消防专线电话和消防应急广播；设置直接对外的可开启窗口或独立的机械防烟设施，外窗应采用乙级防火窗；入口处应设置明显的指示标志，因此，避难间未设置消防专线电话、机械防烟设施等消防设施和器材，故选 C。

22. B　根据《建筑设计防火规范》第 6.4.12 条规定，用于防火分隔的下沉式广场等室外开敞空间，应符合下列规定：

（1）分隔后的不同区域通向下沉式广场等室外开敞空间的开口最近边缘之间的水平距离不应小于 13 m，故不选 A。室外开敞空间除用于人员疏散外不得用于其他商业或可能导致火灾蔓延的用途，其中用于疏散的净面积不应小于 169 m^2，故不选 D。

（2）下沉式广场等室外开敞空间内应设置不少于 1 部直通地面的疏散楼梯。当连接下沉式广场的防火分区需利用下沉式广场进行疏散时，疏散楼梯的总净宽度不应小于任一防火分区通向室外开敞空间的设计疏散总净宽度，故选 B。

（3）确需设置防风雨棚时，防风雨棚不应完全封闭，四周开口部位应均匀布置，开口的面积不应小于该空间地面面积的 25%，开口高度不应小于 1 m；开口设置百叶时，百叶的有效排烟面积可按百叶通风口面积的 60% 计算，故不选 C。

23. A　电气防爆检查的内容包括：导线材质、导线允许载流量、线路的敷设方式、线路的连接方式、电气设备的选择、带电部件的接地，故选 A。

24. C　燃气锅炉房选用防爆型的事故排风机，其事故排风量满足换气次数不少于 12 次 /h。

25. C　根据《建筑内部装修设计防火规范》第 4.0.4 条规定，地上建筑的水平疏散走道和安全出口的门厅，其顶棚应采用 A 级装修材料，其他部位应采用不低于 B_1 级的装修材料；根据该规范第3.0.4条规定，安装在金属龙骨上燃烧性能等级达到B_1级的纸面石膏板、矿棉吸声板，可作A级装修材料使用，故不选D。根据该规范第4.0.17条规定，建筑内部的配电箱、控制面板、接线盒、开关、插座等不应直接安装在低于B_1级的装修材料上，故不选B。根据该规范表5.2.1，二类建筑的办公场所，其装修材料燃烧性能等级，顶棚应不低于A级；墙面、地面、隔断、窗帘应不低于B_1级；其他应不低于B_2级。根据该规范第3.0.2条的条文说明，用于顶棚材料的岩棉装饰板为B_1级，故选C；经阻燃处理的织物不低于B_2级，故不选A。

26. B   根据《建筑内部装修设计防火规范》第5.2.1条规定，宾馆、饭店的客房及公共活动用房等顶棚装修材料燃烧性能等级不得低于A级。根据该规范第3.0.4条规定，安装在金属龙骨上燃烧性能等级达到B_1级的纸面石膏板、矿棉吸声板，可作为A级装修材料使用。轻钢龙骨石膏板燃烧性能等级达到A级，符合标准要求，故不选A。根据该规范第5.2.1条规定，装饰织物中窗帘装修材料燃烧性能等级不得低于B_1级，普通布艺材料属于可燃物，燃烧性能等级不属于B_2，故选B。根据该规范第4.0.4条规定，地上建筑的水平疏散走道和安全出口的门厅，其顶棚应采用A级装修材料，其他部位应采用不低于B_1级的装修材料，又根据该规范第3.0.2条的条文说明，大理石属于A级装修材料，故不选C；彩色阻燃人造板属于B_1级装修材料，故不选D。

27. D   根据《建筑设计防火规范》第6.7.12条规定，建筑外墙的装饰层应采用燃烧性能等级为A级的材料，但建筑高度不大于50 m时，可采用B_1级材料。根据《建筑内部装修设计防火规范》第3.0.2条的条文说明，防火塑料装饰板燃烧性能等级为B_1级，大理石燃烧性能等级为A级，多彩涂料燃烧性能等级为B_1级。故不选A、B、C。铝塑板燃烧性能等级属于B_1级，建筑高度大于50 m，应采用燃烧性能等级为A级的材料，故选D。

28. C   根据《建筑设计防火规范》第6.7.4A条规定，除该规范第6.7.3条规定的情况外，下列老年人照料设施的内、外墙体和屋面保温材料应采用燃烧性能等级为A级的保温材料：①独立建造的老年人照料设施；②与其他建筑组合建造且老年人照料设施部分的总建筑面积大于500 m² 的老年人照料设施，故选C。

根据该规范第6.7.5条规定，与基层墙体、装饰层之间无空腔的建筑外墙外保温系统，其保温材料应符合下列规定：①住宅建筑的建筑高度不大于27 m时，保温材料的燃烧性能等级不应低于B_2级，故不选D。②除住宅建筑和设置人员密集场所的建筑外，其他建筑的建筑高度大于24 m，但不大于50 m时，保温材料的燃烧性能等级不应低于B_1级，故不选A。③其他建筑的建筑高度不大于24 m时，保温材料的燃烧性能等级不应低于B_2级，故不选B。

29. B   根据《消防控制室通用技术要求》第3.4条规定，具有两个或两个以上消防控制室时，应确定主消防控制室和分消防控制室。主消防控制室的消防设备应对系统内共用的消防设备进行控制，并显示其状态信息；主消防控制室内的消防设备应能显示各分消防控制室内消防设备的状态信息，并可对分消防控制室内的消防设备及其控制的消防系统和设备进行控制；各分消防控制室之间的消防设备之间可以互相传输、显示状态信息，但不应互相控制。

30. C   根据《消防控制室通用技术要求》第4.2.2条规定，消防控制室的值班应急程序应符合下列要求：①接到火灾警报后，值班人员应立即以最快方式确认。②火灾确认后，值班人员应立即确认火灾报警联动控制开关处于自动状态，同时拨打"119"报警，报警时应说明着火单位地点、起火部位、着火物种类、火势大小、报警人姓名和联系电话。③值班人员应立即启动单位内部应急疏散和灭火预案，并同时报告单位负责人。

由于消防控制室先后接到地下室仓库内的 2 个感烟探测器、自动喷水灭火系统的水流指示器和报警阀压力开关等的动作信号，则说明无须再落实火情，应直接拨打"119"电话报警。

31. B 根据《消防给水及消火栓系统技术规范》第 13.1.4 条规定，以自动直接启动或手动直接启动消防水泵时，消防水泵应在 55 s 内投入正常运行，且应无不良噪声和振动，故不选 A；以备用电源切换方式或备用泵切换启动消防水泵时，消防水泵应分别在 1 min 或 2 min 内投入正常运行，所以备用电源切换方式启动消防水泵时，其应在 1 min 内投入正常运行，故不选 C。消防水泵零流量时的压力不应超过设计工作压力的 140%；当出流量为设计工作流量的 150% 时，其出口压力不应低于设计工作压力的 65%。1.0 MPa×140%=1.4 MPa，故选 B；1.0 MPa×65%=0.65 MPa，故不选 D。

32. A 根据《消防给水及消火栓系统技术规范》第 12.3.6 条第 1 款规定，消防水泵接合器的安装，应按接口、本体、连接管、止回阀、安全阀、放空管、控制阀的顺序进行，止回阀的安装方向应使消防用水能从消防水泵接合器进入系统，整体式消防水泵接合器的安装，应按其使用安装说明书进行，故不选 B、C。根据该规范第 5.4.7 条规定，消防水泵接合器应设在室外便于消防车使用的地点，且距室外消火栓或消防水池的距离不宜小于 15 m，并不宜大于 40 m，故不选 D。根据该规范第 5.4.8 条规定，墙壁消防水泵接合器的安装高度距地面宜为 0.7 m，故选 A。

33. D 根据《建设工程施工现场消防安全技术规范》第 5.3.6 条规定，在建工程的临时室外消防用水量不应小于下表的规定。

表 在建工程的临时室外消防用水量

在建工程（单体）体积	火灾延续时间 /h	消火栓用水量 /（L/s）	每支水枪最小流量 /（L/s）
10 000 m³＜体积≤ 30 000 m³	1	15	5
体积＞ 30 000 m³	2	20	5

34. C 根据《消防给水及消火栓系统技术规范》第 12.4.4 条规定，水压严密性试验应在水压强度试验和管网冲洗合格后进行。试验压力应为系统工作压力，稳压 24 h，应无泄漏。

35. C 根据《消防应急照明和疏散指示系统技术标准》第 3.2.4 条规定，系统应急启动后，用蓄电池电源供电时的持续工作时间应满足下列要求：①建筑高度大于 100 m 的民用建筑，不应少于 1.5 h。②医疗建筑、老年人照料设施、总建筑面积大于 100 000 m² 的公共建筑和总建筑面积大于 20 000 m² 的地下、半地下建筑，不应少于 1 h。③其他建筑，不应少于 0.5 h。故不选 A、B、D；选项 C 为老年人照料设施，持续工作时间应不小于 1 h，故选 C。

36. D　根据《建筑设计防火规范》附录 A.0.1 规定，对于台阶式地坪，当位于不同高程地坪上的同一建筑之间有防火墙分隔，各自有符合规范规定的安全出口，且可沿建筑的两个长边设置贯通式或尽头式消防车道时，可分别确定各自的建筑高度，否则，按其中建筑高度最大者确定，故选 D。

37. C　根据《消防给水及消火栓系统技术规范》第 12.4.1 条第 1 款规定，消防给水及消火栓系统管网安装完毕后，应对其进行强度试验、冲洗和严密性试验。因此选项 C 属于管网安装完毕后的检验，不属于进场检验的项目。

38. B　根据《消防给水及消火栓系统技术规范》第 14.0.7 条规定，每季度应对消火栓进行一次外观和漏水检查，发现有不正常的消火栓应及时更换。

39. D　根据《自动喷水灭火系统施工及验收规范》第 7.2.5 条规定，湿式报警阀调试时，在末端装置处放水，当湿式报警阀进口水压大于 0.14 MPa、放水流量大于 1 L/s 时，报警阀应及时启动。具有延迟功能的水流指示器应在 2～90 s 范围内启动，故①正确。

根据《自动喷水灭火系统设计规范》第 6.5.3 条规定，末端试水装置和试水阀应有标识，距地面的高度宜为 1.5 m，并应采取不被挪作他用的措施，故②正确。

根据《自动喷水灭火系统施工及验收规范》第 8.0.6 条规定，湿式自动喷水灭火系统的最不利点做末端放水试验时，自放水开始至水泵启动时间不应超过 5 min，故③正确。根据该规范第 5.3.1 条规定，报警阀组安装的位置应符合设计要求，当设计无要求时，报警阀组应安装在便于操作的明显位置，距室内地面高度宜为 1.2 m，故④正确。

40. D　根据《消防给水及消火栓系统技术规范》第 12.2.3 条规定，消火栓固定接口应进行密封性能试验，应以无渗漏、无损伤为合格。试验数量宜从每批中抽查 1%，但不应少于 5 个，应缓慢而均匀地升压 1.6 MPa，应保压 2 min。当两个及两个以上不合格时，不应使用该批消火栓。当仅有 1 个不合格时，应再抽查 2%，但不应少于 10 个，并应重新进行密封性能试验；当仍有不合格时，亦不应使用该批消火栓。

41. B　根据《自动喷水灭火系统设计规范》第 6.1 部分规定，喷头的选型还需要考虑场所净空高度，民用建筑中净空高度大于 12 m 小于等于 18 m 的场所应采用非仓库型特殊应用喷头，故选 B。

42. C　根据《自动喷水灭火系统施工及验收规范》第 3.2.7 条第 5 款规定，闭式喷头应进行密封性能试验，以无渗漏、无损伤为合格。试验数量应从每批中抽查 1%，并不得少于 5 只，试验压力应为 3.0 MPa，保压时间不得少于 3 min。当两只及两只以上不合格时，不得使用该批喷头。当仅有一只不合格时，应再抽查 2%，并不得少于 10 只，并重新进行密封性能试验；当仍有不合格时，亦不得使用该批喷头。故选 C。

43. A　根据《自动喷水灭火系统施工及验收规范》第 8.0.7 条规定，报警阀组验收时，水力警铃的设置位置应正确。测试时，水力警铃喷嘴处压力不应小于 0.05 MPa，且距水力警铃 3 m 远处警铃声强不应小于 70 dB。

44. C　根据《自动喷水灭火系统施工及验收规范》第 9.0.3 条规定，每年应对消防水源的供水能力进行一次测定，每日应对电源进行检查，选项 A 应为每年检查。根据该规范第 9.0.8 条规定，室外阀门井中，进水管上的控制阀门应每个季度检查一次，核实其处于全开启状态，选项 B 应为每季度检查。根据该规范第 9.0.7 条规定，系统上所有的控制阀门均应采用铅封或锁链固定在开启或规定的状态，每月应对铅封、锁链进行一次检查，当有破坏或损坏时应及时修理更换，故选 C。根据该规范第 9.0.6 条规定，每个季度应对系统所有的末端试水阀和报警阀旁的放水试验阀进行一次放水试验，检查系统启动、报警功能以及出水情况是否正常，选项 D 应为每季度检查。

45. D　水力警铃工作不正常（不响、响度不够、不能持续报警）故障原因主要包括：①产品质量问题；②安装调试不符合要求；③管路阻塞或者铃锤机构被卡住。选项 D 为报警阀报警管路误报警故障的原因。

46. C　根据《水喷雾灭火系统技术规范》第 3.1.3 条规定，水雾喷头的工作压力，当用于灭火时不应小于 0.35 MPa；当用于防护冷却时不应小于 0.2 MPa，但对于甲、乙、丙类液体储罐不应小于 0.15 MPa。由题可知，水雾喷头入口处压力为 0.36 MPa，符合规范要求，故说明管网压力正常，从而说明水泵额定流量也正常，故不选 A、B、D。拆下全部喷头，核对无异常，只能说明喷头存在质量问题，故选 C。

47. B　根据《水喷雾灭火系统技术规范》第 8.3.15 条规定，水喷雾系统管道安装完毕后应进行水压试验，并应符合下列规定：

（1）试验宜采用清水进行，试验时，环境温度不宜低于 5℃，当环境温度低于 5℃时，应采取防冻措施，故不选 A。

（2）试验压力应为设计压力的 1.5 倍，故不选 D。

（3）试验的测试点宜设在系统管网的最低点，对不能参与试压的设备、阀门及附件，应加以隔离或拆除，故选 B，不选 C。

48. A　根据《社会单位灭火和应急疏散预案编制及实施导则》第 6.7.3.1 条规定，预案应结合每个组织机构在应急行动中需要动用的资源、涉及的工作环节，按照下列要求明确每个组织机构及其成员在应急行动中的角色和职责：

（1）指挥机构由总指挥、副总指挥、消防工作归口职能部门负责人组成，负责人员、资源配置，应急队伍指挥调动，协调事故现场等有关工作，批准预案的启动与终止，组织应急预案的演练，组织保护事故现场，收集整理相关数据、资料，对预案实施情况进行总结讲评。

（2）通信联络组由现场工作人员及消防控制室值班人员组成，负责与指挥机构和当地消防部门、区域联防单位及其他应急行动涉及人员的通信、联络，故不选 B。

（3）灭火行动组由自动灭火系统操作员、指定的一线岗位人员和专职或志愿消防员组成，负责在发生火灾后立即利用消防设施、器材就地扑救初起火灾，故不选 D。

（4）疏散引导组由指定的一线岗位人员和专职或志愿消防员组成，负责引导人员正确疏散、逃生，故选 A。

（5）防护救护组由指定的具有医护知识的人员组成，负责协助抢救、护送受伤人员。

（6）安全保卫组由保安人员组成，负责阻止与场所无关人员进入现场，保护火灾现场，协助消防部门开展火灾调查。

（7）后勤保障组由相关物资保管人员组成，负责抢险物资、器材器具的供应及后勤保障，故不选 C。

49. C 根据《汽车库、修车库、停车场设计防火规范》第8.2.4条规定，当采用自然排烟方式时，可采用手动排烟窗、自动排烟窗、孔洞等作为自然排烟口，并应符合下列规定：①自然排烟口的总面积不应小于室内地面面积的2%。此题中，每层自然排烟口的总面积应不小于：3 600×2%=72（m²），故选 C。②自然排烟口应设置在外墙上方或屋顶上，并应设置方便开启的装置。根据《建筑防烟排烟系统技术标准》第4.3.5条条文说明，平推窗、上悬窗均为自然排烟口可开启外窗的可选形式，故不选 A、B。根据《汽车库、修车库、停车场设计防火规范》第8.2.6条规定，每个防烟分区应设置排烟口，排烟口宜设在顶棚或靠近顶棚的墙面上；排烟口距该防烟分区内最远点的水平距离不应大于30 m，故不选 D。

50. C 根据《气体灭火系统施工及验收规范》附录 E.3.1 规定，模拟喷气试验时，卤代烷灭火系统模拟喷气试验不应采用卤代烷灭火剂，宜采用氮气，也可采用压缩空气。氮气或压缩空气储存容器与被试验的防护区或保护对象用的灭火剂储存容器的结构、型号、规格应相同，连接与控制方式应一致，氮气或压缩空气的充装压力按设计要求执行。氮气或压缩空气储存容器数不应少于灭火剂储存容器数的20%，且不得少于1个。故选 C。

51. C 根据《气体灭火系统施工及验收规范》第7.4.3条规定，系统功能验收时，应对设有灭火剂备用量的系统进行模拟切换操作试验，并合格，故不选 A。根据该规范第7.4.4条规定，系统功能验收时，应对主、备用电源进行切换试验，并合格，故不选 D。根据该规范附录 E.3.1 规定，模拟喷气试验时，宜采用自动启动方式，故不选 B。

根据《气体灭火系统设计规范》第5.0.9条规定，组合分配系统启动时，选择阀应在容器阀开启前或同时打开，故选 C。

52. A 根据《泡沫灭火系统施工及验收规范》第4.3.1条规定，泡沫产生装置、泡沫比例混合器（装置）、泡沫液储罐、消防泵、泡沫消火栓、阀门、压力表、管道过滤器、金属软管等系统组件的外观质量，应符合下列规定：

（1）无变形及其他机械损伤，故不选 C。
（2）外露非机械加工表面保护涂层完好，故不选 D。
（3）无保护涂层的机械加工面无锈蚀。
（4）所有外露接口无损伤，堵、盖等保护物包封良好。
（5）铭牌标记清晰、牢固，故不选 B。

53. A 根据《泡沫灭火系统施工及验收规范》第6.2.6条规定，低、中倍数泡沫灭火系统按规定喷水试验完毕，将水放空后，进行喷泡沫试验。当为自动灭火系统时，应以自动控制的方式进行，喷射泡沫的时间不应小于1 min；实测泡沫混合液的混合比及泡沫混合液的发泡倍数及到达最不利点防护区或储罐的时间和湿式联用系统自喷水至喷泡沫的转换时间应符合设计要求。

54. B 根据《干粉灭火系统设计规范》第5.2.6条规定，喷头的单孔直径不得小于6 mm，故不选 A。根据该规范第5.2.2条规定，选择阀应采用快开型阀门，其公称直径应与连接管道的公称直径相等，故选 B。根据该规范第 7.0.1 条规定，防护区内及入口处应设火灾声光警报器，故不选 C。根据该规范第 5.3.1 条第 7 款规定，管道分支不应使用四通管件，故不选 D。

55. A　根据《干粉灭火系统设计规范》第 3.4.3 条规定，1 个防护区或保护对象所用预制灭火装置最多不得超过 4 套，并应同时启动，其动作响应时间差不得大于 2 s，故选 A。根据该规范第 3.4.1 条规定，预制灭火装置应符合下列规定：①灭火剂储存量不得大于 150 kg，故不选 C。②管道长度不得大于 20 m，故不选 D。③工作压力不得大于 2.5 MPa，故不选 B。

56. B　根据《建筑灭火器配置验收及检查规范》第 2.2.1 条规定，灭火器的进场检查应符合下列要求：

（1）灭火器应符合市场准入的规定，并应有出厂合格证和相关证书，故不选 A。

（2）灭火器的铭牌、生产日期和维修日期等标志应齐全，故不选 D。

（3）灭火器的类型、规格、灭火级别和数量应符合配置设计要求。

（4）灭火器筒体应无明显缺陷和机械损伤，故不选 C。

（5）灭火器的保险装置完好。

（6）灭火器压力指示器的指针应在绿区范围内。

（7）推车式灭火器的行驶机构应完好。

手提式二氧化碳灭火器的结构与其他手提式灭火器的结构基本相似，只是二氧化碳灭火器的冲装压力较大，取消了压力表，增加了安全阀，故选 B。

57. D　根据《建筑灭火器配置验收及检查规范》第 3.2.3 条规定，灭火器箱的箱门开启应方便灵活，其箱门开启后不得阻挡人员安全疏散。除不影响灭火器取用和人员疏散的场合外，开门式灭火器箱的箱门开启角度不应小于 175°，翻盖式灭火器箱的箱盖开启角度不应小于 100°。

58. B　宾馆属于 A 类火灾场所。根据《建筑灭火器配置设计规范》第 4.2.1 条规定，A 类火灾场所应选择水型灭火器、磷酸铵盐干粉灭火器、泡沫灭火器或卤代烷灭火器。

59. B　公称动作温度为 70℃的防火阀是通风、空调系统组件。

60. D　建筑防烟排烟系统每半年应对全部排烟防火阀、送风阀（口）、排烟阀（口）进行自动或手动启动试验一次。

61. C　选项 C 是每季度检查项目。

62. A　根据《建筑设计防火规范》第 10.1.10 条规定，消防配电线路应满足火灾时连续供电的需要，其敷设时，消防配电线路宜与其他配电线路分开敷设在不同的电缆井、沟内；确有困难需敷设在同一电缆井、沟内时，应分别布置在电缆井、沟的两侧，且消防配电线路应采用矿物绝缘类不燃性电缆，故选 A。根据该规范第 10.1.6 条规定，消防用电设备应采用专用的供电回路，当建筑内的生产、生活用电被切断时，应仍能保证消防用电。备用消防电源的供电时间和容量，应满足该建筑火灾延续时间内各消防用电设备的要求，故不选 B。根据该规范第 10.1.7 条规定，消防配电干线宜按防火分区划分，消防配电支线不宜穿越防火分区，故不选 C。根据该规范第 10.1.8 条规定，消防控制室、消防水泵房、防烟和排烟风机房的消防用电设备及消防电梯等的供电，应在其配电线路的最末一级配电箱处设置自动切换装置，故不选 D。

63. C　根据《消防应急照明和疏散指示系统技术标准》第 7.0.5 条规定，对非集中控制型系统，应保证每月对每一台灯具进行一次蓄电池电源供电状态下的应急工作持续时间检查。

64. A　根据《建筑设计防火规范》第 10.3.2 条规定，建筑内疏散照明的地面最低水平照度应符合下列规定：

（1）对于疏散走道，不应低于 1.0 lx，故不选 B。

（2）对于人员密集场所、避难层（间），不应低于 3.0 lx；对于老年人照料设施、病房楼或手术部的避难间，不应低于 10.0 lx，故不选 D。

（3）对于楼梯间、前室或合用前室、避难走道，不应低于 5.0 lx；对于人员密集场所、老年人照料设施、病房楼或手术部内的楼梯间、前室或合用前室、避难走道，不应低于 10.0 lx，故选 A。

根据该规范第 10.3.3 条规定，消防水泵房应设置备用照明，其作业面的最低照度不应低于正常照明的照度，故不选 C。

65. C　根据《火灾自动报警系统设计规范》第 6.2.4 条规定，在宽度小于 3 m 的内走道顶棚上安装点型探测器时，宜居中安装。点型感温火灾探测器的安装间距不应超过 10 m；点型感烟火灾探测器的安装间距不应超过 15 m。探测器至端墙的距离，不应大于探测器安装间距的一半。

66. A　流量计不能用于检查泄漏，第①、②、③项均可作为气体灭火系统泄漏检查的仪器，但适用于不同的气体灭火系统。根据《气体灭火系统施工及验收规范》第 7.3.2 条条文说明，高压二氧化碳灭火系统的泄漏反映为失重，可称重检查；低压二氧化碳灭火系统的泄漏反映为液位下降，可液位检查；IG 541 等惰性气体灭火系统的泄漏反映为压力下降，可压力计检查；七氟丙烷等卤代烷灭火系统的泄漏反映为压力下降和失重，可压力计检查和称重检查。故低压二氧化碳灭火系统灭火剂泄漏检查适用的设备只有第③项液位计。

67. B　根据《消防应急照明和疏散指示系统技术标准》第 5.5.5 条规定，根据系统设计文件的规定，对系统的手动应急启动功能进行检查并记录，当系统灯具采用自带蓄电池供电时，手动操作应急照明配电箱的应急启动控制按钮，应急照明配电箱应切断主电源输出，其所配接的所有非持续型照明灯的光源应应急点亮、持续型灯具的光源应由节电点亮模式转入应急点亮模式，且灯具光源应急点亮的响应时间应符合规定要求，故选项 A 符合标准规范要求。根据该标准第 3.2.3 条规定，火灾状态下，灯具光源应急点亮、熄灭的响应时间应符合下列规定：①高危险场所灯具光源应急点亮的响应时间不应大于 0.25 s。②其他场所灯具光源应急点亮的响应时间不应大于 5 s。③具有两种及以上疏散指示方案的场所，标志灯光源点亮、熄灭的响应时间不应大于 5 s。故选项 B 不符合标准规范要求。根据该标准第 3.2.5 条规定，多层办公楼走廊的地面水平最低照度不应低于 1.0 lx，故选项 C 符合标准规范要求。根据该标准第 3.2.4 条规定，系统应急启动后，用蓄电池电源供电时的持续工作时间应满足下列要求：①建筑高度大于 100 m 的民用建筑，不应少于 1.5 h。②医疗建筑、老年人照料设施、总建筑面积大于 100 000 m² 的公共建筑和总建筑面积大于 20 000 m² 的地下、半地下建筑，不应少于 1 h。③其他建筑，不应少于 0.5 h。多层办公楼属于其他建筑，故选项 D 符合标准规范要求。

68. D　根据《城市消防远程监控系统技术规范》第 4.3.1 条规定，城市消防远程监控系统应由用户信息传输装置、报警传输网络、报警受理系统、信息查询系统、用户服务系统及相关终端和接口构成。

69. C　一级指标一般包括火灾危险源、区域基础信息、消防救援力量和社会面防控能力等。二级指标一般包括重大危险因素、人为因素、区域公共消防基础设施、灭火救援能力、火灾预警能力、消防管理、消防宣传教育等，故选 C。

70. C　常用的风险控制措施包括风险规避、风险降低、风险转移。

71. D　为了达到防止轰燃发生的目的，一种替代方法是使用自动喷水灭火系统。为了保证其有效性，自动喷水灭火系统必须在起火房间达到轰燃阶段以前启动并控制火灾的增长。

72. D　根据《重大火灾隐患判定方法》第 6.9 条规定，托儿所、幼儿园的儿童用房所在楼层位置不符合国家工程建设消防技术标准的规定时，可以直接判定为重大火灾隐患。根据《建筑设计防火规范》第 5.4.4 条规定，托儿所、幼儿园的儿童用房无论在任何耐火等级建筑内，均不应超过三层，故选 D。

73. A　根据《社会单位灭火和应急疏散预案编制及实施导则》第 7.3.1.1 规定，消防安全重点单位应至少每半年组织一次演练，火灾高危单位应至少每季度组织一次演练，其他单位应至少每年组织一次演练。在火灾多发季节或有重大活动保卫任务的单位，应组织全要素综合演练。单位内的有关部门应结合实际适时组织专项演练，宜每月组织开展一次疏散演练。

74. D　在建工程单体体积大于 30 000 m³，临时室外消防用水量应按火灾延续时间 2 h 确定，故选 D。

75. A　根据《建设工程施工现场消防安全技术规范》第 6.1.9 条规定，施工过程中，施工现场的消防安全负责人应定期组织消防安全管理人员对施工现场的消防安全进行检查。消防安全检查应包括下列主要内容：
（1）可燃物及易燃易爆危险品的管理是否落实。
（2）动火作业的防火措施是否落实，故不选 B。
（3）用火、用电、用气是否存在违章操作，电、气焊及保温防水施工是否执行操作规程。
（4）临时消防设施是否完好有效，故不选 C。
（5）临时消防车道及临时疏散设施是否畅通，故不选 D。

76. B　根据《中华人民共和国消防法》第二十条规定，举办大型群众性活动，承办人应当依法向公安机关申请安全许可，制定灭火和应急疏散预案并组织演练，明确消防安全责任分工，确定消防安全管理人员，保持消防设施和消防器材配置齐全、完好有效，保证疏散通道、安全出口、疏散指示标志、应急照明和消防车道符合消防技术标准和管理规定。故选 B。

77. C　防火巡查组应履行以下工作职责：①巡查活动现场消防设施是否完好有效。②巡查活动现场安全出口、疏散通道是否畅通。③巡查活动现场消防安全重点部位的运行状况、工作人员在岗情况。④巡查活动过程中用火、用电情况。⑤巡查活动过程中的其他消防不安全因素。⑥纠正巡查过程中的消防违章行为。⑦及时向活动的消防安全管理人报告巡查情况。

78. D　根据《防火卷帘、防火门、防火窗施工及验收规范》第 4.3.1 条规定，防火门应具有出厂合格证和符合市场准入制度规定的有效证明文件，其型号、规格及耐火性能应符合设计要求，故应包括第①、②项。根据该规范第 4.3.2 条规定，每樘防火门均应在其明显部位设置永久性标志牌，并应标明产品名称、型号、规格、耐火性能及商标、生产单位（制造商）名称和厂址、出厂日期及产品生产批号、执行标准等，故应包括第③项。根据该规范第 4.3.3 条规定，防火门的门框、门扇及各配件表面应平整、光洁，并应无明显凹痕或机械损伤，故应包括第④项。故第①、②、③、④项均属于防火门进场检验项目。

79. A　本题考查各类消防设施的设备、组件以及材料等到达施工现场后，施工单位组织实施现场检查的内容。消防设施现场检查包括消防产品合法性检查、一致性检查以及产品质量检查。

合法性检查重点检查市场准入文件和产品质量检验文件。市场准入文件检查内容包括：①纳入强制性产品认证的消防产品，查验其依法获得的强制认证证书。②新研制的尚未制定国家或者行业标准的消防产品，查验其依法获得的技术鉴定证书。③目前尚未纳入强制性产品认证的非新产品类的消防产品，查验其经国家法定消防产品检验机构检验合格的型式检验报告。④非消防产品类的管材、管件以及其他设备，查验其法定质量保证文件。产品质量检验文件检查内容包括：①查验所有消防产品的型式检验报告、其他相关产品的法定检验报告。②查验所有消防产品、管材、管件及其他设备的出厂检验报告或者出厂合格证。

80. A　根据《建筑防烟排烟系统技术标准》第 3.3.6 条规定，加压送风口的风速不宜大于 7 m/s，故选项 B 不符合标准规范要求。根据该标准第 3.4.4 条规定，机械加压送风量应满足走廊至前室至楼梯间的压力呈递增分布，余压值应符合下列规定：①前室、封闭避难层（间）与走道之间的压差应为 25 ~ 30 Pa。②楼梯间与走道之间的压差应为 40 ~ 50 Pa。故选项 D 不符合标准规范要求。

根据《火灾自动报警系统设计规范》第 4.5.1 条规定，关于防烟系统的联动控制方式，应由加压送风口所在防火分区内的两只独立的火灾探测器或一只火灾探测器与一只手动火灾报警按钮的报警信号，作为送风口开启和加压送风机启动的联动触发信号，并应由消防联动控制器联动控制相关层前室等需要加压送风场所的加压送风口开启和加压送风机启动。故选项 A 符合标准规范要求，选项 C 不符合标准规范要求。

二、多项选择题（共 20 题，每题 2 分。每题的备选项中，有 2 个或 2 个以上符合题意，至少有 1 个错项。错选，本题不得分；少选，所选的每个选项得 0.5 分）

81. ABC　根据《建筑设计防火规范》第 11.0.10 条规定，民用木结构建筑之间及其与其他民用建筑的防火间距不应小于下表的规定。

建筑耐火等级或类别	一、二级	三级	木结构建筑	四级
木结构建筑	8	9	10	11

表　　　　　民用木结构建筑之间及其与其他民用建筑的防火间距　　　（单位：m）

注：1. 两座木结构建筑之间或木结构建筑与其他民用建筑之间，外墙均无任何门、窗、洞口时，防火间距可为 4 m；外墙上的门、窗、洞口不正对且开口面积之和不大于外墙面积的 10% 时，防火间距可按上表的规定减少 25%（故选 A、B）。

2. 当相邻建筑外墙有一面为防火墙，或建筑物之间设置防火墙且墙体截断不燃性屋面或高出难燃性、可燃性屋面不低于 0.5 m 时，防火间距不限（故选 C）。

82. BDE　根据《建筑设计防火规范》第 6.2.7 条规定，通风、空调机房和变配电室开向建筑内的门应采用甲级防火门，消防控制室和其他设备房开向建筑内的门应采用乙级防火门。

83. ADE　根据《建筑设计防火规范》第 7.2.4 条规定，厂房、仓库、公共建筑的外墙应在每层的适当位置设置可供消防救援人员进入的窗口，故不选 C。根据该规范第 7.2.5 条规定，供消防救援人员进入的窗口的净高度和净宽度均不应小于 1 m，故选 D；下沿距室内地面不宜大于 1.2 m，故选 E；间距不宜大于 20 m 且每个防火分区不应少于 2 个，故不选 B；设置位置应与消防车登高操作场地相对应，窗口的玻璃应易于破碎，并应设置可在室外易于识别的明显标志，故选 A。

84. BDE　根据《建筑设计防火规范》第 6.4.11 条规定，仓库的疏散门应采用向疏散方向开启的平开门，但丙、丁、戊类仓库首层靠墙的外侧可采用推拉门或卷帘门；根据该规范第 3.1.3 条的条文说明，谷物仓库属于丙类仓库，故不选 A。根据该规范第 6.4.2 条规定，高层建筑、人员密集的公共建筑、人员密集的多层丙类厂房，以及甲、乙类厂房，其封闭楼梯间的门应采用乙级防火门，并应向疏散方向开启；其他建筑，可采用双向弹簧门，故不选 C。根据该规范第 5.5.15 条规定，公共建筑内房间的疏散门数量应经计算确定且不应少于 2 个。除托儿所、幼儿园、老年人照料设施、医疗建筑、教学建筑内位于走道尽端的房间外，当位于走道尽端的房间，建筑面积小于 50 m² 且疏散门的净宽度不小于 0.9 m，或由房间内任一点至疏散门的直线距离不大于 15 m、建筑面积不大于 200 m² 且疏散门的净宽度不小于 1.4 m 时，房间可设置 1 个疏散门，故选 B。根据该规范第 5.5.17 条规定，歌舞娱乐放映游艺场所室内任一点至疏散门的距离不应大于 9 m，故选 E。根据该规范第 6.4.3 条规定，防烟楼梯间的首层应采用乙级防火门等与其他房间和走道分隔，选项 D 中的安全玻璃门不一定是乙级防火门，故选 D。

85. ABCD　根据《建筑设计防火规范》第 6.4.1 条规定，疏散楼梯间应符合下列规定：

（1）楼梯间应能天然采光和自然通风，并宜靠外墙设置。靠外墙设置时，楼梯间、前室及合用前室外墙上的窗口与两侧门、窗、洞口最近边缘的水平距离不应小于 1 m，故选 A。

（2）楼梯间内不应设置烧水间、可燃材料储藏室、垃圾道，故不选 E。

（3）封闭楼梯间、防烟楼梯间及其前室内禁止穿过或设置可燃气体管道。敞开楼梯间内不应设置可燃气体管道，当住宅建筑的敞开楼梯间内确需设置可燃气体管道和可燃气体计量表时，应采用金属管和设置切断气源的阀门，故选 C。

根据该规范第 5.5.27 条规定，建筑高度大于 21 m、不大于 33 m 的住宅建筑应采用封闭楼梯间；当户门采用乙级防火门时，可采用敞开楼梯间，故选B。

根据该规范第5.5.26条规定，建筑高度大于27 m、不大于54 m的住宅建筑，每个单元设置1部疏散楼梯时，疏散楼梯应通至屋面，且单元之间的疏散楼梯能通过屋面连通，户门应采用乙级防火门，故选D。

86. ACDE 根据《建筑设计防火规范》第6.4.3条规定，公共建筑、高层厂房（仓库）防烟楼梯间前室的使用面积不应小于6 m^2，故选A。根据该规范第6.4.3条规定，高层建筑、人员密集的公共建筑、人员密集的多层丙类厂房，以及甲、乙类厂房，其封闭楼梯间的门应采用乙级防火门，并且应向疏散方向开启，选项B中的服装厂房各层防火门向楼梯间方向开启，不是向疏散方向开启，故不选B。多层办公楼不需设消防电梯，封闭楼梯间可以作为日常通行用，故可设常开防火门，故选C。选项D中，室内外高差为9.85 m，小于10 m，不用采用防烟楼梯间，故选D。根据该规范第5.5.17条规定，高层宾馆直通疏散走道的房间疏散门至最近安全出口的直线距离不应大于30 m，由于题干2个防烟楼梯间连接"一"字形内走廊，且入口中心线之间的距离为60 m，则每个房间到最近安全出口的距离不大于30 m，故选E。

87. ABCD 根据《建筑设计防火规范》第3.6.1条规定，有爆炸危险的甲、乙类厂房宜采用敞开或半敞开式，承重结构宜采用钢筋混凝土或钢框架、排架结构，故选A。根据该规范第3.6.8条规定，有爆炸危险的甲、乙类厂房的总控制室应独立设置，故选B。根据该规范第3.6.6条规定，散发较空气重的可燃气体、可燃蒸气的甲类厂房和有粉尘、纤维爆炸危险的乙类厂房，应采用不发火花的地面，故选C。根据该规范第3.6.9条规定，有爆炸危险的甲、乙类厂房的分控制室宜独立设置，当贴邻外墙设置时，应采用耐火极限不低于3.00 h的防火隔墙与其他部位分隔，故选D。根据该规范第3.6.3条规定，泄压设施宜采用轻质屋面板、轻质墙体和易于泄压的门、窗等，应采用安全玻璃等在爆炸时不产生尖锐碎片的材料，故不选E。

88. ABCD 根据《消防给水及消火栓系统技术规范》第13.2.6条规定，消防水泵验收时，消防水泵应采用自灌式引水方式，并应保证全部有效储水被有效利用，故选A；打开消防水泵出水管上的试水阀，当采用主电源启动消防水泵时，消防水泵应启动正常，关掉主电源，主、备用电源应能正常切换，备用泵启动和相互切换正常，消防水泵就地和远程启停功能应正常，故选B、C；消防水泵停泵时，水锤消除设施后的压力不应超过水泵出口设计额定压力的1.4倍，故不选E；消防水泵启动控制应置于自动启动挡，故选D。

89. ACD 根据《自动喷水灭火系统施工及验收规范》第9.0.17条规定，每月应利用末端试水装置对水流指示器进行试验，故选A。根据该规范第9.0.3条规定，每年应对水源的供水能力进行一次测定，每日应对电源进行检查，故不选B。根据该规范第9.0.18条规定，每月应对喷头进行一次外观及备用数量检查，发现有不正常的喷头应及时更换；当喷头上有异物时应及时清除，故选C。根据该规范第9.0.11条规定，消防水池、消防水箱及消防气压给水设备应每月检查一次，并应检查其消防储备水位及消防气压给水设备的气体压力。同时，应采取措施保证消防用水不作他用，并应每月对该措施进行检查，发现故障应及时进行处理，故选D。根据该规范第9.0.13条规定，寒冷季节，消防储水设备的任何部位均不得结冰。每天应检查设置储水设备的房间，保持室温不低于5℃，故不选E。

90. **ABCE**　根据《自动喷水灭火系统施工及验收规范》第 7.2.1 条规定，自动喷水灭火系统调试应包括下列内容：①水源测试。②消防水泵调试。③稳压泵调试。④报警阀调试。⑤排水设施调试。⑥联动试验。

91. **ACDE**　根据《建筑灭火器配置验收及检查规范》第 5.2.1 条规定，灭火器的配置、外观等应按要求每月进行一次检查，故选 A、C。根据该规范第 5.3.1 条规定，存在机械损伤、明显锈蚀、灭火剂泄漏、被开启使用过或符合其他维修条件的灭火器应及时进行维修；根据《灭火器维修》第 4.1 条规定，灭火器符合维修要求的，应及时送生产企业维修部门或其授权的维修机构进行维修，故选 D、E。根据该规范第 5.4.2 条规定，筒体严重锈蚀，锈蚀面积大于、等于筒体总面积的 1/3，表面有凹坑的灭火器应报废，故不选 B。

92. **ABC**　根据《建筑防烟排烟系统技术标准》第 7.3.2 条规定，在进行机械排烟系统联动调试时，当任何一个常闭排烟阀或排烟口开启时，排烟风机均应能联动启动，故选 A。根据该标准第 5.2.3 条规定，机械排烟系统中的常闭排烟阀或排烟口应具有火灾自动报警系统自动开启、消防控制室手动开启和现场手动开启功能，其开启信号应与排烟风机联动。当火灾确认后，火灾自动报警系统应在 15 s 内联动开启相应防烟分区的全部排烟阀、排烟口、排烟风机和补风设施，并应在 30 s 内自动关闭与排烟无关的通风、空调系统，故选 B，不选 D。根据该标准第 4.5.6 条规定，机械补风口的风速不宜大于 10 m/s，人员密集场所补风口的风速不宜大于 5 m/s，故选 C。根据该标准第 4.4.12 条规定，排烟口的风速不宜大于 10 m/s，故不选 E。

93. **ADE**　根据《火灾自动报警系统设计规范》第 4.6.1 条规定，防火门系统的联动控制设计中，应由常开防火门所在防火分区内的两只独立的火灾探测器或一只火灾探测器与一只手动火灾报警按钮的报警信号，作为常开防火门关闭的联动触发信号，联动触发信号应由火灾报警控制器或消防联动控制器发出，并应由消防联动控制器或防火门监控器联动控制防火门关闭，故选 A，不选 B。根据该规范第 4.6.3 条规定，疏散通道上设置防火卷帘的，在联动控制方式下，防火分区内任两只独立的感烟火灾探测器或任一只专门用于联动防火卷帘的感烟火灾探测器的报警信号应联动控制防火卷帘下降至距楼板面 1.8 m 处；任一只专门用于联动防火卷帘的感温火灾探测器的报警信号应联动控制防火卷帘下降到楼板面；在卷帘的任一侧距卷帘纵深 0.5 ~ 5 m 内应设置不少于 2 只专门用于联动防火卷帘的感温火灾探测器，故不选 C，选 D。根据该规范第 4.6.4 条规定，非疏散通道上设置防火卷帘的，在联动控制方式下，应由防火卷帘所在防火分区内任两只独立的火灾探测器的报警信号，作为防火卷帘下降的联动触发信号，并应联动控制防火卷帘直接下降到楼板面，故选 E。

94. **BCDE**　根据《建筑消防设施的维护管理》附录 D 有关规定，火灾自动报警系统报警控制器的检测内容包括：试验火灾报警、故障报警、火警优先、打印机打印、自检、消音等功能，火灾显示盘和 CRT 显示器的报警、显示功能。联动控制器及控制模块的手动、自动联动控制功能属于火灾自动报警系统消防联动控制器的检测内容，故不选 A。

95. **BCD**　根据《火灾自动报警系统施工及验收标准》第 6.0.5 条规定，每年对每一只火灾警报器至少进行一次火灾警报功能检查，故不选 A；每年对每一个消火栓至少进行一次联动控制功能检查，故不选 E。

96. CD　根据《大型商业综合体消防安全管理规则（试行）》第二十七条规定，大型商业综合体营业厅内的柜台和货架应当合理布置，营业厅内任一点至最近安全出口或疏散门的直线距离不得超过 37.5 m，且行走距离不得超过 45 m，故不选 A。根据该文件第三十四条规定，大型商业综合体内设置在地下且建筑面积大于 150 m² 或座位数大于 75 座的餐饮场所不得使用燃气，故不选 B。根据该文件第三十五条规定，大型商业综合体的儿童活动场所，包括儿童培训机构和设有儿童活动功能的餐饮场所，不应设置在地下、半地下建筑内或建筑的四层及四层以上楼层，故选 C。根据该文件第四十条规定，大型商业综合体消防控制室值班人员应当实行每日 24 h 不间断值班制度，每班不应少于 2 人，故选 D。根据该文件第二十条规定，防火门、防火卷帘、防火封堵等防火分隔设施应当保持完整有效。防火卷帘、防火门应可正常关闭，且下方及两侧各 0.5 m 范围内不得放置物品，并应用黄色标识线划定范围，故不选 E。

97. ADE　消防救援力量评估单元分为区域公共消防基础设施和灭火救援能力两部分。灭火救援能力包括：消防装备配置水平、万人拥有消防站、消防通信指挥调度能力、多种形式消防救援力量。

98. ACDE　根据《重大火灾隐患判定方法》第 7.9.2 条规定，生产、储存、装卸、经营易燃易爆危险品的场所未按规定设置防爆电气设备和泄压设施，或防爆电气设备和泄压设施失效，属于综合判定要素，故选 A。根据该文件第 7.4.2 条规定，未按国家工程建设消防技术标准的规定设置室外消防给水系统，或已设置但不符合标准的规定或不能正常使用，属于综合判定要素，故选 C。根据该文件第 7.1.1 条规定，未按国家工程建设消防技术标准的规定或城市消防规划的要求设置消防车道或消防车道被堵塞、占用，属于综合判定要素，故选 D。根据该文件第 7.4.6 条规定，已设置的自动喷水灭火系统或其他固定灭火设施不能正常使用或运行，属于综合判定要素，故选 E。根据该文件第 6.7 条规定，选项 B 属于重大火灾隐患直接判定要素。

99. BCDE　根据《消防控制室通用技术要求》第 4.2.2 条规定，消防控制室的值班应急程序应符合下列要求：①接到火灾警报后，值班人员立即以最快方式确认火灾。②火灾确认后，值班人员立即确认火灾报警联动控制开关处于自动状态，同时拨打"119"报警电话报警；报警时需要说明着火单位地点、起火部位、着火物种类、火势大小、报警人姓名和联系电话等。③值班人员立即启动单位内部应急疏散和灭火预案，同时报告单位负责人。故只有选项 A 先报告值班领导错误。

100. CDE　根据《自动喷水灭火系统设计规范》附录 A 规定，图书馆书库、总建筑面积为 5 000 m² 的商场均为中危险级 II 级，印刷厂纸品仓库为仓库危险级 II 级。根据该规范第 6.1.3 条规定，湿式系统的洒水喷头选型应符合下列规定：①不做吊顶的场所，当配水支管布置在梁下时，应采用直立型洒水喷头，故选项 D 符合标准规范要求。②吊顶下布置的洒水喷头，应采用下垂型洒水喷头或吊顶型洒水喷头，故选项 C 符合标准规范要求。③顶板为水平面的轻危险级、中危险级 I 级住宅建筑、宿舍、旅馆建筑客房、医疗建筑病房和办公室，可采用边墙型洒水喷头，故选项 A 不符合标准规范要求。④不宜选用隐蔽式洒水喷头；确需采用时，应仅适用于轻危险级和中危险级Ⅰ级场所，故选项 B 不符合标准规范要求。

根据该规范第 4.2.7 条规定，最大净空高度不超过 13.5 m 且最大储物高度不超过 12 m，储物类别为仓库危险级Ⅰ、Ⅱ级或沥青制品、箱装不发泡塑料的仓库及类似场所，宜采用设置早期抑制快速响应喷头的自动喷水灭火系统。当采用早期抑制快速响应喷头时，系统应为湿式系统，且系统设计基本参数应符合规定。故选项 E 符合标准规范要求。

后　记

　　注册消防工程师资格考试一直受到全国消防行业乃至社会各界的广泛关注。为了提高应试人员备考复习的效率，作者编写了考前冲刺系列考试辅导用书，分三册，分别为《消防安全技术实务考前冲刺》《消防安全技术综合能力考前冲刺》《消防安全案例分析考前冲刺》。

　　《消防安全技术综合能力考前冲刺》以考试大纲为指导，以国家消防技术标准规范为依据，以考试教材为基础，参考近五年注册消防工程师资格考试考点分布，以各章考点及其考试频度的形式进行串讲。全书共分为三个部分。第一部分是本书的核心和精髓，对梳理出的每个考点给出重要度（以★的多少标识）提示，然后对每个考点进行知识解读。考点解读时，既突出考点的条理化，又将考点追源至标准规范的具体条款规定，这是对消防专业知识的总结，更是通关考试的必备。第二部分依据近五年考点分值分布情况，给出了各章的重要考点分布图。第三部分精心组织了一套试卷，并给出了参考答案与解析，满足应试人员模考实战和举一反三的需要。

　　本书第一篇由韩中华编写；第二篇、第四篇、第五篇由张杰编写；第三篇第一至十二章由韩中华编写，第十三至十五章由张杰编写；附录A由张杰编写；附录B由刘小芬、张杰编写。史昕、田晴晴、刘天琪、刘俊林、赵国程、胡欢也协助参与了有关编写工作。张杰、韩中华、刘双跃分别对本书进行了统稿和校对。

　　本书适用于参加注册消防工程师资格考试的人员，特别是缺少复习备考时间或需要迅速提高得分率的应试人员，还可供教师及其他消防相关人员使用。

　　由于作者的知识水平有限，书中难免存在不足之处，恳请广大读者批评指正。

考前冲刺系列考试辅导用书编委会

2020 年 5 月